市政工程专业人员

基础知识

建设部 人事教育司 城市建设司 组织编写

中国建筑工业出版社

图书在版编目（CIP）数据

基础知识/建设部人事教育司、城市建设司组织编写.
北京：中国建筑工业出版社，2006
市政工程专业人员岗位培训教材
ISBN 978-7-112-08248-3

Ⅰ.基… Ⅱ.建… Ⅲ.市政工程—技术培训—教材 Ⅳ.TU99

中国版本图书馆 CIP 数据核字（2006）第 033835 号

市政工程专业人员岗位培训教材
基 础 知 识
建设部　人事教育司　组织编写
　　　　城市建设司

*

中国建筑工业出版社出版、发行（北京西郊百万庄）
各地新华书店、建筑书店经销
北京永峥印刷有限责任公司制版
北京富生印刷厂印刷

*

开本：850×1168毫米　1/32　印张：12⅜　字数：330千字
2006年6月第一版　2015年7月第二十次印刷
定价：27.00 元
ISBN 978-7-112-08248-3
(20998)
本社网址：http://www.cabp.com.cn
网上书店：http://www.china-building.com.cn

本教材共分八章：1. 市政工程概论；2. 市政工程识图；3. 市政工程材料；4. 市政工程测量；5. 城市道路工程；6. 城市桥梁工程；7. 市政管道工程；8. 安全文明施工、法律法规和职业道德。

本教材根据市政工程施工企业的实际需要，按照先进性、实用性和注意技能操作的原则进行编写，力求反映当前先进的技术和新的技术标准，该教材的特点是使学员能够掌握市政工程相应岗位的专业基础知识和职责范围内应具备的基本能力，为后续专业人员岗位培训实务的学习打下必要的基础。

*　　*　　*

责任编辑：田启铭　胡明安　姚荣华
责任设计：赵明霞
责任校对：张树梅　王雪竹

出 版 说 明

　　为了落实全国职业教育工作会议精神，促进市政行业的发展，广泛开展职业岗位培训，全面提升市政工程施工企业专业人员的素质，根据市政行业岗位和形势发展的需要，在原市政行业岗位"五大员"的基础上，经过广泛征求意见和调查研究，现确定为市政工程专业人员岗位为"七大员"。为保证市政专业人员岗位培训顺利进行，中国市政工程协会受建设部人事教育司、城市建设司的委托组织编写了本套市政工程专业人员岗位培训系列教材。

　　教材从专业人员岗位需要出发，既重视理论知识，更注重实际工作能力的培养，做到深入浅出、通俗易懂，是市政工程专业人员岗位培训必备教材。本套教材共计8本：其中1本是《基础知识》，属于公共课教材；另外7本分别是：《施工员专业与实务》、《材料员专业与实务》、《安全员专业与实务》、《质量检查员专业与实务》、《造价员专业与实务》、《资料员专业与实务》、《试验员专业与实务》。

　　由于时间紧，水平有限，本套教材在内容和选材上是否完全符合岗位需要，还望广大市政工程施工企业管理人员和教师提出意见，以便使本套教材日臻完善。

　　本套教材由中国建筑工业出版社出版发行。

中国市政工程协会

2006 年 1 月

市政工程专业人员岗位培训
系列教材编审委员会

前　言

　　本教材根据市政工程施工行业对岗位培训所需基础知识的要求，结合国家职业标准和岗位需要进行编写，主要面向全国市政工程施工行业专业管理人员的岗位培训。通过本教材学习，使市政工程专业管理人员对市政道路工程、桥梁工程、排水工程的图纸内容有较全面的了解并能熟练识读；能了解市政工程常用材料的组成和基本性质，并能在施工中合理选用各种材料；基本掌握市政工程测量的基本原理与测设技能；熟悉和了解市政工程道路、桥梁和管道的基本知识、基本构造和施工要点，以及与市政工程建设相关的安全文明施工、法律法规和职业道德的基础知识。

　　本教材根据市政施工企业的实际需要，按照先进性、实用性和注意技能操作的原则进行编写，力求反映当前先进的技术和新的技术标准，该教材的特点是使学员能够掌握市政工程相应岗位的专业基础知识和职责范围内应具备的基本能力，为后续专业人员岗位培训实务的学习打下必要的基础。

　　本教材共分八章内容进行编写，教学课时安排为 150 学时，各章学时分配见下表（供参考）：

章　次	内　　　容	学　　时
第一章	市政工程概论	2
第二章	市政工程识图	20
第三章	市政工程材料	30
第四章	市政工程测量	30
第五章	城市道路工程	20
第六章	城市桥梁工程	20
第七章	市政管道工程	16
第八章	安全文明施工、法律法规和职业道德	12
总计		150

本教材在中国市政工程协会和上海市市政工程协会的组织与指导下，由上海市城市建设工程学校承担编写工作。其中由楼丽凤编写第一、三、五章，凌旭编写第二章，周亮编写第四章，程群编写第六章，张海良编写第七章，李鸿坤、董震编写第八章，全书由楼丽凤主编，戴国平、黄志明主审。

本书在编写过程中参考了一些相关资料和国家有关规范、标准。由于编者水平有限，书中有不足之处恳请读者在使用过程中提出宝贵意见，以便不断改进完善。

编者

目　录

第一章 市政工程概论

第一节 概 述

市政工程是城市基础设施的一个重要组成部分，是城市经济和社会发展的基础条件，是与广大人民生产和生活密切相关的，直接为城市生产、生活服务，并为城市生产和人民生活提供必不可少的物质条件的城市公用设施。市政工程建设通常是指城市道路、城市桥梁、城市轨道交通、隧道和给水排水管道等基础设施建设。

近年来，随着广大市政工程技术人员和工人对技术进步所作出的不懈努力，国内外科学技术交流的日益广泛，新技术、新工艺、新材料、新设备的开发和应用，市政工程设计和施工的技术水平得以不断提高。道路工程更新筑路材料，扩大工业灰渣的利用，提高筑路施工机械化、工厂化程度和文明施工水平。隧道工程方面，盾构法技术不断进步，衬砌结构设计理论深化，采用高精度钢筋混凝土管片及先进接缝防水技术，还采用大厚度地下连续墙深基坑大面积挖土和注浆加固防漏等技术。下水道施工方面，采用大口径长距离曲线顶管技术和管道接缝防水、管道防腐技术、各类非开挖技术等。桥梁工程中，无论是九江大桥，还是上海的杨浦大桥、东海大桥等都在设计和施工技术水平上达到了世界先进水平，采用大跨度预应力混凝土连续体系，完善斜拉桥的高次超静定结构计算理论和高耸混凝土结构的施工工艺等，桥梁建筑在建筑材料方面正向着高强、轻质和耐久方向发展。

第二节　我国道路交通的发展

我国城市道路的名称源于周朝。秦朝以后称"驰道"或"驿道"，元朝称"大道"。清朝由京都至各省会的道路为"官路"，各省会间的"道路"为"大路"，市区街道为"马路"。20世纪初，汽车出现后称为"公路"或"汽车路"。

我国道路的发展远自上古时代。黄帝拓土开疆，统一中华，发明舟车，开始了我国道路交通的新纪元。周朝的道路更加发达，道路相当平直，路网规划布局也很完善，把道路分为径（牛马小路），畛（可走车的路），涂（一轨）、道（二轨）和路（三轨），（每轨约为2.1m）。

周朝在道路交通管理和养护上也颇有成就。如雨后即整修道路，枯水季节修理桥梁。在交通法规上规定行人要礼貌相让，轻车避重车，上坡让下坡车辆，以策安全。

战国时期著名的金牛道，是陕西入川栈道，傍凿山岩，绝壁悬空而立，绝板梁为阁，工程艰巨无比。

秦王统一中国后十分重视交通，以车同轨与书同文列为一统天下之大政。当时国道以咸阳为中心，向各方辐射的道路网已形成。表现为道路相当宽畅，并以绿化美观周围环境，边坡用铜桩加固，雄伟而壮观。

唐代国家强盛，疆土辽阔，城市建设、道路交通均有相当的发展，道路发展至驿道长达五万里，每三十里设一驿站，驿制规模宏大。

明、清时代的经济繁荣，迅速推动了城市建设和城市规划的进一步发展，当时的北京，道路系统沿用了传统的棋盘式，主、次道路功能分明，道路网严格按照中轴线对称布局，明显地反映出封建等级观念。受当时交通工具的限制，街道不是很宽，在干道和交叉口建有古色古香的华丽牌楼，作为街道的装饰，以美化街景。

清代运输工具更加完备，车辆分客运车、货运车和客货运车，主要是马、驴和骆驼参与运输。清末出现人力车。1876年欧洲出现世界上首辆汽车。1902年我国上海出现第一辆汽车。1913年中国修筑了第一条汽车公路，由湖南长沙至湘潭，全长45km，揭开了我国现代交通运输的新篇章。抗战时期完成的滇缅公路，沥青路面长100km，是中国最早修建的沥青路面。1949年全国解放时统计，通车里程为7.8万km，机动车7万余辆。

新中国成立后，随着社会主义经济建设的大力发展，特别是改革开放后，我国的交通事业、城市市政建设得到了迅速的发展，公路建设更是突飞猛进。至2004年全国公路里程已达187万km，已经逐步形成了以北京为中心，沟通全国各地的公路网。至2003年城市道路总长已达20.8万km，机动车拥有量达1500多万辆。

我国经济建设的腾飞促进了高速公路的发展。1988年全国第一条沪嘉高速公路通车，至2005年，我国已建成的高速公路总里程达3.4万km，位居世界第二。

除迅速发展的高速公路外，我国一些大城市的环城快速路也相继建成，如广州环市快速路，上海市的内环、外环快速路和郊环高速路等。很多城市还修建了地铁、轻轨，进一步改善了城市的交通环境，对促进城市交通运输的发展起到了积极的作用。

我国公路交通的中、远期规划是在2010年前修建高速公路1万km，建成二纵二横贯穿中国的交通大动脉，即北京——珠海，图们江——三亚，上海——成都，连云港——霍尔果斯高速公路干线。到2020年建成五纵七横共12条主干线，共3.5万km，将全国重点城市、工业中心、交通枢纽和对外口岸连接起来，形成与国民经济发展格局相适应、与其他运输方式相协调的、快速安全的全国高速公路主干系统。

我国公路交通建设虽然取得了重大成就，但仍不能适应国民经济发展的需要，与发达国家相比还比较落后。另一方面，我国公路技术标准较低，质量等级较差的道路占了相当比例。我国公路的通行能力不足，国道有40%路段超负荷运行。许多公路混合交通严重、交通控制和管理不善，造成交通堵塞、车速缓慢和耗油率增大，有时造成严重的交通事故。

大力发展交通运输事业，建立四通八达的现代交通网络，对于加强全国各族人民团结，发展国民经济，促进文化交流，消灭城乡差别和巩固国防等方面，都具有非常重要的作用。特别是我国实行改革开放政策以来，路、桥建设突飞猛进的发展，对创造良好的投资环境，促进地域性的经济腾飞，起到了关键性的作用。

第三节　我国桥梁的发展

桥梁是人类在生活和生产活动中，为克服天然障碍而建造的建筑物，也是有史以来人类所建造的最古老、最壮观和最美丽的建筑工程，它体现了一个时代的文明与进步程度。桥梁工程是土木工程中属于结构工程的一个分支学科。它与房屋工程一样，也是用石、砖、木、混凝土、钢筋混凝土和各种金属材料建造的结构工程。

桥梁既是一种功能性的结构物，也往往是一座立体的造型艺术工程，是一处景观，具有时代的特征。桥梁也是交通运输的咽喉，是保证道路全线早日通车的关键。

可以推测，人们学会建造各式桥梁，最初是受到自然界各种景象的启发。例如：从倒下而横卧在溪流上的树干，就可衍生建造梁桥的想法；从天然形成的石穹、石洞，就知道修建拱桥；受崖壁或树丛间攀爬和飘荡的藤蔓的启发，而学会建造索桥等等。考古发掘出的世界上最早的桥梁遗迹在公元前 6000 年～公元前4000 年今小亚细亚一带。我国 1954 年发掘出的西安半坡村公元前 4000 年左右的新石器时代氏族村落遗址，是我国已发现的最早出现桥梁的地方。

一、古代桥梁简述

古代桥梁所用材料，多为木、石、藤、竹之类的天然材料。

锻铁出现以后，开始建造简单的铁链吊桥。由于当时的材料强度较低，以及人们力学知识的不足，故古代桥梁的跨度都很小。木、藤、竹类材料易腐烂，致使能保留至今的古代桥梁，多为石桥。世界上现存最古老的石桥在希腊的伯罗奔尼撒半岛，是一座用石块干砌的单孔石拱桥（公元前 1500 年左右）。

我国文化历史悠久，是世界上文明发达最早的国家之一。就桥梁建筑这一学科领域而言，我们的祖先曾写下了不少光辉灿烂的篇章。我国幅员辽阔，山多河多，古代桥梁不但数量惊人，而且类型也丰富多彩，几乎包含了所有近代桥梁中的最主要型式。

据史料记载，在距今约 3000 年的周文王时，已在渭河上架过大型浮桥。汉唐以后，浮桥的运用日趋普遍。公元 35 年东汉光武帝时，在今宜昌和宜都之间，出现了长江上第一座浮桥，后来因战时需要，在黄河、长江上曾数十余次架设过浮桥。在春秋战国时期，以木桩为墩柱，上置木梁、石梁的多孔桩柱式桥梁已遍布黄河流域等地区。

近代的大跨径吊桥和斜拉桥也是由古代的藤、竹吊桥发展而来的。全世界公认我国是最早有吊桥的国家，距今约有 3000 年历史。在唐朝中期，我国已发展到用铁链建造吊桥，而西方在 16 世纪才开始建造铁链吊桥，比我国晚了近千年。我国保留至今的尚有跨长约 100m 的四川泸定县大渡河铁索桥（1706 年）和跨径约 61m、全长 340 余米，举世闻名的安澜竹索桥（1803年）。

几千年来修建较多的古代桥梁要推石桥为首。在秦汉时期我国已广泛修建石梁桥。我国于 1053～1059 年在福建泉州建造的万安桥，也称洛阳桥，长达 800 多米，共 47 孔，是世界上尚保存着的最长、工程最艰巨的石梁桥。1240 年建造并保存至今的福建漳州虎渡桥，总长约 335m，某些石梁长达 23.7m，每根宽 1.7m，高 1.9m，重达 200 多吨，都是利用潮水涨落浮运架设的，足见我国古代加工和安装桥梁的技术何等高超。

富有民族风格的古代石拱桥技术，以其结构的精巧和造型的丰富多姿，长期以来一直驰名中外。举世闻名的河北省赵县的赵州桥（又称安济桥，建于公元 605 年），就是我国古代拱桥的杰出代表。该桥净跨 37.02m，宽 9m，拱圈两肩各设两个跨度不等的腹拱，既减轻自重，又便于排洪、增加美观。像这样的敞肩拱桥，欧洲到 19 世纪中叶才出现，比我国晚了 1200 多年。

在我国古桥建筑中，尚值得一提的是建于公元 1169 年的广东潮安县横跨韩江的湘子桥（又名广济桥）。此桥全长 517.95m，共 19 孔，上部结构有石拱、木梁、石梁等多种型式，还有用 18 条浮船组成长达 97.30m 的开合式浮桥。这样，既能适应大型商船和上游木排的通过，还可避免过多的桥墩阻塞河道。这座世界上最早的开合式桥，以其结构类型之多、施工条件之困难、工程历时之久，都是古代建桥史上所罕见。

二、我国近（现）代桥梁建筑的成就

我国的古代桥梁建筑，无论在其造型艺术、施工技巧、历史积淀、文化蕴涵还是人文景观等方面，都曾为世界桥梁建筑史谱写了光辉的篇章。

然而，由于封建制度的长期统治，大大束缚了生产力的发展。解放前，我国交通事业落后，可供通车的公路里程很少，质量低劣。公路桥梁绝大多为木桥，年久失修，破烂不堪。与当时世界上桥梁建筑的技术水平相比，处于极其落后的状态。

新中国成立后，在建国初期修复并加固了大量旧桥，随后在第一、二个五年计划期间，修建了不少重要桥梁，桥梁建筑取得了迅速发展。20 世纪五六十年代，修订了桥梁设计规程，编制了桥梁标准设计图纸和设计计算手册，培养了一支强大的工程队伍。特别是 1978 年党的十一届三中全会把我国的工作重点转移到社会主义经济建设上来，不断深入贯彻实行改革、开放政策，使我国经济建设进一步获得突飞猛进的发展。在重点发展能源和交通两大战略目标的推动下，20 多年来我国的公路和桥梁建设事业，也不断掀起了新的发展高潮，在不断学习、引进西方技术

并结合国内具体实践的情况下，取得了空前的、举世瞩目的成就。已建成的不少结构新颖、技术复杂、规模宏大的大跨径桥梁，已进入世界桥梁工程的先进行列。表1-1仅列出了我国近代一些典型桥梁的桥型和桥梁结构，供参考。

我国近代典型桥梁建筑 表1-1

桥型	桥名	建造年份	结 构	长 度	特 点
钢桥	武汉长江大桥	1957年	正桥为三联3×128m连续钢桁梁，公铁两用桥	包括引桥在内全长1670.4m	第一座长江大桥
	南京长江大桥	1969年	北岸第一孔为128m简支钢桁梁，其余为三联3×160m的连续钢桁梁公铁两用桥	铁路桥梁全长6772m，公路桥梁为4589m	第一座我国自行设计、制造、施工，并使用国产高强钢材
	九江长江大桥	1993年	主孔为180m+216m+180m的钢桁梁与钢拱组合体系	铁路全长7675.4m，公路部分长4215.9m	公铁两用特大钢桥
预应力混凝土梁桥	洛阳黄河公路大桥	1976年	67孔跨径达50m的预应力混凝土T型简支梁桥	全长3429m	黄河上第一座特大型桥梁
	重庆长江公路大桥	1980年	8孔跨径布置为86.5m+4×138m+156m+174m+104.5mT型刚构桥	总长1120m	桥头有大型人像雕塑
	广东南海九江公路大桥	1996年	主桥跨度为50m+100m+2×160m+100m+50m，是目前我国跨度最大的预应力混凝土连续梁桥	主桥长620m	悬臂拼装法施工

桥型	桥名	建造年份	结　构	长　度	特　点
斜拉桥	济南黄河公路大桥	1982 年	主跨跨径为 40m +94m +220m +94m +40m 预应力混凝土斜拉桥	全长 2023.4m	
	上海杨浦大桥	1993 年	主跨 243m +602m +243m 双塔三孔结合梁斜拉桥	全长 8354m	主梁为两个钢箱梁与钢筋混凝土板组成的结合梁,纵向为悬浮体系
	上海东海大桥	2005 年	东海大桥是一座组合桥,它包括 2 座大跨度的海上斜拉桥、4 座预应力连续梁桥	全长 32.5km,是全球最长的跨海大桥	100 年内不用大修,主通航孔,离海面的净高达 40m,可满足 10000t 级的海上巨无霸货轮的通过
			主跨跨径 420m 双塔单索面钢混凝土叠合梁斜拉桥		主梁采用钢混叠合梁,工厂化分节段生产钢梁并将混凝土桥面板叠合完成,节段拼装,锚栓连接
			3 个辅通航孔主跨跨径分别为 2×120m、2×160m 和 2×140m		挂篮悬臂浇筑施工

桥型	桥名	建造年份	结　构	长　度	特　点
石拱桥和钢筋混凝土拱桥	洛阳龙门桥	1962年	桥主孔90m，两边各60m	全长295m	龙门桥拱圈薄而坦，造型美观，建筑精良
	广东南海三山西桥	1995年	45m＋200m＋45m三孔系杆自锚式无推力钢管混凝土中承式拱桥	全长290m	两根主拱肋各由4根750mm×10mm钢管内填充混凝土组成
	四川重庆万县长江大桥	1997年	钢筋混凝土拱桥	跨径420m	

第二章 市政工程识图

第一节 识图的基本知识

一、基本规格

市政工程图主要是表达道路、桥梁、排水等市政工程构筑物的图样。所谓图样是指在工程技术上能准确地表达物体的形状、大小和施工质量要求等的图纸（或称工程图）。图样是表达和交流技术思维的重要工具，也是工程建设的主要技术文件之一。在施工中，图样是指导施工的根本依据和法规，根据这些图纸编制施工进度计划和工程预算、落实工程建设所需要的材料和设备、并根据设计图纸及其他有关技术文件要求，精心组织施工等。

为了使图样的表达方法和表现形式统一，图面应简明清晰，以有利于提高制图效率，并满足设计、施工、存档等要求。这方面，我国制定和颁布了"中华人民共和国国家标准"，简称"国标"。对于土建工程图，近年来，总结了我国过去的实践经验，结合实际情况，积极采用了国际标准。中华人民共和国建设部重新修订和颁布了《房屋建筑制图统一标准》等（GB/T 50001—2001）（GB/T 是国家、标准、推荐三个名词拼音第一字母的顺序连写，50001 是编号，2001 表示 2001 年颁布的），供全国有关单位参照执行。此外，由中华人民共和国交通部编制，并由中华人民共和国建设部颁布的《道路工程制图标准》（GB 50162—92），也是我们在学习读图时，必须熟悉和掌握的国家标准。以下介绍的是国标中有关比例、线型及尺寸标注、图例等一些制图的基本规格。

（一）比例和图名

工程上设计的或已有的实物，有的很大，如道路、桥梁；有的很小，如精密的机械小零件。一般不可能以原来的大小将它们绘制在图纸上，必须使用缩小或放大的方法。因此，有缩小或放大的比例。所谓比例，就是实物在图纸上与实物的实际长度之比，也就是图形与实物相对应的线性尺寸之比。例如某一实物长度为 1m 即 100cm，如果在图纸上画成 10cm，就是缩小了 10 倍，即比例为 1:10。又例如某一实物长度为 2cm，如果在图纸上画成 10cm，就是放大了 5 倍，即比例为 5:1。在一般情况下，能以实物的原大反映在图纸上则最好。这样既不缩小，也不放大，称为比例 1:1。无论缩小和放大的比例，在图形上仍须标注原来实物的长度，而在图形下面或图标内写上比例，这一点非常重要。一般情况下，一个图样应选用一种比例。根据专业制图的需要，同一图样可选用两种比例。

比例应以阿拉伯数字表示，如 1:1、1:2、1:100 等。比例的大小，是指比值的大小，如 1:50 大于 1:100。比例宜注写在图名的右侧，如图 2-1 所示。

立面图 1:200 **⑧** 1:50

图 2-1　比例的注写

（二）图线线型

工程图是由不同线型、不同粗细的线条所构成，这些图线可表达图样的不同内容，以及分清图中的主次。根据国家有关制图的标准规定，工程图中的图线种类与用途如表 2-1 所示。在同一张图样上，同类图线的宽度及型式应保持一致。在同一张图样上，各类图线随粗实线的宽度（b）而变，而粗实线的宽度则取决于图形的大小和复杂程度。

图　线　　　　　　　　　　　表 2-1

名　称		线　型	线宽	一　般　用　途
实线	粗		b	主要可见轮廓线、钢筋线
	中		b	可见轮廓线
	细		b	可见轮廓线、图例线等
虚线	粗		b	地下管线等
	中		b	不可见轮廓线
	细		b	不可见轮廓线、图例线等
单点长画线	粗		b	见有关专业制图标准
	中		b	见有关专业制图标准
	细		b	中心线、对称线
双点长画线	粗		b	见有关专业制图标准
	中		b	见有关专业制图标准
	细		b	假想轮廓线、成型前原始轮廓线
折断线			b	不需画全的断开界线
波浪线			b	不需画全的断开界线 构造层次的断开界线

注：b 一般采用 0.4～1.2mm。

（三）尺寸标注

工程图上除了画出构筑物及其各部分的形状外,还必须准确、完整和清晰地标注构筑物的尺寸,以确定其大小,作为施工的依据。

1. 尺寸的组成

一个完整的尺寸是由尺寸界限、尺寸线、尺寸起止点和尺寸数字四个要素所组成。如图 2-2 所示。

2. 尺寸标注的一般规则

（1）《道路工程制图标准》规定, 图纸中的尺寸单位, 标高以 m 计；里程以 km 或公里计；钢筋直径及钢结构尺寸以 mm 计,

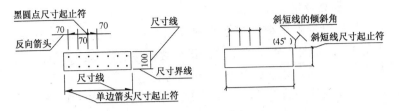

图 2-2 尺寸要素的标注

其余均以 cm 计。当不按以上采用时，应在图纸中予以说明。

（2）《房屋建筑制图统一标准》规定，各种设计图上标注的尺寸，除标高及总平面图以 m 为单位外，其余一律以 mm 为单位。因此，图中尺寸数字后面都不注写单位。

（3）图上所有尺寸数字是物体的实际大小值，与图的比例无关。

3. 坡度的标注

斜线的倾斜度称为坡度（斜线上任意两点间高差与其水平距离之比），其标注方法有两种：

（1）用比例形式表示，如图 2-3（a）中的 1:n 和图 2-3（b）中的 20:1。前项数字为竖直方向的高度，后者为水平方向的距离。市政工程中的路基边坡、挡土墙及桥墩墩身的坡度都用这种方法表示。

（2）用百分数表示。当坡度较小时，常用百分数表示，并标注坡度符号，坡度符号由细实线、单边箭头以及在其上标注的百分数组成。箭头的方向指向下坡。如图 2-3（a）中的 1.5%。道路纵坡、横坡常采用此种表示法。

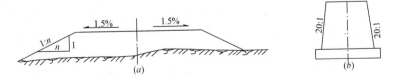

图 2-3 坡度标注法
（a）路基；（b）桥墩

4. 标高及指北针的标注

标高符号采用细实线绘制的等腰三角形表示。高约 3mm，底角 45°，如图 2-4 所示。顶角指至被标注的高度，顶角向上、向下均可，标高数字标注在三角形的右边，负标高冠以 " – "号，正标高数字前不冠以 " + " 号，零标高注写成 ±0.000。标高以 m 为单位。市政工程图上除水准点标注至小数点后三位外，其余标注至小数点后第二位。房屋图上标注至小数点后第三位。

指北针的标注方法如图 2-5 所示。圆的直径 D 一般以 25mm 为宜，指北针下端的宽度 b 一般为直径 D 的 1/8。

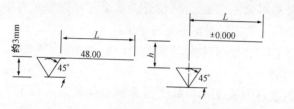

图 2-4　标高标注法　　　　图 2-5　指北针

（四）常用工程图例

建筑物或工程构筑物按比例缩小画在图纸上，对于有些建筑细部形状，以及所用的建筑材料，往往不能如实画出，则画上统一规定的图例，无需用文字来注释。图 2-6 只列举出常用的几种建筑材料断面图例，其他图例详见《道路工程制图标准》及其他有关制图标准。

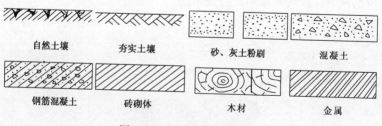

图 2-6　常用建筑材料图例

二、投影概念

（一）投影

各种形体在光线（灯光或阳光）的照射下，都会在地面上或墙面上产生影子，这就是日常生活中的投影现象。人们从这些投影现象中认识到当光线照射的角度或距离改变时，影子的位置、形状也随之改变。也就是说，光线、形体和影子三者之间存在着紧密的联系。如图 2-7（a）所示的桥台模型在正上方的灯光照射下，所产生的影子比基础底板还大。当光源与桥台的距离变远时，影子也随之变小。如把光源移到无限远处，即假设光线为互相平行并垂直于地面时，影子的大小就和基础底板一样了，如图 2-7（b）所示。这时，因光线垂直于地面，我们称这种投影方法为正投影法。

另外人们还注意到，影子只能反映基础底板的外形轮廓，至于台身的轮廓则被黑影所代替而反映不出来。人们对这种纯自然现象进行了长期的观察和研究，科学地抽象总结和归纳出一些规律，形成在平面上作出形体投影的原理和方法：即按照投影的方法，把形体内外各个部分的棱线全部表示出来，且依投影方向凡可见的画实线，不可见的画虚线。这样，形体的影子就发展成为能满足生产需要的投影图（简称投影）。

我们把光线称为投影线，把承受投影的平面称为投影面，若

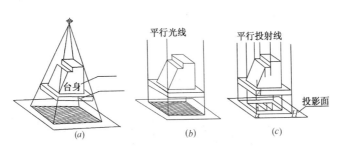

图 2-7 影子和投影

（a）中心投影；（b）平行投影；（c）点的投影

求形体上任一点 A 的投影 a，就是通过 A 点作投射线与投影面的交点，如图 2-7 （c） 所示。

按上述分析，依投射线之间的不同关系，投影可分成两大类：

1. 中心投影

所有投射线都从一点（投影中心）发射出来的称为中心投影，如图 2-7 （a） 所示。

2. 平行投影

所有投射线互相平行则称为平行投影。若投射线与投影面斜交，称为斜角投影或斜投影；若投射线与投影面垂直，则称直角投影或正投影，如图 2-7 （b） 所示。

由于平行投影中的正投影不仅具有反映实长、实形的特性，便于用来表示形体的真实形状和大小，而且投影线垂直于投影面，便于作图。因此，大多数的工程图样，都采用正投影的方法来绘制。为了把物体各个表面和内部形状变化都反映在投影图中，我们还假设投射线是可以透过物体的。

（二）三面正投影

1. 三面正投影的形成

在绘制工程图时，采用在画法几何中学过的设置三个互相垂直的投影面 V、H 和 W，然后将工程构筑物放在这个投影体系中作正投影。如图 2-8 （a） 所示为形成台阶三面正投影图的轴测图。图 2-8 （b） 为展开后的台阶三面正投影图。按工程制图国

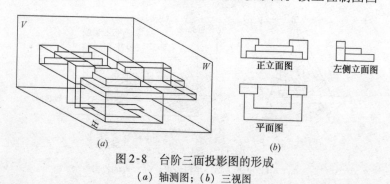

图 2-8　台阶三面投影图的形成

（a）轴测图；（b）三视图

家标准规定，V 面投影称为正立面图，H 面投影称为平面图，W 面投影称为左侧立面图。为了使图形清晰起见，不必画出投影间的联系线，各视图间的距离，通常可根据绘图的比例，标注尺寸所需的位置，并结合图纸幅面等因素来确定。

2. 三个投影面的展开

三个投影图是分别在 V、H、W 三个互相垂直的投影面上的投影，怎样把它们表现在一张图纸上的呢？我们设想 V 面保持不动，把 H 面绕 OX 轴向下翻转 90°，把 W 面绕 OZ 轴向右翻转 90°，则它们就和 V 面同在一个平面上，三个投影图就能画在一张平面的图纸上了。三个投影面展开后，三条投影轴成为两条垂直相交的直线，原 OX、OZ 轴位置不变，原 OY 轴则分成 OY1、OY2 两条轴线。

3. 三面正投影的投影规律

虽然在画三面正投影图时不画各投影间的联系线，但三面正投影图间仍保持画法几何中所述的各投影之间的位置关系和投影规律，三面正投影图的位置关系如图 2-8 所示：平面图在正立面图的下方，左侧立面图在正立面图的右方，对照图 2-8（a）和图 2-9 还可以看出：

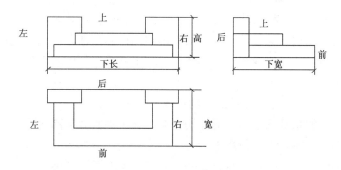

图 2-9　三面正投影图的投影规律

正立面图反映了台阶的上下、左右的位置关系，即高度和长度；

平面图反映了台阶的左右、前后的位置关系，即长度和宽度；

左侧立面图反映了台阶的上下、前后的位置关系，即高度和宽度。

三面正投影图之间的投影规律为：正立面图与平面图——长对正；正立面图与左侧立面图——高平齐；平面图与左侧立面图——宽相等。

在应用这个投影规律读图时，要注意物体的上、下，左、右，前、后六个部位在三面正投影图上的表示，特别是前、后面的表示。如平面图的下方和左侧立面图的右方都反映物体的前面，平面图的上方和左侧立面图的左方都反映物体的后面，因此在平面图、左侧立面图上量取宽度时，不但需注意量取的起点，还需注意量取的方向，如物体要求自前往后量取宽度，则反映在平面图自下往上量取，反映在左侧立面图上为自右往左量取，这样就不会搞错。

三、剖面图和断面图

在画形体的投影时，形体上不可见的轮廓线，规定用虚线表示。形体的结构形状复杂时，投影图中就会出现很多虚线。虚实交错，图线就会重叠不清，从而影响图样的清晰和美观，也不利于标注尺寸，给读图带来不便。工程上常采用剖面图和断面图来解决。

（一）剖面图和断面图的形成

用假想剖切平面将形体切开后，移去观察者与剖切平面之间的部分，按垂直于投影面的方向画出剩余部分形体的投影，并在剖切到的实体部分（即断面——形体被切的面称为断面），画上相应的材料图例，这样所画的图形称为剖面图，简称剖面，如图 2-10 (b) 所示，经剖开后所得的 1-1 剖面图和 2-2 剖面图，与原来未剖切的立面图，如图 2-10 (a) 对比可以看出，由于将形体假想剖开,使内部结构显露出来,在剖面图上,原来不可见的线变成了可见线。

当用假想剖切平面将形体切开后,仅画出被剖切处断面的形状(即截交线所围成的平面图形),并在断面内画上材料图例,这样的图形称为断面图,简称断面,图2-10(c)为经剖开后所得的1-1断面图和2-2断面图。

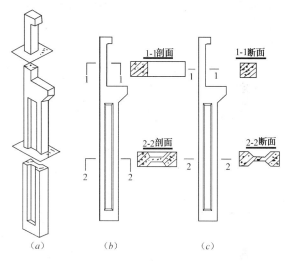

图2-10 立柱的断面图和剖面图

(a)立体图;(b)剖面图;(c)断面图

(二)剖面图的表示方法

1. 剖切位置

作剖面图时,一般都使剖切平面平行于基本投影面,从而使断面的投影反映实形,且尽可能通过形体的对称面或孔、洞、槽的轴线。剖切平面即为投影面平行面,在与之垂直的投影面上的投影则积聚成一条直线,这条直线表示剖切位置,称为剖切位置线,简称剖切线。在投影图中用断开的一对短粗实线表示,长度为5~10mm,如图2-10(b)所示。

2. 投影方向

为表明剖切后剩余部分形体的投影方向，在剖切线两端的同侧各画一段用单边箭头（或短划）指明投影方向的短细线，长度为 4~6mm，如图 2-10 (b) 所示。

3. 剖面图的编号

对结构复杂的形体，可能要同时剖切几次，为了区分清楚，对每一次剖切须进行编号。《道路工程制图标准》规定，对剖切位置用一对英文字母或阿拉伯数字来表示，书写在表示投影方向的单边箭头（或短划）一侧，并在所得相应剖面图的上方居中（也有写在下方居中处）写上对应的剖面图编号名称。其字母或数字中间用 5~10mm 宽的细短线间隔，并在剖面图编号名称的字样底部画上与图名等长的一粗一细两条平行短线，两线间距为 1~2mm，如图 2-10 (b) 所示。

作剖面图时应注意的是，剖切是假想的，故当某方向投影表达为剖面图时，其他投影图仍应按完整的形体考虑。为保持图形简明、清晰，不可见的轮廓线（虚线）一般可省略，不必画出。

（三）断面图与剖面图的区别

断面图的表示法与剖面图有所不同，断面图也用一对短粗实线来表示剖切位置，但不再画表示投影方向的单边箭头，而是用表示编号的英文字母或阿拉伯数字注写位置来表明投影方向。编号写在剖切线右方，表示向右投影；编号写在剖切线下方，表示向下投影。图 2-10 中的 1-1、2-2 断面都是向下投影画出的。从图中可以看出，断面图只画出剖切平面剖切到的断面的投影，它只是面的投影。而剖面图除了画出断面形状外，还要画出形体被剖切后沿投影方向看到的整个剩余部分的投影，它是形体的投影。

为了能清楚地表达形体的内、外部结构形状，根据不同的形体，采用的剖、断面方法也不一样，现介绍如下几种工程图中常用的剖、断面图。

（四）剖面图的几种形式

1. 全剖面图

假想用一个平面将形体全部剖开，然后画出它的剖面图，这种剖面图叫做全剖面图。如图2-11所示，一重力式桥台用一个正平面作为剖切平面把它切开后，画出剖面线便显示了桥台的内部结构。如图2-11（b）所示是桥台的全剖面图，这时立面图上的虚线变为可见，故应改为画实线。同时桥台前墙和基础相连处已无分界线，故应将原有线条擦去。采用全剖面，形体的内部结构可以表示得比较清楚，但是外形则不能表示出来。因此，全剖面图适用于形状不对称或外形比较简单、内部结构比较复杂的形体。

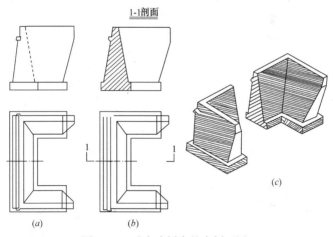

图2-11 重力式桥台的全剖面图

（a）投影图；（b）全剖面图；（c）立体图

2. 半剖面图

当形体的内、外形均为左右对称或前后对称，而外形又比较复杂时，以对称中心线为界，可将其投影的一半画成表示形体外部形状的正投影，另一半画成表示内部结构的剖面图，中间用细单点长画线分界。这种投影图和剖面图各为一半的图，叫做半剖面图。如图2-12所示，为一圆形沉井，左右对称。采用半剖面后，如图2-12（b）所示，变成由半个 A-A 剖面图和半个立面图合并而成的图形。这时半立面图仅表示外形，而半剖面图则需要把虚线部分改画成实线，并画剖面线，表示沉井的内部结构。

当形体的内、外形状都较复杂且对称时，常用半剖面图来表示，这样既可以表达内部结构，又能表达外部形状。

读半剖面图时应注意以下几点：

（1）半外形图和半剖面图是用单点长画线（对称轴线）作为分界线的。

（2）半剖面图一般习惯画在中心线的右边或下边。

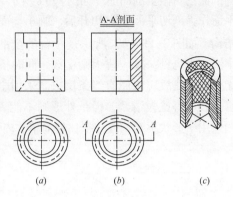

图 2-12　圆形沉井的半剖面图

（a）投影圈；（b）半剖面图；（c）立体图

3. 局部剖面图

有时仅需要表达形体的一部分内部形状，或不便作全剖面或半剖面时，可采用剖切平面局部地剖开形体来表达结构内形所得到的剖面图，叫做局部剖面图。局部剖切的位置和范围用波浪线来表示。

在专业图中常按结构层逐层用波浪线分开的方法来表示多层结构所用的材料和构造，故这种剖面图又称为分层局部剖面图。如图 2-13 所示，表示路面各结构层的分层局部剖面。

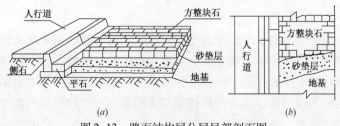

图 2-13　路面结构层分层局部剖面图

（a）立体图；（b）分层局部剖面图

22

局部剖面是一种比较灵活的表示方法，它既能把形体局部的内部形状表达清楚，又能保留形体的某些外部形状。

读局部剖面图时应注意以下几点：

（1）局部剖切比较灵活，但应照顾读图方便，不能过于零碎。

（2）用波浪线表示形体断裂痕迹，应画在实体部分。

（3）局部剖面图只是形体整个外形投影中的一个部分，无需标注。

此外，工程上还有其他的剖面图形式，如阶梯剖面图、旋转剖面图、展开剖面图等，这里不一一介绍。

（五）断面图的几种形式

有些形体或构件，有时被其本身或其他构件遮住，不易表达清楚，又无必要画出剖面图时，可以采用断面图来表示。常用的断面图有移出断面、重合断面。

1. 移出断面图

移出断面图就是把断面图画在投影图的外面。如图 2-14 所示为挡土墙的移出断面图。为了表示各个不同断面的形状，如仍采用上述的办法，必然使各个断面图排列不整齐，又不便于绘图

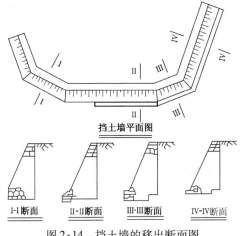

图 2-14　挡土墙的移出断面图

操作。这时可在投影图中根据需要定出不同位置的剖切线,在投影图外适当位置把断面图画出,并对应注上 I-I、II-II 等断面的断面编号名称。读图时,把投影图和断面图的相同编号对应起来,就能清楚了解每个剖切位置的断面形状。

为表达清晰,图 2-14 中挡土墙的各个断面,均采用较大的比例画出。

2. 重合断面图

重叠在基本投影图轮廓之内的断面图,称为重合断面图。重合断面图的比例应与基本投影图一致,并规定其断面轮廓线用细实线表示,并不加任何标注。当投影图的轮廓线与断面图的轮廓线重叠时,投影图的轮廓线仍需要完整地画出,不可间断。如图 2-15 所示,是桥台两边的锥形护坡,采用重合断面把锥坡和挡土墙的材料与轮廓表示出来。

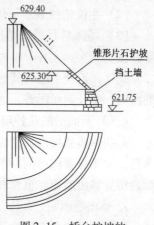

图 2-15 桥台护坡的重合断面图

第二节　道路工程图识读

道路工程是一种带状构筑物,它具有高差大、曲线多且占地狭长的特点,因此道路工程图的表现方法与其他工程图有所不同。道路工程图是由平面图、纵断面图、横断面图及构造详图组成。平面图是在测绘的地形图的基础上绘制形成的平面图;纵断面图是沿道路中心线展开绘制的立面图;横断面图是沿道路中心线垂直方向绘制的剖面图;而构筑物详图则是表现路面结构构成及其他构件、细部构造的图样。用这些图样来表现道路的平面位置、线型状况、沿线地形和地物情况、高程变化、附属构筑物位置及类型、地质情况、纵横坡度、路面结构和各细部构造、各部分的尺寸及高程等。

一、道路工程图的主要特点

（一）从投影上来说，道路平面图是在地形图上画出的道路水平投影，它表达了道路的平面位置。当采用 1:1000 以上较大比例时，则应将路面宽度按比例绘制在图样中，此时道路中心线为一细点划线。道路纵断面图是用垂直剖面沿着道路中心线将路线剖开而画出的断面图，它表达道路的竖（高）向位置（代替三面投影图的正面投影）。由于地面线和设计坡度线竖向高差与路线长度比要小得多，为了明显地把竖向高差表示出来，在图中竖向与横向所用比例是不同的。规定竖向比例比横向比例放大10 倍，也可放大 20 倍。道路横断面图是在设计道路的适当位置上按垂直路线方向截断而画出的断面图，它表达了道路的横断面设计情况（代替三面投影图的侧面投影）。由于道路路线狭长、曲折、随地形起伏变化较大，土石方工程量也就非常大，所以用一系列路基横断面来反映道路各控制位置的土石方填挖情况。

（二）道路工程图上的尺寸单位是以里程和标高来标记的（以 m 为单位，精确到 cm）。

（三）道路工程图采用缩小比例尺绘制。为了在图中清晰地反映不同的地形及路线的变化情况，可取不同的比例。

（四）道路工程图的比例较小，地物在图中一般用符号表示，这种符号称为图例，常用图例应按标准规定的图例使用。

（五）道路根据其所在位置、功能特点及构造组成不同分为城市道路和公路。位于城市范围以内的称为城市道路，位于城市郊区及以外的道路称为公路。两种道路的图示方法基本相同，但某些图样根据需要所表现的详细程度有所不同，城市道路功能多，构造组成相应比较复杂，图样要表现得详细；公路的功能较少，构造组成较城市道路简单，因此图样表现与城市道路有所不同。

（六）城市道路用地范围是用规划红线确定的，根据城市道路的功能特点，城市道路主要由机动车道、非机动车道、人行道、分隔带、道路交叉口、绿化带及其他各种交通设施所组成。

（七）城市道路工程图主要是由道路平面图、纵断面图、横断面图、交叉口竖向设计图及路面结构图等组成。

二、道路工程平面图

城市道路平面图是应用正投影的方法，先根据标高投影（等高线）或地形地物图例绘制出地形图，然后将道路设计平面的结果绘制在地形图上，该图样称为道路平面图。

道路平面图是用来表现城市道路的方向、平面线型、两侧地形地物情况、路线的横向布置、路线定位等内容的图样。即它是全线工程构筑物总的平面位置图和沿线狭长地带地形图的综合图示，包括道路的平面设计部分和地形部分。以图 2-16 所示的道路工程平面图为例，分析道路平面图的图示内容。

（一）道路工程平面图的图示内容

1. 地形部分的图示内容

（1）图样比例的选择：根据地形地物情况的不同，地形图可采用不同的比例。一般常用比例为 1∶500，也可采用 1∶1000 的比例。比例选择应以能清晰表达图样为准。由于城市规划图比例一般为 1∶500，则道路平面图的比例多采用 1∶500。

（2）方位确定：为了表明该地形区域的方位及道路路线的走向，地形图样中需要标示方位。方位确定的方法有坐标网或指北针两种。现基本采用指北针，且在图样适当位置按标准画出指北针。

（3）地形地物情况：地形情况一般采用等高线或地形点表示。由于城市道路一般比较平坦，因此多采用大量的地形点来表示地形高程。地物情况一般采用图例表示。通常使用标准规定的图例，即《道路工程制图标准》中的有关图例；如采用非标准图例时，需要在图样中注明。

（4）水准点位置及编号应在图中注明，以便施工时对路线的高程进行控制。

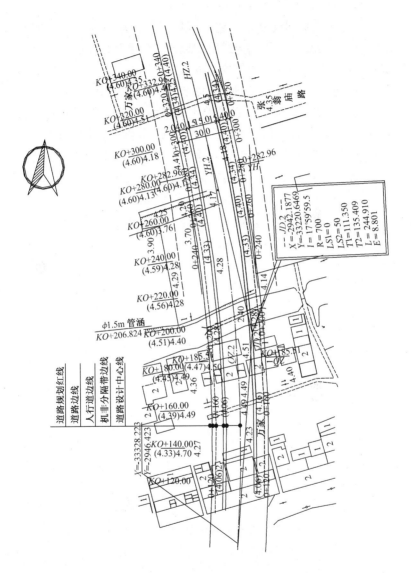

图2-16 道路工程平面图

27

2. 平面设计部分的图示内容

（1）道路规划红线是道路的用地界限，常用双点长画线表示。道路规划红线范围内为道路用地，一切不符合设计要求的建筑物、构筑物、各种管线等均需拆除。

（2）道路中心线用细单点长画线表示。由于城市区域地带地形图比例一般为1:500，因此道路平面图也就是1:500的比例。这样道路中机动车道、非机动车道、人行道、分隔带等均可按比例绘制在图样中。如图2-16中机动车道宽度为15m，非机动车道宽度为4m，分隔带宽度为1.5m，人行道宽度为2m，均以粗实线表示。

（3）里程桩号反映了道路各段长度及总长，一般在道路中心线上从起点到终点，沿前进方向注写里程桩号；也可向垂直道路中心线方向引一细直线，再在图样边上注写里程桩号。"如l+750，即距路线起点为1750m。如里程桩号直接注写在道路中心线上，则"＋"号位置即为桩的中心位置。

（4）路线定位采用坐标网或指北针结合地面固定参照物定位的方法。

（5）道路中曲线的几何要素的表示及控制点位置的图示。以图2-17所示的缓和曲线线型为例说明曲线要素标注问题。在平面图中是用路线转点编号来表示的，$JD1$表示为第一个路线转点。α角为路线转向的折角（度），它是沿路线前进方向向左或向右偏转的角度。R为圆曲线半径，T为切线长，L为曲线长，E为外矢距。图中曲线控制点有ZH"缓直"为曲线起点，HY为

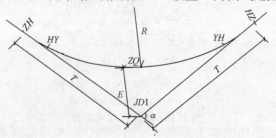

图2-17 缓和曲线线型要素

28

"缓圆"交点，*QZ* 表示曲线中点。*YH* 为"圆缓"交点，*HZ* 为"缓直"交点。当只设圆曲线不设缓和曲线时，控制点为：*ZY* "直圆点"、*QZ* "曲中"点和 *YZ* "圆直"点。

（二）道路平面图的阅读

根据道路平面图的图示内容，按以下过程进行阅读：

1. 首先了解地形地物情况：根据平面图图例及等高线的特点，了解该图样反映的地形地物状况、地面各控制点高程、构筑物的位置、道路周围建筑的情况及性质、已知水准点的位置及编号、坐标网参数或地形点方位等。

2. 道路平面设计情况：依次阅读道路中心线、规划红线、机动车道、非机动车道、人行道、分隔带、交叉口及道路中曲线设置情况等。

3. 道路方位及走向，路线控制点坐标、里程桩号等。

4. 根据道路用地范围了解原有建筑物及构筑物的拆除范围以及拟拆除部分的性质、数量，所占农田性质及数量等。

5. 结合路线纵断面图，掌握道路的填挖工程量。

6. 查出图中所标注水准点位置及编号，根据其编号查出该水准点的绝对高程，以备施工中控制道路高程。

三、道路工程纵断面图

通过沿道路中心线用假想的铅垂面进行剖切，展开后进行正投影所得到的图样称为道路纵断面图。由于道路中心线是由直线和曲线组合而成的，因此垂直剖切面也就由平面和曲面组成。

（一）道路工程纵断面图的图示内容

道路纵断面图主要反映了道路沿纵向的设计高程变化、地质情况、填挖情况、原地面标高、桩号等多项图示内容及数据。因此道路纵断面图中包括图样和资料表两大部分，如图 2-18 所示。

1. 图样部分的图示内容

（1）图样中水平方向表示路线长度，垂直方向表示高程。为了清晰反映垂直方向的高差，规定垂直方向的比例按水平方向

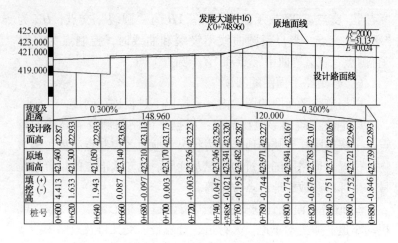

图 2-18　道路工程纵断面图

比例放大 10 倍，如水平方向为 1:1000，则垂直方向为 1:100。这样图上所画出的图线坡度较实际坡度要大，看起来较为明显。

（2）图样中不规则的细折线表示沿道路设计中心线处的原地面线，是根据一系列中心桩的地面高程连接形成的，可与设计高程结合反映道路的填挖状态。

（3）路面设计高程线：图上比较规则的直线与曲线组成的粗实线为路面设计高程线，它反映了道路路面中心的高程。

（4）竖曲线：当设计路面纵向坡度变更处的两相邻坡度之差的绝对值超过一定数值时，为了有利于车辆行驶，应在坡度变更处设置圆形竖曲线。在设计高程上方用┌┐表示的是凸形竖曲线，用└┘表示的为凹形竖曲线，并在符号处注明竖曲线半径 R、切线长 T、曲线长 L、外矢距 E。竖曲线符号的长度与曲线的水平投影等长。

（5）路线中的构筑物：路线上的桥梁、涵洞、立交桥、通道等构筑物，在路线纵断面图的相应桩号位置以相关图例绘出，注明桩号及构筑物的名称和编号等。

（6）标注出道路交叉口位置及相交道路的名称、桩号，图2-18中未标出。

（7）沿线设置的水准点，按其所在里程注在设计高程线的上方，并注明编号、高程及相对路线的位置。

2. 资料表部分的图示内容

道路纵断面图的资料表设置在图样下方并与图样对应，格式有多种，有简有繁，视具体道路路线情况而定。具体项目如下：

（1）地质情况：道路路段土质变化情况，注明各段土质名称。

（2）坡度与坡长：如图2-18斜线上方注明坡度，斜线下方注明坡长，单位为m。

（3）设计高程：注明各里程桩的路面中心设计高程，单位为m。

（4）原地面标高：根据测量结果填写各里程桩处路面中心的原地面高程，单位为m。

（5）填挖情况：即反映设计标高与原地面标高的高差。

（6）里程桩号：按比例标注里程桩号（一般每20m设一桩号或50m设一桩号），构筑物位置桩号及路线控制点桩号等。

（7）平面直线与曲线：道路中心线示意图，平曲线的起止点用直角折线表示，"⌐‾‾‾⌐"表示左偏角的平曲线；而"⌐‾‾‾⌐"则表示右偏角的曲线，且注明曲线几何要素。可综合纵断面情况反映出路线空间线型变化。

（二）道路纵断面图的阅读

道路纵断面图应根据图样部分和资料表部分结合起来阅读，并与道路平面图对照，得出图样所表示的确切内容。

1. 根据图样的横、竖比例读懂道路沿线的高程变化，并对照资料表了解确切高程。

2. 竖曲线的起止点均对应里程桩号，图样中竖曲线符号的长、短与竖曲线的长、短对应，且读懂图样中注明的各项曲线几何要素，如切线长、曲线半径、外矢距、转角等。

3. 道路中线中的构筑物图例、编号、所在位置的桩号是道路纵断面示意构筑物的基本方法；了解这些，可查出相应构筑物的图纸。

4. 找出沿线设置的已知水准点，并根据编号、位置查出已知高程，以备施工时使用。

5. 根据里程桩号、路面设计高程和原地面高程，读懂道路路线的填挖情况。

6. 根据资料表中坡度、坡长、平曲线示意图及相关数据，读懂路线线型的空间变化。

四、道路工程横断面图

道路横断面图是沿道路中心线垂直方向的断面图。图样中应表示出机动车道、人行道、非机动车道、分隔带等部分的横向布置情况。

（一）道路横断面的基本形式

根据机动车道和非机动车道的布置形式不同，道路横断面布置有四种基本形式：单幅路、双幅路、三幅路和四幅路（图略）。

1. 单幅路：也称"一块板"。把所有的车辆都组织在同一个车行道上混合行驶，车行道布置在道路中央。

2. 双幅路：也称"二块板"。用中间分隔带（墩）把单幅路形式的车行道一分为二，使往返交通分离，在交通上起分流渠化作用，但同向交通仍混合行驶。

3. 三幅路：也称"三块板"。用分隔带（墩）把车行道分隔成三块，中间的为双向行驶的机动车车行道，两侧均为单向行驶的非机动车车道。

4. 四幅路：也称"四块板"。在三幅路形式的基础上，再用分隔带把中间的机动车车行道分隔为二，分向行驶。

（二）道路横断面图的图示内容

道路横断面的设计结果用标准横断面设计图表示。图样中要表示出车行道、人行道及分隔带等各组成部分的构造和相互关系，如图2-19所示。一般采用1:100或1:200的比例尺，在图上绘出红线宽度、车行道、人行道、绿地、照明、新建或改建的地下管道等各组成位置、宽度、横坡度等，称为标准横断面图。

1. 用细单点长画线段表示道路中心线，车行道、人行道用粗实线表示，并注明构造分层情况，标明排水横坡度，图示出红线位置。

2. 用图例示意绿地、树木、灯杆等。

3. 用中实线图示出分隔带设置情况。

4. 注明各部分的尺寸，尺寸单位为mm。

5. 与道路相关的地下设施用图例示出，并注以文字及必要的说明。

图2-19为某城市道路横断面设计图，图中图示出设计标准横断面图。

五、道路路面结构图及路拱详图

（一）道路路面结构图的图示内容

路面是道路的主要组成部分，是用各种筑路材料铺筑在路基上直接承受车辆荷载作用的层状构筑物。路面结构形式按照路面的力学特性及工作状态，分为两大类：即柔性路面（如沥青混凝土路面、沥青碎石路面等）和刚性路面（如水泥混凝土路面等）。这里主要介绍柔性路面（沥青混凝土路面）和刚性路面（水泥混凝土路面）的路面结构图。

（二）沥青混凝土路面结构图

1. 由于沥青类路面是多层结构层组成的，在同车道的结构层沿宽度一般无变化。因此选择车道边缘处，即侧石位置一定宽度范围作为路面结构图图示的范围，这样既可图示出路面结构情况又可将侧石位置的细部构造及尺寸反映清楚，也可只反映路面结构分层情况，见图2-20。

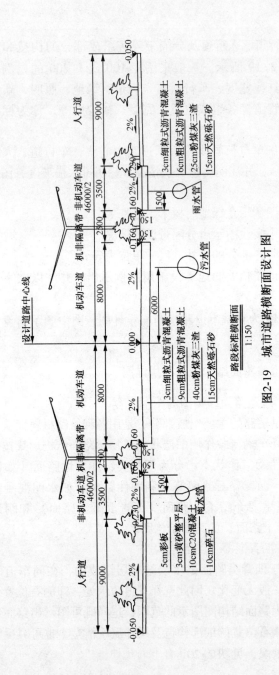

路段标准横断面
1:150

图2-19 城市道路横断面设计图

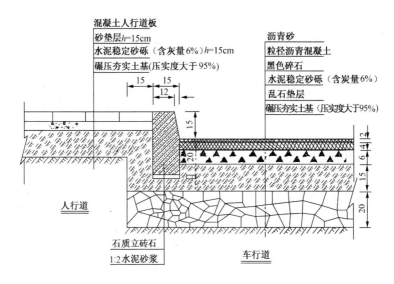

图 2-20　沥青混凝土道路路面结构图

2. 路面结构图图样中，每层结构应用图例表示清楚，如灰土、沥青混凝土、侧石等。

3. 分层注明每层结构的厚度、性质、标准等，并将必要的尺寸注全。

4. 当不同车道，结构不同时可分别绘制路面结构图，并注明图名、比例及文字说明等。

（三）水泥混凝土路面结构图

水泥混凝土路面的厚度一般为 18～25cm，它的横断面形式有等厚式、厚边式等。根据车辆荷载作用下水泥混凝土板的受力分析，虽然厚边式是符合受力理论要求的，但施工时路基整形和立模都比较麻烦，所以常采用等厚式断面。

为避免温度的变化而使混凝土产生不规则裂缝和拱起现象，需将水泥混凝土路面划块。在直线段道路上是长方形分块，如图 2-21 中的接缝平面布置图所示。在道路交叉口则常出现梯形或多边形的划块。分块的接缝有下列几种：

1. 胀缝。胀缝又称为真缝、伸缝，通常垂直于道路中心线设置，宜少设或不设。其构造如图2-21中胀缝大样图所示。

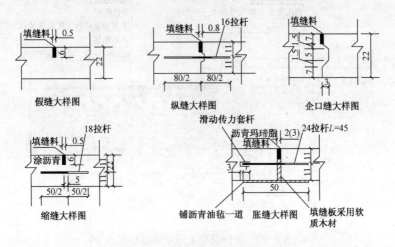

图2-21　水泥混凝土路面结构图

2. 缩缝。缩缝又称假缝，设置在相邻两道胀缝之间，一般每隔4～6m设置一道，缝深为水泥混凝土板厚的1/4～1/3，缩缝中可设传力杆，亦可不设，如图2-21中缩缝及假缝大样图所示。

3. 纵缝。纵缝是指平行于道路中心线方向的接缝，常按机动车道宽度（一般为3.5～4.5m）设置。纵缝一般做成企口缝形式或拉杆的形式，如图2-21中纵缝及企口缝大样图。

4. 施工缝。由于施工需要设置的接缝称为施工缝，又叫建筑缝。施工缝宜设在胀缝或缩缝处，增设的施工缝构造与胀缝相同。

此外，为了弥补等厚式水泥混凝土板边及板角强度不足，常在车行道的边缘设置边缘钢筋，在每块板的四角加设角隅钢筋。

（四）路拱详图的图示内容

为了便于路面上的雨水向两侧街沟排泄，在保证行车安全的条件下，沿横断面方向设置不同的横坡度，使路面车行道的两端与中间形成一定坡度的拱起形状，称为路拱。将路面分成若干份，根据选定的路拱方程计算出每个点相对应的纵坐标值，从而描绘出路面轮廓线即为路拱详图。路拱采用什么曲线形式，应在图中予以说明，如抛物线型的路拱，则应以大样的形式标出其纵、横坐标以及每段的横坡度和平均横坡度，以供施工放样使用，见图2-22。

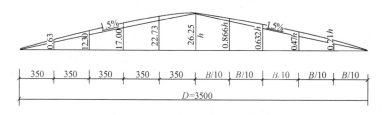

图2-22 路拱大样图

第三节 桥梁工程图识读

一、桥梁的组成

桥梁主要是由上部结构和下部结构两个部分组成。图2-23是常见的钢筋混凝土桥梁的示意图，从图中可以看到桥梁各个组成部分和它们的名称。

上部结构——是用来跨越河流、山谷、铁路等，供车辆和人群通过。如图中所示的钢筋混凝土空心板梁和钢筋混凝土T型梁。

下部结构——是用来支承上部结构，并把上部结构所承受的车辆和人群荷载安全、可靠地传递到地基上去。如图中所示的桥台、桥墩、基础。在桥梁两端的后边，即连接路堤和支承上部结构的部分，称为桥台，如图2-23中的0号台及3号桥台。两边都支承上部结构的称为桥墩，如图中的1号墩及2号墩。一座桥梁桥台有两个，桥墩可以有多个也可以没有。如图所示全桥由三孔组成，共有两个桥台两个桥墩。如果全桥只有一孔则只有两个桥台而没有桥墩。在桥台的两侧常做成石砌的锥形护坡，是用来

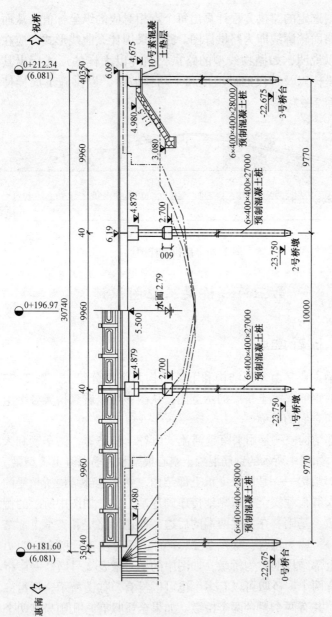

图2-23 钢筋混凝土桥梁示意图

38

保护桥头填土的。

二、桥梁的分类

桥梁按其上部结构使用的材料不同可分为钢桥、钢筋混凝土桥、石桥和木桥等。按其结构受力不同可分为梁桥、拱桥、斜拉桥等。其中以钢筋混凝土为材料的梁桥结构在中小型桥梁中使用较广泛；图2-23就是这种桥梁，以下仅介绍钢筋混凝土梁桥的图示内容及图示方法。

三、钢筋混凝土桥梁工程图的图示内容及图示方法

建造一座桥梁需要许多图纸，从桥梁位置的确定到各个细部的情况，都需用图来表达，其中较为重要的是桥梁的总体布置图和构件图。

（一）总体布置图

主要表明桥梁的形式、跨径、净空高度、孔数、桥墩和桥台的形式，总体尺寸、各主要构件的数量和相互位置关系等等。图2-24所示就是某桥梁的总体布置图。

图示方法：用三个基本视图表示，一般都采用剖面图的形式。通常用较小的比例（相对构件图），一般为1∶50～1∶500。图中尺寸除标高用 m 作单位外，其余均以 mm 作单位。图中线型可见轮廓线用粗实线表示，河床线用加粗实线，其他尺寸线、中心线等用细线表示。在总体布置图中，桥梁各部分的构件是无法详细表达完整的，故单凭总体布置图是无法进行施工的。为此还必须分别把各构件（如桥台、桥墩等）的形状、大小及其钢筋布置完整地表达出来才能进行施工。

（二）构件图

构件图主要表明构件的外部形状及内部构造（如配置钢筋的情况等）。构件图又包括构造图与结构图两种。只画构件形状、不表示内部钢筋布置的称为构造图（当外形简单时可省略）。其图示方法与视图完全一致。主要表示钢筋布置情况，同时也可表示简单外形的称为结构图（非主要的轮廓线可省略不画）。

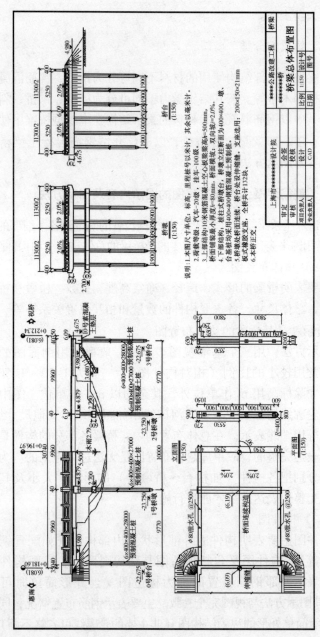

图2-24 桥梁的总体布置图

结构图一般应包括钢筋布置情况、钢筋编号及尺寸、钢筋详图（为加工需要要把每种钢筋分别画出）、钢筋数量表等内容。钢筋直径以 mm 为单位，其余均以 cm 为单位。受力钢筋用粗实线表示，构造筋比受力筋要略细一些。构件的轮廓线用中粗实线表示，尺寸线等用细实线表示。

（三）举例

现以上海地区某一桥梁工程图为例来具体介绍桥梁总体布置图与构件图。

1. 总体布置图

图 2-24 所示为上海地区某一桥梁的总体布置图，它是用立面图（半剖面图）、平面图（半剖面图）和横剖面图表示；比例均采用 1:150。

（1）立面图

从图中可以看出全桥由三孔组成，中孔跨径和两边孔跨径均为 10m，全长 30m。该图采用半立面图、半剖面图的图示形式。半立面图表示其外部形状，半纵剖面图表示其内部构造。由于剖切到的部分截面较小，故涂黑表示。从半纵剖面图并结合横剖面图中可以看到中间孔的梁与边孔的梁结构是相同的，均为空心板梁。在图 2-24 中还反映了河床的形状，根据标高尺寸可以得出钢筋混凝土方桩的埋置深度等，由于桩埋置较深，为了节省图幅可以采用折断画法。

（2）平面图

是采用半平面图半剖面图的形式来表示。在半平面图中桥台两边显示锥形护坡以及桥面上两边栏杆的布置。在半剖面图中是再采用了半剖面图的形式，桥墩是剖切在柱式桥墩和钢筋混凝土方桩处，桥台是剖切在钢筋混凝土方和桥台结构桩处，因此在桥墩处显示出立柱和桩的数量，桥台处显示出桩的数量和桩台的形式。

（3）横剖面图

是由 I-I 和 Ⅱ-Ⅱ 剖面图组成。从图中可以看出桥梁净宽 10.5m，栏杆宽 0.4m，不设人行道，从涂黑部分可以看出中、

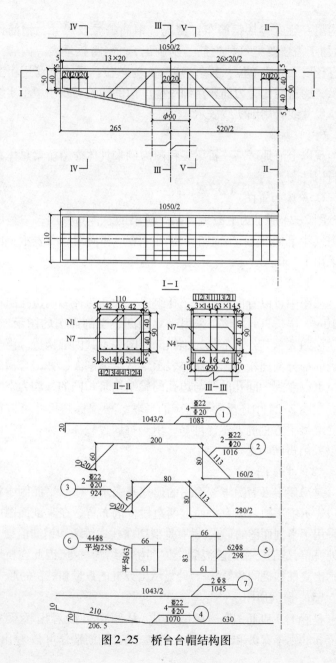

图 2-25 桥台台帽结构图

42

边孔梁为空心板梁。图中也显示了钢筋混凝土方桩的横向位置。

再将三个图联系起来看，可以知道全桥主要由两个桥台（包括 12 根桩）、两个桥墩（包括 12 根桩）、十一片空心板梁等构件组成。

2. 构件图

（1）桥台

图 2-25 为桥台台帽的结构图，由立面图和断面图来表示（前墙与耳墙的钢筋布置在这里未画出）。

立面图由于左右对称可以画一半来表示，图中钢筋编号用 N 表示，箍筋 N6 在沿台帽方向是均匀布置的，间距为 20cm，尺寸 13cm×20cm 说明有 13 个间距，每间隔 20cm 布置箍筋，右边尺寸 26cm×20cm。断面图中采用 I-I、Ⅱ-Ⅱ、Ⅲ-Ⅲ 三个断面来帮助表示出台帽的钢筋布置，图中 I-I 断面是水平面方向，Ⅱ-Ⅱ和Ⅲ-Ⅲ是横断面方向。图中画出了每种钢筋的详图，以便加工。钢筋数量表从略。

（2）桥墩

图 2-26 为桥墩的构造图。桥墩由墩帽、两根柱身和两根混凝土灌注桩组成，它的图形是由立面图和侧面图表示。桥墩的结构图需另画出，混凝土桩与桥台的桩基本相同。此处从略。

（3）钢筋混凝土空心板梁

因钢筋混凝土空心板外形较简单不需另画构造图，在结构图中用细实线表示其外形轮廓线，在图 2-24 的桥梁总体布置图中，三孔均采用了跨径为 10m 的装配式钢筋混凝土空心板梁。如图 2-27 是跨径为 10m 的钢筋混凝土空心板梁的结构图。由于梁外形较简单，不需另画构造图，其主要外形轮廓线可在结构图中表示，次要的线条可省略不画。

它是由立面图、平面图、横断面图、钢筋骨架图及钢筋数量表来表示的。立面图是主梁钢筋图。梁的下方编号为①和编号为②及③的钢筋，并和编号为④、⑦、⑨等钢筋端部重叠焊接在一

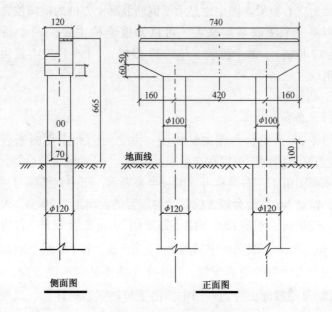

图 2-26 桥墩的构造图

起，为了图示清楚，故在画图时有意把线条分开。图中短划平行线表示焊缝符号，有时在断面图上把重叠的钢筋用空心圆来表示（如不重叠的仍用涂黑小圆来表示），横断面图下边小方格内的数字表明钢筋在对应位置的编号。

钢筋骨架图表示出钢筋的弯曲形状及其尺寸。

（四）桥梁图的读图步骤

1. 总体布置图。可按下列步骤进行：

（1）看图纸右下角的标题栏，了解桥梁名称、结构、类型、比例、尺寸、单位、荷载级别等。

（2）弄清楚各图之间的关系，如有剖面、断面，则要找出剖切位置和观察方向。看图时应先看立面图（包括纵剖面图），了解桥型、孔数、跨径大小、墩台数目、总长、河床断面等情况，再对照看平面图、侧面图和横剖面图等，了解桥的宽度、人

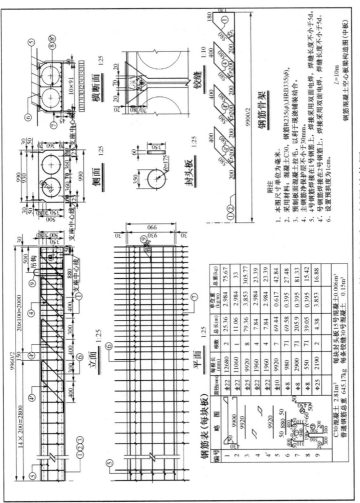

图2-27 钢筋混凝土空心板梁结构图

行道的尺寸和主梁的断面形式等，同时要阅读图纸中的技术说明。这样，对桥梁的全貌便有了一个初步的了解。

2. 构件图

在看懂总体布置图的基础上，再分别读懂每个构件的构件图。构造图的读图方法与"视图"完全相同，不再重复。结构图可按下列步骤进行读图：

（1）先看图名，了解是什么构件，再对照图中画出的主要外形轮廓线，了解构件的外形。

（2）看基本视图（如立面图、断面图等），了解钢筋的布置情况，各种钢筋的相互位置等。找出每种钢筋的编号。

（3）看钢筋详图，了解每种钢筋的尺寸、完整形状，这在基本视图中是不能完全表达清楚的。有时基本视图比较难读时，要与详图一起对照起来读。

（4）再将钢筋详图与钢筋数量表联系起来看，搞清楚钢筋的数量、直径、长度等。

第四节　排水工程图识读

排水工程图主要表示排水管道的平面位置及高程布置，排水工程图与道路工程图相似。主要是由排水工程平面图、排水工程纵断面图和排水工程构筑物详图组成，施工中还应结合规定的排水管道通用图一并阅读和使用。目前，上海地区使用的排水管道通用图有：《上海市排水管道通用图》（第一册）、《上海市排水管道通用图》（二通转折窨井部分）和《上海市排水管道通用图》（三通转折窨井部分）及《上海市排水管道通用图》（四通交汇窨井部分）。其他特殊管道应按其具体要求执行，如玻璃钢夹砂管等。

一、排水工程平面图

（一）排水工程平面图的内容

1. 一般情况下，在排水工程平面图上污水管用粗虚线，雨水管用粗单点长画线；有时也用管道的代号（汉语拼音字母）表示：污水管"W"、雨水管"Y"。

2. 排水工程平面图上画的管道（指单线）即是管道的中心线，室外排水管道的平面定位即是指到管道中心线的距离。

3. 排水管道上的检查井、雨水口等都按规定的图例画出。

4. 排水工程附属构筑物（闸门井、检查井）应编号。检查井的编号顺序，从上游到下游。

5. 标注尺寸

（1）尺寸单位及标高标注的位置是：排水工程平面图上的管道直径以 mm 计，其余尺寸都以 m 为单位，并精确到小数点后两位数；室外排水管道的标高应标注管内底的标高。

（2）排水管道在平面图上应标注检查井的桩号、编号及管道直径、长度、坡度、流向和检查井相连的各管道的管内底标高。

检查井桩号指检查井至排水管道某一起点的水平距离，它表示检查井之间的距离和排水管道的长度。工程上排水管道检查井的桩号与道路平面图上的里程桩号一致。桩号的注写方法用×+××.××表示，"+"前数字代表公里数，"+"后的数字为 m 数（至小数点后两位数），如 0+200 表示到管道起点距离为 200m。

例如，某一检查井相连各管道的管内底标高标注及排水管管径、坡度、检查井桩号的标注见图 2-28。

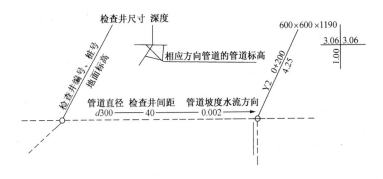

图 2-28　管道、检查井标注

（二）排水工程平面图的阅读

1. 了解设计说明，熟悉有关图例

2. 区分排水管道，弄清排水体制。

3. 逐个了解检查井、雨水口以及管道位置、数量、坡度、标高、连接情况等。

二、排水工程纵断面图

排水工程纵断面图主要显示路面起伏、管道敷设的坡度、埋深和管道交接等情况。

（一）排水工程纵断面图的图示内容

管道纵断面图是沿着管道的轴线铅垂剖开后画的断面图，它和道路工程图一样，是由图样和资料表两部分组成。

1. 图样部分

以图 2-29 雨水管道纵断面图为例。图样中水平方向表示管道的长度，垂直方向表示管道的直径。由于管道的长度比其直径大得多，通常在纵断面图中垂直方向的比例按水平方向比例放大 10 倍，如水平方向 1:1000，则垂直方向 1:100。图样中不规则的细折线表示原有的地面线，比较规则的中粗实线表示设计地面线，粗实线表示管道。用两根平行竖线表示检查井，竖线上连地面线，下接管顶。根据设计的管内底标高画管道纵断面图，并表明各管段的衔接情况；接入检查井的支管，按管径及其管内底标高画出其横断面。与管道交叉的其他管道，按其管径、管内底标高以及与其相近检查井的平面距离画出其横断面，注写出管道类型、管内径标高和平面距离。

2. 资料部分

管道纵断面图的资料表设置在图样下方，并与图样对应，具体内容如下：

（1）编号。在编号栏内，对正图形部分的检查井位置填写检查井的编号。

（2）平面距离。相邻检查井的中心间距。

（3）管径及坡度。该栏根据设计数据，填写两检查井之间的管径和坡度。当若干个检查井之间的管道的管径和坡度均相同时，可合并。

（4）设计管内底标高。设计管内底标高指检查井进、出口处管道内底标高。如两者相同，只需填写一个标高；否则，应在该栏纵线两侧分别填写进、出口管道内底标高。

（5）设计路面标高。设计路面标高是指检查井井盖处的地面标高。当检查井位于道路中心线上时，此高程即检查井所在桩号的路面设计标高；当检查井不在道路中心线上，此高程应根据该横断面所处桩号的设计路面高、道路横坡及检查井中心距道路中心线的距离推算而定。

（二）排水工程纵断面图的阅读

排水工程纵断面图应将图样部分和资料部分结合起来阅读，并与管道平面图对照，得出图样中所表示的确切内容。下面以图2-29为例说明阅读时应掌握的内容。

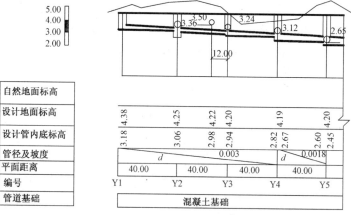

图2-29　雨水管道纵断面图

1. 了解地下雨水管道的埋深、坡度以及该管段处地面起伏情况。

2. 了解与检查井相连的上、下游雨水干管的连接形式（管顶平接或水面平接）；与检查井相连的雨水支管的管底标高。如

图 2-29 中编号为 Y2 检查井。上、下游干管采用管顶平接，接入的支管其管内底标高为 3.36m。

3. 了解雨水管道上检查井的类型。检查井有落底式和不落底式，图 2-29 中 Y2 检查井为落底式，Y3 为不落底式；另外，在管道纵剖面图上还表明了雨水跌水井的设置情况，图 2-29 中，在检查井 Y4 处设置了跌水井。

三、排水工程构筑物详图

有关的设施详图有统一的标准图，无需另绘。现以《上海市排水管道通用图》（第一册）中检查井、雨水口、排水管道基础设施详图为例作简要介绍。

（一）检查井标准图

对于 ϕ600 管径以下的雨、污水排水管道，其井内尺寸为 750mm × 750mm 的砖砌直线检查井。图集中的平面图表示了检查井进水干管、出水干管的平面位置，检查井内尺寸为 750mm × 750mm，井盖采用的是直径 700mm 铸铁制品；1-1 剖面图反映了检查井的平面位置，2-2 剖面图主要反映了两个问题：

1. 井底流水槽为管径的二分之一，基础采用 C15 混凝土。

2. 井身高度小于等于 2500mm。

（二）雨水口标准图

如给水排水标准图集中的Ⅲ型雨水进水口。其中，1-1 为进水口平面图，2-2 及 3-3 分别为进水口的纵、横剖面图。从图集中可以看出，该雨水进水口适用于六车道以下道路，为平石进水型式，采用铸铁进水口成品盖座；其井身内尺寸为 640mm × 500mm × 1335mm，井壁厚 120mm，为砖砌结构，以水泥砂浆抹面；距底板 300mm 高处设直径为 300mm 的雨水连接管（支管），并形成进水口处高、另一端（应为雨水管道窨井处）低的流水坡度 i；另外，井底分别是 980mm × 840mm × 80mm 的 C15 混凝土底板和 1080mm × 940mm × 80mm 的砾石砂垫层。

第三章 市政工程材料

第一节 概 论

一、建筑材料的作用和基本要求

建筑材料指建筑工程结构物中使用的各种材料和制品，市政工程建设是土木工程的一个重要组成部分，市政工程建筑材料是用于地基、基础、地面、墙体等各个部位的各种构件和结构体并最终构成建筑物的材料。

建筑材料的品种、性能和质量，直接影响着建筑工程的适用性和强度，影响着工程的结构形式和施工进度。一般建筑材料的费用占工程总造价的 50% 以上。某些重要工程甚至可达 70%~80%。

一般来说，优良的建筑材料必须具备足够的强度，能够安全地承受设计荷载，具有较轻的自身重量，以减少下部结构和地基的负荷，要求有与使用环境相适应的耐久性，可降低使用阶段维修费用，用于特殊部位的材料应具有相应的特殊功能等等。

二、建筑材料的分类

由于建筑材料种类繁多，为便于区分和应用，工程中常从不同的角度对其进行分类。最常用的分类方法是按材料的化学成分及其使用功能和用途来分，见表 3-1。

建筑材料的分类

表 3-1

		金属材料	钢、铁、铝、铜、各类合金等
按化学成分分类	无机材料	非金属材料	石灰、水泥、天然石材、混凝土等
	有机材料	沥青材料	石油沥青、煤沥青
		植物材料	木材、竹材
		合成高分子材料	塑料、橡胶等
按功能分类	结构材料	承受荷载作用	如构筑物的基础、柱、梁所用的材料
	功能材料	特殊作用	如围护、防水、装饰、保温等材料
按用途分类	建筑结构、桥梁结构、水工结构、路面结构、墙体、装饰等材料		

三、材料的基本性质

（一）材料的物理性质

1. 材料的密度、表观密度和堆积密度

材料的密度（ρ）是指材料在绝对密实状态下，单位体积所具有的质量。材料的表观密度（ρ_0）是指材料在自然状态下，单位体积所具有的质量。自然界中，一般材料均含有孔隙，其表观密度数值小于密度，有些密实材料如钢等在自然状态下的体积几乎接近于绝对密实状态下的体积，故其表观密度亦接近于密度；市政工程常用建筑材料的密度和表观密度可直接查表3-2。

堆积密度是指粉状、粒状或纤维状材料在堆积状态下（包含了颗粒内部的孔隙和颗粒之间的空隙），单位体积所具有的质量。市政工程常用建筑材料的堆积密度可直接查表3-2。

2. 材料的密实度和孔隙率

密实度是指材料体积内被固体物质所充实的程度，也就是固

市政工程常用建筑材料的密度、表观密度、堆积密度　　表3-2

材料名称	密度（g/cm³）	表观密度（kg/m³）	堆积密度（kg/m³）
砂	2.5~2.6	—	1500~1700
石灰石（碎石）	2.48~2.76	2300~2700	1400~1700
水　泥	2.8~3.1	—	1600~1800
粉煤灰（气干）	1.95~2.40	—	550~800
普通水泥混凝土	—	2000~2800（常取2500）	—
钢　材	7.85	7800~7850	—
烧结普通砖	2.6~2.7	1600~1900	—

体物质的体积占总体积的比例，它反映了材料的致密程度，含有孔隙的固体材料的密实度均小于1。

孔隙率是指材料体积内孔隙体积占总体积的比例，孔隙率的大小也直接反映了材料的致密程度。一般而言，孔隙率较小，且连通孔较少的材料，其吸水性较少，强度较高，抗渗性和抗冻性较好。

材料空隙率是指散粒状材料堆积时颗粒间空隙体积所占的百分率。空隙率考虑的是材料颗粒间的空隙，在配制混凝土时，砂、石子的空隙率是作为控制混凝土中骨料级配与计算混凝土含砂率时的重要依据。

3. 材料的压实度

材料的压实度是指散粒状材料被压实的程度。当散粒状材料经充分压实后，其堆积密度值为最大，此时的干堆积密度叫最大压实堆积密度，相应的空隙率值已达到最小值，此时的堆积体最为稳定，因此，散粒状材料压实后的压实度值越大，其构成的构筑物就越稳定。

4. 材料的耐水性和抗渗性

材料的耐水性是指材料长期在水的作用下不被破坏，强度也不显著降低的性质。材料的耐水性用软化系数（K_R）表示，软化系数反映了材料饱水后强度降低的程度。一般来说，材料被水浸湿后强度均有所降低，K_R值愈小，表示材料吸水饱和后强度下降愈大，即耐水性愈差。材料耐水性这一性质限制了材料的使用环境，软化系数愈小的材料其使用环境尤其受到限制。工程中通常将$K_R>0.85$的材料称为耐水材料，可以用于水中或潮湿环境中的重要结构，对用于受潮较轻或次要结构物的材料，其K_R值也不得小于0.75。

材料的抗渗性是指材料抵抗压力水渗透的能力，与材料的孔隙率和孔隙特征有关。市政工程中当材料两侧水压差较大时，水可能从高压侧通过内部的孔隙、孔洞或其他缺陷渗透到低压侧。这种压力水的渗透，不仅会影响工程的使用，造成材料的破坏，也是决定工程使用寿命的重要因素之一。

市政工程中，为直接反映材料的抗渗能力，对一些常用材料（如混凝土、砂浆等）用抗渗等级表示其抗渗能力。材料的抗渗等级是指材料用标准方法进行透水试验时，规定的试件在透水前所能承受的最大水压力，并以符号"P"及可承受的水压力值（以0.1MPa为单位）表示抗渗等级。如防水混凝土的抗渗等级为P6、P8、P12、P16、P20，表示其分别能够承受0.6MPa、0.8MPa、1.2MPa、1.6MPa、2.0MPa的水压而不渗水。所以，材料的抗渗等级愈高，其抗渗性愈强。

5. 材料的抗冻性

材料的抗冻性是指材料在饱和水状态下，能经受多次冻融循环作用而不破坏，强度也不严重降低的性质。工程中通常用抗冻等级表示材料的抗冻性，用符号"Fn"表示，其中n为最大冻融循环次数，如F25、F50等。用于桥梁、道路的混凝土抗冻等级不应低于F50，水工混凝土的抗冻等级要求高达F500。一般认为，抗冻性良好的材料，对于抵抗大气温度变化、干湿交替等的能力较强，所以抗冻性常作为考察材料耐久性的一项指标。

（二）材料的力学性质

1. 材料的强度与等级

（1）材料的强度

材料在外力作用下抵抗破坏的能力，称为材料的强度，破坏时的最大应力，为材料的极限强度。根据外力作用形式的不同，材料的强度有抗压强度、抗拉强度、抗弯强度和抗剪强度等，如图 3-1 所示。

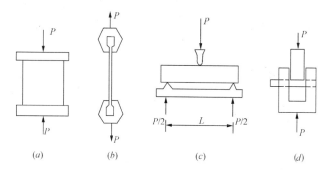

图 3-1　几种强度试验装置示意图

（a）抗压；（b）抗拉；（c）抗弯；（d）抗剪

各种材料的强度差别甚大，建筑材料按其强度的大小划分为若干个等级。市政工程常用结构材料的强度值范围见表 3-3。

市政工程常用结构材料的强度值范围　　　　表 3-3

材　料	抗压强度 （MPa）	抗拉强度 （MPa）	抗弯（折）强度 （MPa）	抗剪强度 （MPa）
钢　材	235～1600	235～1600	235～1600	200～355
普通混凝土	7.5～60	1～4	0.7～9	2.5～3.5
烧结普通砖	7.5～30	—	1.8～4.0	1.8～4.0
花岗岩	100～250	7～25	10～14	13～19
石灰岩	30～250	5～25	2～20	7～14
松木（顺纹）	30～50	80～120	60～100	6.3～6.9

（2）材料的比强度

结构材料在建筑工程中主要作用就是承受结构荷载，对大部分构筑物来说，相当部分的承载能力是用于承受材料本身的自重。因此，欲提高结构材料承受外荷载的能力，一方面应提高材料的强度，另一方面应减轻材料本身的自重，这就要求材料应具有轻质高强的特点。反映材料轻质高强的力学强度是比强度，比强度是指按单位体积质量计算的材料强度，即材料的强度与其表观密度之比（f/ρ_0）。在高层建筑及大跨度结构工程中应采用比强度较高的材料。几种常用材料的比强度值见表3-4。

几种常用材料的比强度值　　　　表3-4

材　　料	强度（MPa）	表观密度（kg/m³）	比强度
低碳钢	420	7850	0.054
花岗岩（抗压）	175	2550	0.069
石灰岩（抗压）	140	2500	0.056
松木（顺纹抗压）	100	500	0.200
普通混凝土（抗压）	40	2400	0.017
烧结普通砖（抗压）	10	1700	0.006

2. 材料的弹性与塑性

材料在外力作用下产生变形，当外力去除后能完全恢复到原来形状和大小的性质称为材料的弹性，这种可恢复的变形称为弹性变形。材料在外力作用下产生变形，外力去除后不能完全恢复到原来形状和大小的性质称为塑性，这种不可恢复的变形称为塑性变形。实际上纯弹性变形的材料是没有的，通常一些材料在受力不大时表现为弹性变形，而当外力达一定值时则呈现塑性变形，它们的主要区别就是变形能否恢复。

3. 材料的脆性与韧性

材料受外力作用时，未产生明显的塑性变形而发生突然破坏的性质就是脆性，具有这种性质的材料为脆性材料。一般脆性材

56

料的抗静压强度很高，但抗冲击能力、抗振动作用、抗拉及抗折（弯）强度很低，使用范围受到限制。市政工程中常用的脆性材料有天然石材、普通混凝土、砂浆、普通砖等。

材料在振动或冲击等荷载作用下能吸收较大的能量，并产生较大的变形而不突然破坏的性质称为材料的韧性。在建筑工程中，对于要求承受冲击荷载和抗震要求的结构，如吊车梁、桥梁、路面等所用的材料，均应具有较高的韧性。

4. 材料的耐久性

材料的耐久性是指材料在各种自然因素及有害介质作用下，能长久保持其使用性能的性质。材料的耐久性决定了工程的使用寿命，只有采用耐久性良好的建筑材料，才能保证工程质量的完好。材料的耐久性指标是根据工程所处的环境条件来决定的。工程中改善材料耐久性的主要措施有根据使用环境合理选择耐久性较好的材料、增加材料的密实度、对材料表面采取合理的保护措施以增加抵抗环境作用的能力。

第二节　砂石材料

砂石是普通混凝土的主要组成材料之一，约占混凝土总体积70%，它在混凝土中主要起骨架作用，因此被称为"骨料"或"集料"，石子为"粗骨料"、砂为"细骨料"。砂石构成的坚硬骨架还可抑制由于水泥浆硬化和水泥石的干燥而产生的收缩，为了保证混凝土的质量，应对砂石材料的质量作相应的技术指标要求。

一、砂子

粒径在 0.16~5mm 之间的骨料称为砂。一般分为天然砂和人工砂两大类。天然砂是由天然岩石经长期风化等自然条件作用而形成，分山砂、河砂和海砂。河砂较为洁净，分布较广，故建筑工程中通常采用河砂作细骨料。我国标准规定，天然砂按其技术要求分为优等品、一等品及合格品三个等级。人工砂是将天然岩石轧碎而成，比较洁净，但砂中片状颗粒及细粉含量较多，且成本较高，一般只有在当地缺乏天然砂源时，才采用人工砂作细骨料。

（一）泥和黏土块含量

普通混凝土用砂技术标准要求各级砂中泥和黏土块含量应符合有关规定的要求。

（二）有害物质含量

砂中不宜混有草根、树叶、树枝、塑料、煤块、煤渣等杂物，且不宜混有云母、硫化物与硫酸盐、有机物等。对于有抗冻、抗渗要求的混凝土，其砂中如发现含有颗粒状的硫酸盐或硫化物杂质时，则要进行专门试验，当确认能满足混凝土耐久性要求时，方能采用。另外，当采用海砂配制钢筋混凝土时，氯盐会对混凝土中的钢筋起锈蚀作用，海砂中氯离子含量不应大于0.06%（以干砂重的百分率计）。对于预应力混凝土，则不宜采用海砂。

（三）砂的粗细程度及颗粒级配

砂的粗细程度是指不同粒径的砂粒混合在一起后的平均粗细程度。砂子通常分为粗砂、中砂、细砂和特细砂等几种。在配制混凝土时，当相同用砂量条件下，采用细砂则其总表面积较大，而用粗砂其总表面积较小。

砂的颗粒级配是指砂中不同粒径颗粒的组配情况。使用良好级配的砂，不仅所需水泥浆量较少，经济性好，而且还可提高混凝土的和易性、密实度和强度。

砂子的粗细程度和颗粒级配，通常采用砂筛分析的方法进行测定。砂筛分析法是用一套孔径为 5.0mm、2.5mm、1.25mm、0.630mm、0.135mm 及 0.160mm 的标准筛，将 500g 干砂试样由粗到细依次过筛，然后称得剩留在各个筛上的砂质量，并计算出各筛上的分计筛余百分率（各筛上的筛余量占砂样重的百分率），分别以 a_1、a_2、a_3、a_4、a_5 和 a_6 表示。再算出各筛的累计筛余百分率（各个筛与比该筛粗的所有筛之分计筛余百分率之和），分别以 A_1、A_2、A_3、A_4、A_5 和 A_6 表示。累计筛余与分计筛余的关系见表 3-5 所示。

累计筛余与分计筛余的关系 表 3-5

筛孔尺寸（mm）	分计筛余（%）	累计筛余（%）
5.00	a_1	$A_1 = a_1$
2.50	a_2	$A_2 = a_1 + a_2$
1.25	a_3	$A_3 = a_1 + a_2 + a_3$
0.630	a_4	$A_4 = a_1 + a_2 + a_3 + a_4$
0.315	a_5	$A_5 = a_1 + a_2 + a_3 + a_4 + a_5$
0.160	a_6	$A_6 = a_1 + a_2 + a_3 + a_4 + a_5 + a_6$

砂的粗细程度用通过累计筛余百分率计算而得的细度模数（M_x）来表示，其计算式为

$$M_x = \frac{(A_2 + A_3 + A_4 + A_5 + A_6) - 5A_1}{100 - A_1} \qquad (3-1)$$

砂按细度模数 M_x 可分为粗、中、细、特细四级，其规定范围：粗砂 $M_x = 3.7 \sim 3.1$；中砂 $M_x = 3.0 \sim 2.3$；细砂 $M_x = 2.2 \sim 1.6$；特细砂 $M_x = 1.5 \sim 0.7$。

普通混凝土用砂的细度模数范围一般为 3.7 ~ 1.6，其中以采用中砂较为宜。对于细度模数为 1.5 ~ 0.7 的特细砂，应按特细砂混凝土配制及应用规程的有关规定执行和使用。

砂的颗粒级配用级配区表示。我国《普通混凝土用砂质量标准及检验方法》（JGJ 52—92）规定，砂按 0.63mm 孔径筛的累计筛余百分率，划分为 I 区、II 区及 III 区三个级配区，见表 3-6 所示。普通混凝土用砂的颗粒级配，应处于表 3-6 中的任何一个区内。在工程中，混凝土所用砂的实际颗粒级配的累计筛余百分率，除 5mm 和 0.63mm 筛号外，允许稍有超出分界线，但其

总量百分率不应大于5%。

砂的颗粒级配区范围　　　　　　　　表 3-6

筛孔尺寸（mm）	累计筛余（%）		
	Ⅰ 区	Ⅱ 区	Ⅲ 区
10. 0	0	0	0
5. 00	10～0	10～0	10～0
2. 50	35～5	25～0	15～0
1. 25	65～35	50～10	25～0
0. 630	85～71	70～41	40～16
0. 315	95～80	92～70	85～55
0. 160	100～90	100～90	100～90

例题：用500g烘干砂进行筛分试验，各筛上筛余量见表3-7。试分析砂的级配，并确定其粗细程度。

500g 烘干砂各筛上筛余量　　　　　表 3-7

筛孔尺寸（mm）	分 计 筛 余		累计筛余
	（g）	（%）	（%）
5. 0	25	5	5
2. 5	50	10	15
1. 25	100	20	35
0. 63	125	25	60
0. 315	100	20	80
0. 16	75	15	95
0. 16 以下	25	5	100

计算细度模数

$$M_x = \frac{(A_2 + A_3 + A_4 + A_5 + A_6) - 5A_1}{100 - A_1}$$

$$= \frac{(15 + 35 + 60 + 80 + 95) - 5 \times 5}{100 - 5}$$

$$= 2.74$$

评定结果：此砂为中砂，累计筛余百分率全部在Ⅱ级配区，级配良好。

配制混凝土时宜优先选用Ⅱ区砂。当采用Ⅰ区砂时，应适当提高砂率，并保证足够的水泥用量，以满足混凝土的和易性；当采用Ⅲ区砂时，宜适当降低砂率，以保证混凝土强度。

混凝土用砂应贯彻就地取材的原则，若某些地区的砂料出现过细、过粗或自然级配不良时，可采用人工级配，即将粗、细两种砂掺配使用，以调整其粗细程度和改善颗粒级配，直到符合要求为止。

（四）混凝土用砂的物理性质

一般情况下，砂的表观密度为 $2.6 \sim 2.7 \text{g/cm}^3$；堆积密度为 $1350 \sim 1650 \text{kg/m}^3$（干燥状态）；孔隙率为 35% ~ 45%（干燥状态），颗粒级配好的孔隙率为 35% ~ 37%。当砂处于潮湿状态时，其松散体积密度将会随砂的含水率的增大而增大，而且砂的体积也会发生膨胀或回缩，在拌制混凝土时，砂的用量应按重量计，而不能以体积计量，以免引起混凝土拌合物砂量不足，出现离析和蜂窝现象。

二、石子

普通混凝土常用的石子有碎石与卵石两种。我国采石场生产的石子，按技术要求分为优等品、一等品和合格品三个等级。碎石大多由天然岩石或卵石经破碎、筛分而得的粒径 >5mm 的岩石颗粒，其表面粗糙，多棱角，且较洁净，与水泥浆粘结比较牢固。卵石是由天然岩石经自然条件长期作用而形成的粒径大于5mm 的颗粒。按其产源可分为河卵石、海卵石及山卵石等几种，其中以河卵石应用较多。卵石中有机杂质含量较多，但与碎石比较，卵石表面光滑，拌制混凝土时需用水泥浆量较少，拌合物和易性较好。但卵石与水泥石的胶结力较差，在相同配合比下，卵石混凝土的强度较碎石混凝土低。

（一）泥和黏土块含量

石子中的泥和黏土块含量应符合规范规定的要求。

（二）有害物质含量

混凝土用碎石和卵石中不应混有草根、树叶、树枝、塑料、煤块、炉渣等杂物。

（三）强度

为了保证配制混凝土的强度，则混凝土所用粗骨料必须具有足够的强度。

碎石的强度可用其母岩岩石的立方体抗压强度和碎石的压碎指标值来表示，而卵石的强度就用压碎指标值表示。对于工程中经常性的生产质量控制，则采用压碎指标值检验较为简便实用。压碎指标值越小，表示粗骨料抵抗受压碎裂的能力越强。

（四）坚固性

粗骨料的坚固性是反映碎石或卵石在气候、环境变化或其他物理因素作用下抵抗碎裂的能力。石子的坚固性采用硫酸钠溶液浸渍法进行检验。

（五）颗粒形状

混凝土用粗骨料其颗粒形状以接近立方形或球形的为好，而针状和片状颗粒含量要少。所谓针状颗粒是指颗粒长度大于骨料平均粒径 2.4 倍者，片状颗粒则是指颗粒厚度小于骨料平均粒径 0.4 倍者。平均粒径即指一个粒级的骨料其上、下限粒径的算术平均值。

（六）最大粒径

粗骨料公称粒级的上限称为该粒级的最大粒径。在可能的情况下，粗骨料最大粒径应尽量选用大一些。但最大粒径的确定，还要受到混凝土结构截面尺寸及配筋间距的限制。按《混凝土结构工程施工质量验收规范》（GB 50204—2002）规定，混凝土用粗骨料的最大粒径不得大于结构截面最小尺寸的 1/4，且不得大于钢筋间最小净距的 3/4。对于混凝土实心板，骨料的最大粒径不宜超过板厚的 1/2，且不得超过 50mm。

（七）颗粒级配

粗骨料的颗粒级配是通过筛分析试验来测定的，有连续级配和间断级配两种。连续级配是石子由小到大各粒级相连的级配，如将 5～20mm 和 20～40mm 的两个粒级石子按适当比例配合，即组成 5～40mm 的连续级配。通常建筑工程中多采用连续级配的石子。间断级配是指石子用小颗粒的粒级直接和大颗粒的粒级相配，中间为不连续的级配。如将 5～20mm 的和 40～80mm 的两个粒级相配，组成 5～80mm 的级配中缺少 20～40mm 的粒级。这时大颗粒的空隙直接由比它小得多的颗粒去填充，这种级配可以获得更小的空隙率，从而可节约水泥，但混凝土拌合物易产生离析现象，增加施工困难，故工程中应用较少。

工程中不宜采用单一的单粒级配制混凝土。

（八）混凝土用石的物理性质

表观密度：随岩石的种类而异，约为 2.5g/cm³。

堆积密度：碎石与卵石在干燥状态下的堆积密度约为 1200～1400kg/cm³。

空隙率：松散状态碎石的空隙率约为 45%，松散状态卵石的空隙率约为 35%～45%。

三、工业废渣的主要类型和特点

我国大中型工矿企业在生产过程中，常有大量的废渣产生，如钢铁厂的矿渣和钢渣，化工厂的电石渣和硫铁矿渣、发电厂的粉煤灰等，这就是我们常说的工业废渣。这些废渣在潮湿的环境中与一定比例的石灰渣或电石渣拌合后，能形成强度高、整体性好的石灰废渣混合料。充分利用工业废渣修筑道路基层，既能保证路基的强度，又能解决城市道路材料的来源。对于降低市政道路工程的成本、节约能源，废渣综合利用具有非常重要的意义。

（一）工业废渣的主要类型

工业废渣主要用于道路工程的基层，其主要类型有：

1. 石灰煤渣

石灰煤渣（简称二渣）是用煤渣和石灰，按一定配合比加水拌和、摊铺、碾压而成的材料。二渣中掺入一定量的粗骨料便称为三渣；掺入一定量的土，便成为石灰煤渣土。石灰煤渣、石灰煤渣土和三渣皆具有水硬性，物理力学性质基本上与石灰土相似，但其强度与水稳性均比石灰土好。这一类材料具有显著的板体作用，但因其初期强度低，在早期重交通量下，易造成破坏。

三渣混合料适用于各类道路及承重地坪的基层或底基层，可分粉煤灰三渣和水淬渣三渣两种。粉煤灰三渣随碎石的粒径、级配不同分为粗粒径三渣与细粒径三渣两种。

2. 石灰水淬渣

石灰水淬渣是指水淬化矿渣与石灰按一定配合比混合，加水拌匀、摊铺、碾压而成的材料，简称水淬渣。水淬渣的强度较石灰煤渣、石灰煤渣土高，具有很好的板体性和水稳性，它还具有一定的抗弯强度和较小的弯沉值，是一种优良的半刚性材料。水淬渣早期强度和后期强度都较高，既有利于早期开放交通，也能适应远景交通的需要。水淬渣经验配合比（重量比）为石∶水淬渣 = （10 ~ 15）∶（90 ~ 85）。

3. 石灰粉煤灰土

石灰粉煤灰土，也称二灰土，是以石灰、粉煤灰与土按一定配合比混合，加水拌匀、摊铺、碾压并养护成型的一种基层结构。它具有较石灰土稍高的强度，有一定的板体性和较好的水稳性。常用的配合比（重量比）为石灰∶粉煤灰∶土 = 12∶35∶53。

（二）工业废渣的特性

工业废渣通过配合、拌合、加水、压实成型后，都有明显的水硬性和较强的板体性，其抗裂性优于石灰基层。缓凝性是工业废渣混合料的一大特性，各施工工序间的衔接，可以不需像水泥混凝土那样严格，这为施工创造了有利条件。因混合料湿度高，搁置一两天后再碾压，仍能获得良好的效果，另外为了提高混合料的初期承受能力，往往应掺入一些粗骨料，如砾石、高炉重矿渣等，能增进颗粒之间的粘结力。因此，对于需要早期开放重车交通的道路或在冬期、雨期施工时，均宜掺加粗骨料。到后期，混合料的强度以化学反应（水硬作用）为主，加入与不加入粗骨料判别就不显著了。

第三节 石灰和水泥

建筑上用来将散粒材料或块状材料粘结成为整体的材料，统称为胶凝材料。胶凝材料按其化学成分可分为无机胶凝材料和有机胶凝材料两大类。前者如石灰、水泥等，后者如沥青、树脂等。无机胶凝材料按硬化条件不同又分为气硬性和水硬性两大类。

所谓气硬性胶凝材料指只能在空气中硬化，也只能在空气中保持或继续发展强度的胶凝材料，如石灰、石膏等。水硬性胶凝材料是指不仅能在空气中硬化，而且能更好地在水中硬化，并保持和继续发展其强度的胶凝材料，如各种水泥。

气硬性胶凝材料只适用于地上或干燥环境，不宜用于潮湿环境，更不可用于水中，而水硬性胶凝材料既适用于地上，也可用于地下或水中环境。

一、石灰

石灰是建筑上最早使用的胶凝材料之一。因其原料分布广泛，生产工艺简单，造价低廉，使用方便，属于量大面广的地方性材料。石灰的原料主要是石灰岩，石灰岩的主要成分是 $CaCO_3$，其次是 $MgCO_3$。将石灰岩在适当的温度下进行煅烧，即得到生石灰（$CaO + MgO$）。在煅烧过程中，煅烧温度过低会使生石灰中残留有未分解的石灰岩，称欠火石灰，若煅烧温度过高或时间过长，则会产生过火石灰。过火石灰在使用时，熟化速度十分缓慢。当这种未充分熟化的石灰用于抹灰后，会吸收空气中的水蒸气，继续熟化，体积膨胀，致使墙面隆起、开裂，严重影响施工质量。

生石灰加水后生成 Ca（OH）$_2$ 的过程称为石灰的熟化或消解。生石灰在熟化时要放出很大的热量，形成蒸汽，因此在生石灰熟化时要注意劳动保护。

为提高石灰的熟化速度，用机械将块灰粉碎，并加强熟化时的搅拌。为使石灰熟化完全，要提前消解，以使石灰在消解池中"陈伏"一段时间（一般为两周），这样既能提高产浆量，又能消除过火石灰在使用中的不良作用。

石灰浆体在空气中逐渐硬化，一般纯石灰浆，在较长时间内经常处于湿润状态，不易硬化，强度、硬度不高，收缩大，易产生裂缝，所以纯石灰浆不能单独使用，必须掺入填充材料，如掺入砂子配成石灰砂浆使用，掺入砂可减少收缩，更主要的是砂的掺入能在石灰浆内形成连通的毛细孔道使内部水分蒸发并进一步碳化，以加速硬化。为了避免收缩裂缝，常加纤维材料，制成石灰麻刀灰，石灰纸筋灰等。

石灰的技术标准分别列于表 3-8、表 3-9、表 3-10 所示。

建筑生石灰的技术指标（JC/T 479—92）　　　　表 3-8

项　目	钙质生石灰			镁质生石灰		
	优等品	一等品	合格品	优等品	一等品	合格品
CaO + MgO 含量（%），不小于	90	85	80	85	80	75
未消化残渣含量（5mm 圆孔筛筛余）（%），不大于	5	10	15	5	10	15
CO_2 含量（%），不大于	5	7	9	6	8	10
产浆量（L/kg），不小于	2.8	2.3	2.0	2.8	2.3	2.0

建筑生石灰粉的技术（JC/T 480—92）　　表 3-9

项　目	钙质生石灰			镁质生石灰		
	优等品	一等品	合格品	优等品	一等品	合格品
CaO + MgO 含量（%），不小于	85	80	75	80	75	70
CO_2 含量（%），不大于	7	9	11	8	10	12
细度　0.90mm 筛的筛余（%），不大于	0.2	0.5	1.5	0.2	0.5	1.5
0.125mm 筛的筛余（%），不大于	7.0	12.0	18.0	7.0	12.0	18.0

建筑消石灰粉的技术指标（JC/T 481—92）　表 3-10

项　目	钙质消石灰粉			镁质消石灰粉			白云石消石灰粉		
	优等品	一等品	合格品	优等品	一等品	合格品	优等品	一等品	合格品
CaO + MgO 含量（%），不小于	70	65	60	65	60	55	65	60	55
游离水（%）	0.4~2	0.4~2	0.4~2	0.4~2	0.4~2	0.4~2	0.4~2	0.4~2	0.4~2
体积安定性	合格	合格	—	合格	合格	—	合格	合格	—
细度　0.9mm 筛的筛余（%），不大于	0	0	0.5	0	0	0.5	0	0	0.5
0.125mm 筛的筛余（%），不大于	3	10	15	3	10	15	3	10	15

　　每批石灰产品出厂时，应向用户提供质量证明书。证明书上应标明厂名、商标、产品名称、等级、试验结果、批量编号和出厂日期等。施工部门应按质量证明书验收，对产品发生异议时，可进行复验。按标准规定的抽样法和试验方法检测，该等产品要求的各项指标，全都达到时，判定为合格。若有一项技术指标低于"合格品"要求时，判为不合格。

石灰在运输时要采取防水措施，严禁与易燃、易爆及液体物品同时装运。运到现场的石灰产品，应分类、分等存放在干燥的仓库内，不宜长期存贮。石灰存放时间过长，会从空气中吸收水分而消解，再与二氧化碳作用，形成碳化层，失去熟化作用和胶结性，造成浪费。贮运中的石灰遇水，不仅会自行消解冲失，还会因体胀破袋，因放热导致易燃物烧着。熟化好的石灰膏，也不宜长期暴露在空气中，表面应加好覆盖层，以防碳化硬结。

二、水泥

水泥按其化学成分不同可分为硅酸盐水泥、铝酸盐水泥、硫铝酸盐水泥、铁铝酸盐水泥等系列，其中以硅酸盐系列水泥应用最广。按水泥性能和用途不同，又可分为通用水泥、专用水泥和特性水泥三大类。通用水泥是指大量用于一般土木工程的水泥，按其所掺混合材料的种类及数量不同，又有硅酸盐水泥、普通硅酸盐水泥（简称普通水泥）、矿渣硅酸盐水泥（简称矿渣水泥）、火山灰质硅酸盐水泥（简称火山灰水泥）、粉煤灰硅酸盐水泥（简称粉煤灰水泥）和复合硅酸盐水泥（简称复合水泥）等，统称六大水泥。专用水泥是指专门用途的水泥，如中、低热水泥、道路水泥、砌筑水泥等。特性水泥是指某种性能比较突出的水泥，如快硬硅酸盐水泥、白色硅酸盐水泥、抗硫酸盐水泥、膨胀水泥等。

（一）硅酸盐水泥与普通硅酸盐水泥

由于普通硅酸盐水泥中混合材料掺量较少，故其性能与硅酸盐水泥相近。

1. 硅酸盐水泥与普通水泥的定义、类型及代号

按国家标准《硅酸盐水泥、普通硅酸盐水泥》（GB 175—1999）规定：凡由硅酸盐水泥熟料，再掺入 0~5% 石灰石或粒化高炉矿渣、适量石膏磨细制成的水硬性胶凝材料，称为硅酸盐水泥（即国外通称的波特兰水泥）。硅酸盐水泥又分为两种

类型，不掺加混合材料的称 I 型硅酸盐水泥，代号为 P·I；在硅酸盐水泥粉磨时掺加不超过水泥质量 5% 的石灰石或粒化高炉矿渣混合材料的称 II 型硅酸盐水泥，代号为 P·II。凡由硅酸盐水泥熟料，再加入 6%～15% 混合材料及适量石膏，经磨细制成的水硬性胶凝材料称为普通硅酸盐水泥（简称普通水泥），代号为 P·O。活性混合材料的最大掺加量不得超过 15%，其中允许用不超过水泥质量 5% 的窑灰或不超过水泥 10% 的非活性混合材料来代替。掺非活性混合材料时，最大掺加量不得超过水泥质量的 10%。

2. 硅酸盐水泥熟料的矿物组成

硅酸盐水泥熟料的主要矿物成分及其单独与水作用时所表现的特性见表 3-11。

各种熟料矿物成分单独与水作用时的性质　　　表 3-11

性　　质	硅酸三钙	硅酸二钙	铝酸三钙	铁铝酸四钙
凝结、硬化速度	快	慢	最快	较快
28d 水化放热量	大	小	最大	中
强度大小（发展）	高（快）	高（慢）	低（最快）	低（中）
抗化学腐蚀性	中	最大	小	大
干燥、收缩	中	大	最大	小

水泥是几种熟料矿物的混合物，改变熟料矿物成分的比例，水泥的性质将会发生变化，如提高 C_2S 含量可制成高强水泥；降低 C_3A、C_3S 含量可制成水化热低的大坝水泥。

3. 硅酸盐水泥与普通水泥的主要技术性质

（1）细度：细度是指水泥颗粒的粗细程度，它是鉴定水泥品质的主要指标之一。凡水泥细度不符合规定者为不合格品。

（2）标准稠度需水量：使水泥净浆达到一定的可塑性时所需要的拌合水量通称为水泥的需水量。通常以水泥净浆标准稠度需水量表示。硅酸盐水泥净浆标准稠度需水量一般为 21%～28%。

（3）凝结时间：水泥的凝结时间有初凝与终凝之分。自加水起至水泥浆开始失去塑性、流动性减小所需的时间，称为初凝时间。自加水时起至水泥浆完全失去塑性、开始有一定结构强度所需的时间，称为终凝时间。国家标准（GB 175—1999）规定硅酸盐水泥的初凝时间不得早于45min，终凝时间不得迟于6.5h。普通水泥的初凝时间不得早于45min，终凝时间不得迟于10h。凡初凝时间不符合规定者为废品，终凝时间不符合规定者为不合格品。

规定水泥的凝结时间在施工中具有重要的意义。初凝不宜过快是为了保证有足够的时间在初凝之前完成混凝土成型等各工序的操作；终凝不宜过迟是为了使混凝土在浇捣完毕后能尽早完成凝结硬化，产生强度，以利于下一道工序的及早进行。

（4）体积安定性：水泥的体积安定性是指水泥在凝结硬化过程中体积变化的均匀性。水泥硬化后产生不均匀的体积变化即体积安定性不良，水泥体积安定性不良会使水泥制品、混凝土构件产生膨胀性裂缝，降低建筑物质量，甚至引起严重工程事故。因此，水泥的体积安定性检验必须合格，体积安定性不合格的水泥作废品处理。

（5）强度及强度等级：水泥的强度是评定其质量的重要指标。国家标准规定，采用《水泥胶砂强度检验方法（ISO法）》（GB/T 17671—1999）测定水泥强度，该法是将水泥和中国ISO标准砂按质量计以1:3混合，用0.5的水灰比按规定的方法制成40mm×40mm×160mm的试件，在标准温度（20±1）℃的水中养护，分别测定其3d和28d的抗折强度和抗压强度。根据测定结果，分为42.5、42.5R、52.5、52.5R、62.5和62.5R等6个强度等级。与硅酸盐水泥相比，普通水泥增加了32.5的等级而减少了62.5的等级。水泥按3d强度又分为普通型和早强型两种类型，其中有代号R者为早强型水泥。各等级、各类型硅酸盐水泥和普通水泥的各龄期强度不得低于表3-12的数值。如强度低于表中强度等级的指标时为不合格品。

硅酸盐水泥和普通水泥各龄期的强度值　　表3-12

品　种	强度等级	抗压强度（MPa）		抗折强度（MPa）	
		3d	28d	3d	28d
硅酸盐水泥	42.5	17.0	42.5	3.5	6.5
	42.5R	22.0	42.5	4.0	6.5
	52.5	23.0	52.5	4.0	7.0
	52.5R	27.0	52.5	5.0	7.0
	62.5	28.0	62.5	5.0	8.0
	62.5R	32.0	62.5	5.5	8.0
普通水泥	32.5	11.0	32.5	2.5	5.5
	32.5R	16.0	32.5	3.5	5.5
	42.5	16.0	42.5	3.5	6.5
	42.5R	21.0	42.5	4.0	6.5
	52.5	22.0	52.5	4.0	7.0
	52.5R	26.0	52.5	5.0	7.0

（6）密度与堆积密度：硅酸盐水泥和普通水泥的密度一般在 $3.1 \sim 3.2 g/cm^3$ 之间。水泥在松散状态时的堆积密度一般在 $900 \sim 1300 kg/cm^3$，紧密堆积状态可达 $1400 \sim 1700 kg/cm^3$。

（7）水化热：水泥和水之间化学反应放出的热量称为水化热，通常单位以 J/kg 表示。水泥的水化热大部分在水化初期（3d）内放出，以后逐渐减少。其量的大小和发热速度主要取决于水泥种类和熟料矿物组成，同时，还与水灰比、养护温度、水泥细度、混合材料掺量等因素有关。在硅酸盐系列水泥中硅酸盐水泥的发热量最大。水泥的水化热对大体积混凝土工程（如大型设备基础、大坝等）是不利的，因其水化热积聚在内部不易发散，致使内外产生很大的温度差而引起内应力，使混凝土产生裂缝。因此，对大体积混凝土工程，应采用低热水泥，若使用水化热较高的水泥施工时，应采用必要的降温措施。

4. 水泥石的腐蚀及防治措施

硬化后的水泥石，在某些侵蚀性介质的长期作用下，其结构会遭到损坏，强度逐渐降低，甚至全部溃裂，这种现象称为水泥的腐蚀。

为防止水泥石的腐蚀，可采取以下措施：

（1）在水泥石结构物表面设置防护层，如沥青防水层、塑料防水层等。

（2）提高水泥结构物的密实度以减少腐蚀水的渗透作用。

（3）根据腐蚀性气体、液体的特征选择适宜的水泥品种等。

5. 硅酸盐水泥和普通水泥的特性与应用见表3-17。

（二）掺混合材料的硅酸盐水泥

1. 矿渣硅酸盐水泥

矿渣硅酸盐水泥是我国产量最多的水泥品种，按标准《矿渣硅酸盐水泥、火山灰质硅酸盐水泥及粉煤灰硅酸盐水泥》（GB 1344—1999）规定：凡由硅酸盐水泥熟料、粒化高炉矿渣和适量石膏磨细制成的水硬性胶凝材料，称为矿渣硅酸盐水泥简称矿渣水泥，代号为 P·S。水泥中粒化高炉矿渣掺加量按质量百分比计为20%～70%，允许用火山灰质混合材料、粉煤灰、石灰石、窑灰中的一种来代替部分粒化高炉矿渣，代替数量不得超过水泥质量的8%，替代后水泥中粒化高炉矿渣不得少于20%。

2. 粉煤灰硅酸盐水泥

凡由硅酸盐水泥熟料和粉煤灰、适量石膏磨细制成的水硬性胶凝材料，称为粉煤灰硅酸盐水泥（简称粉煤灰水泥），代号为 P·F。水泥中粉煤灰掺量按质量百分比计为20%～40%。

3. 火山灰质硅酸盐水泥

凡由硅酸盐水泥熟料和火山质混合材料、适量石膏磨细制成的水硬性胶凝材料称为火山灰质硅酸盐水泥（简称火山灰水泥），代号 P·P。水泥中火山灰质混合材料掺量按质量百分比计为20%～50%。

硅酸盐水泥的强度等级、成分及特性见表3-15。

各掺混合材硅酸盐水泥的各龄期强度不得低于表3-13规定。

矿渣水泥、火山灰水泥、粉煤灰水泥各龄期强度　　表3-13

强度等级	抗压强度（MPa）		抗折强度（MPa）	
	3d	28d	3d	28d
32.5	10.0	32.5	2.5	5.5
32.5R	15.0	32.5	3.5	5.5
42.5	15.0	42.5	3.5	6.5
42.5R	19.0	42.5	4.0	6.5
52.5	21.0	52.5	4.0	7.0
52.5R	23.0	52.5	4.5	7.0

三种水泥的密度大致在2.7~3.0g/cm³范围内，堆积密度在1000~1200kg/m³之间。

4. 复合硅酸盐水泥

国家标准《复合硅酸盐水泥》（GB 12958—1999）规定：凡由硅酸盐水泥熟料、两种或两种以上规定的混合材料、适量石膏磨细制成的水硬性胶凝材料称为复合硅酸盐水泥（简称复合水泥）。水泥中混合材料总掺加量按质量百分比应大于15%，但不超过50%。允许用不超8%的窑灰代替部分混合材料，掺矿渣时混合材料掺量不得与矿渣水泥重复。

复合水泥有6个强度等级，各强度等级的强度值见表3-14所示。其余性能要求同火山灰水泥。

复合水泥各龄期的强度值　　表3-14

强度等级	抗压强度（MPa）		抗折强度（MPa）	
	3d	28d	3d	28d
32.5	11.0	32.5	2.5	5.5
32.5R	16.0	32.5	3.5	5.5

强度等级	抗压强度（MPa）		抗折强度（MPa）	
	3d	28d	3d	28d
42.5	16.0	42.5	3.5	6.5
42.5R	21.0	42.5	4.0	6.5
52.5	22.0	52.5	4.0	7.0
52.5R	26.0	52.5	5.0	7.0

5. 六大水泥的强度等级、成分和特性及适用范围参见表3-15。

六大水泥的强度等级、成分及特性   表 3-15

项目	硅酸盐水泥	普通硅酸盐水泥	矿渣硅酸盐水泥	火山灰质硅酸盐水泥	粉煤灰硅酸盐水泥	复合硅酸盐水泥
强度等级类型	42.5、42.5R 52.5、52.5R 62.5、62.5R	32.5、32.5R、42.5、42.5R、52.5、52.5R				
主要成分	以硅酸盐水泥熟料为主，不掺或加不超过5%的混合材料	硅酸盐水泥熟料、5%~15%的混合材料	硅酸盐水泥熟料、20%~70%的粒化高炉矿渣	硅酸盐水泥熟料、20%~50%的火山灰质混合材料	硅酸盐水泥熟料、20%~40%的粉煤灰	硅酸盐水泥熟料、16%~50%的混合材料
特性	1. 硬化快，早期强度高 2. 水化热大 3. 抗冻性较好 4. 耐热性较差 5. 耐腐蚀性较差	1. 早期强度较高 2. 水化热较高 3. 抗冻性较好	1. 硬化慢，早期强度低后期强度增长较快 2. 水化热低 3. 抗冻性差，易碳化 4. 耐腐蚀性较好	抗渗性较好，耐热性不及矿渣水泥，其他同矿渣水泥	干缩性较小，抗裂性较好，其他同矿渣水泥	3d龄期强度高于矿渣水泥，其他同矿渣水泥

74

项目	硅酸盐水泥	普通硅酸盐水泥	矿渣硅酸盐水泥	火山灰质硅酸盐水泥	粉煤灰硅酸盐水泥	复合硅酸盐水泥
特性		4. 耐热性较差 5. 耐腐蚀性较差	5. 耐热性较好 6. 对温度、湿度变化较为敏感			
适用范围	快硬早强的工程、配制高强度等级混凝土、预应力构件、地下工程的喷射里衬等	一般土建工程中混凝土及预应力混凝土结构、受反复冰冻作用的结构、拌制高强度混凝土	1. 高温车间和有耐热要求的混凝土结构 2. 大体积混凝土结构 3. 蒸汽养护的混凝土构件 4. 地上、地下和水中的一般混凝土结构 5. 有抗硫酸盐侵蚀要求的一般工程	1. 地下、水中大体积混凝土结构和有抗渗要求的混凝土结构 2. 蒸汽养护的混凝土构件 3. 一般混凝土结构 4. 有抗硫酸盐侵蚀要求的一般工程	1. 地上、地下、水中及大体积混凝土结构 2. 蒸汽养护的混凝土构件 3. 有抗硫酸盐侵蚀要求的一般工程	1. 地上、地下、水中及大体积混凝土结构 2. 蒸汽养护的混凝土构件 3. 有抗硫酸盐侵蚀要求的一般工程
不适用范围	1. 大体积混凝土工程 2. 受化学侵蚀水及海水侵蚀的工程 3. 受水压作用的工程	1. 大体积混凝土工程 2. 受化学侵蚀水及海水侵蚀的工程 3. 受水压作用的工程	1. 早期强度要求较高的工程 2. 严寒地区、处在水位升降范围内的混凝土结构	1. 处在干燥环境的工程 2. 有耐磨性要求的工程 其他同矿渣水泥	有抗碳化要求的工程 其他同火山灰水泥	有抗碳化要求的工程 其他同火山灰水泥

（三）其他品种水泥介绍

1. 道路硅酸盐水泥

由道路硅酸盐水泥熟料、0～10%活性混合材料和适量石膏磨细制成的水硬性胶凝材料，称为道路硅酸盐水泥（简称道路水泥）。根据《道路硅酸盐水泥》（GB 13693—1992）规定，道路硅酸盐水泥分为425、525、625 三个标号，其耐磨性以磨损量表示，不大于 3.6kg/m²；各标号各龄期的强度应不低于表3-16。

道路硅酸盐水泥各龄期温度　　　　　表3-16

标　号	抗压强度（MPa）		抗折强度（MPa）	
	3d	28d	3d	28d
425	22.0	42.5	4.0	7.0
525	27.0	52.5	5.0	7.5
625	32.0	62.5	5.5	8.5

道路硅酸盐水泥主要用于道路路面和对耐磨、抗干缩等性能要求较高的其他工程中。

2. 砌筑水泥

凡由活性混合材料或具有水硬性的工业废料为主要原料，加入少量硅酸盐水泥熟料和石膏，经磨细制成低强度水硬性胶凝材料，称为砌筑水泥。砌筑水泥主要特点是强度低、硬化慢，但和易性、保水性好，砌筑水泥有12.5级和22.5级两个强度等级。

砌筑水泥可用来配制工业与民用建筑用的砂浆、内墙抹面砂浆，用于某些工程的基础垫层及生产砌块、瓦等，但不得用于钢筋混凝土中，作其他用途时必须通过试验。

3. 抗硫酸盐硅酸盐水泥

凡以适当成分的生料，烧至部分熔融所得的以硅酸钙为主的特定矿物组成的熟料，加入适量石膏，磨细制成的具有一定抗硫酸盐侵蚀性能的水硬性胶凝材料，称为抗硫酸盐硅酸盐水泥（简称抗硫酸盐水泥）。根据 GB 748—83（92）规定抗硫酸盐水泥分为 325、425 和 525 三个标号。

抗硫酸盐水泥适用于一般受硫酸盐侵蚀的海港、水利、地下、隧涵、引水、道路和桥梁基础等工程。

4. 快硬高强水泥

随着建筑业的发展，高、早强混凝土应用量日益增加，高强水泥的品种与产量也随之增多。目前，我国快硬、高强水泥已有 5 个系列，近 10 个品种，是世界上少有的品种齐全的国家之一。建筑业使用较多的快硬高强水泥的品种及性能如表 3-17 所列。

快硬高强水泥的主要品种与性能 表 3-17

水泥			比表面积 (m²/kg)	凝结时间 (h:min)		抗压强度（MPa）					抗折强度（MPa）			
系列	名称	强度等级		初凝	终凝	6h	12h	1d	3d	28d	12h	1d	3d	28d
硅酸盐	快硬硅酸盐水泥	32.5	320~450	0:45	10:00			15.0	32.5	52.2		3.5	5.0	7.2
		37.5						17.0	37.5	57.5		4.0	6.0	7.6
		42.5						19.0	42.5	62.5		4.5	6.4	8.6
	无收缩快硬硅酸盐水泥	52.5	400~500	0:35	6:00			13.7	28.4	52.5				
		62.5						17.2	34.3	62.5				
		72.5						20.5	41.7	72.5				
铝酸盐	高铝水泥	42.5	320~450	0:45	10:00			36.0	42.5			4.0	4.5	
		52.5						46.0	52.5			5.0	5.5	
		62.5						56.0	62.5			6.0	6.5	
		72.5						66.0	72.5			7.0	7.5	
	快硬高强铝酸盐水泥	62.5	400~500	0:25	3:00	20.0		35.0	62.5					
		72.5				20.0		40.0	72.5					
		82.5				20.0		45.0	82.5					
		92.5				20.0		47.5	92.5					
硫铝酸盐	快硬硫铝酸盐水泥	42.5	400~500	0:25	3:00		29.4	34.4	41.7		5.9	6.4	6.9	
		52.5					36.8	44.1	51.5		6.4	6.9	7.4	
		62.5					39.2	51.5	61.5		6.9	7.4	7.8	

水泥			比表面积（m²/kg）	凝结时间（h:min）		抗压强度（MPa）					抗折强度（MPa）			
系列	名称	强度等级		初凝	终凝	6h	12h	1d	3d	28d	12h	1d	3d	28d
铁铝酸盐	快硬铁铝酸盐水泥	42.5	400~500	0:25	3:00				34.4	42.5				
		52.5							44.1	52.5				

5. 膨胀水泥

膨胀水泥，是在水化过程中，能形成大量体积增大的晶体，而产生一定膨胀性能的水泥。按所含主要水硬性物质，可分为硅酸盐系、铝酸盐系和硫铝酸盐系膨胀水泥；按膨胀特性，可分为膨胀类和自应力两类；膨胀类中，又有膨胀、微膨胀和无收缩之别。这类水泥的最大特点是强度高、抗渗性和耐腐蚀性优于快硬水泥。

（四）水泥的保管

不同生产厂家、不同品种、不同强度等级和不同出厂日期的水泥应分别堆放，不得混杂。水泥的贮存，应合理安排库内出入通道和堆放位置，实行先进先出的发放原则。另外，水泥贮存中必须注意防潮。若水泥保管不当会使水泥因受潮而影响品质。

具有活性的水泥在包装、运输、存放过程中若受潮会固化成粒状或块状。受潮后的水泥密度降低、凝结迟缓、强度也逐渐降低。一般存放3个月以上的水泥，其强度约降低10%~20%；6个月约会降低15%~30%；一年后约会降低25%~40%。常用6种硅酸盐水泥的贮存有效期为3个月（自出厂日期算起），快硬硅酸盐水泥为1个月。水泥超过贮存期必须重新做试验，根据试验结果决定可以继续使用或应降低强度等级使用或应在次要部位使用。

对于受潮水泥的鉴别、处理及使用可参照表3-18进行。

受潮情况	处理方法	使　　用
有粉块，用手可捏成粉末	将粉块压碎	经试验后，根据实际强度使用
部分结成硬块	将硬块筛除，粉块压碎	经试验后，根据实际强度使用，用于受力小的部位，或强度要求不高的工程可用于配制砂浆
大部分结成硬块	将硬块粉碎磨细	不能作为水泥使用，可掺入新水泥中作为混合材料使用，掺加量 <25%

第四节　水泥混凝土和砂浆

一、水泥混凝土的定义与分类

（一）定义

水泥混凝土是由水泥为胶凝材料，以砂、石为骨料，加水（有时还加入适量外加剂和掺合料）后均匀拌合而成的混合物，经一定时间硬化而成的一种人造石材。

（二）分类

混凝土常见分类方法有以下四种：

1. 按干密度分类：

（1）重混凝土：干密度大于 $2800kg/m^3$，具有防射线的功能，又称防辐射混凝土，主要用作核能工程的屏蔽结构材料。

（2）普通混凝土：干密度 $2000 \sim 2800kg/m^3$，广泛用于各种建筑物的承重结构。

（3）轻混凝土：干密度小于 $2000kg/m^3$，主要用作轻质结构材料和绝热材料。

2. 按用途分类：

可分为结构混凝土、防水混凝土、防辐射混凝土、道路混凝土、耐热混凝土、耐酸混凝土、大体积混凝土、膨胀混凝土等。

3. 按抗压强度分类：

可分为普通混凝土、高强度混凝土（$f_{cu} \geqslant 60\text{MPa}$）、超高强度混凝土（$f_{cu} \geqslant 100\text{MPa}$）等。

4. 按施工方法分类：

可分为喷射混凝土、泵送混凝土、碾压混凝土、离心混凝土、压力灌浆混凝土、预拌混凝土等。

二、普通混凝土的组成材料

1. 水泥

（1）水泥品种选择

采用何种水泥，应根据混凝土工程特点及所处环境条件，参考表 3-19 选用。

常用水泥选用表 表 3-19

序号	工程特点或环境条件	优先选用	可以选用	不得使用
1	一般地上土建工程	普通硅酸盐水泥 复合硅酸盐水泥	矿渣硅酸盐水泥 火山灰质硅酸盐水泥	
2	在气候干热地区施工的工程	普通硅酸盐水泥	矿渣硅酸盐水泥	火山灰质硅酸盐水泥 高铝水泥
3	大体积混凝土工程	矿渣硅酸盐水泥 火山灰质硅酸盐水泥	普通硅酸盐水泥	高铝水泥

序号	工程特点或环境条件	优先选用	可以选用	不得使用
4	地下、水下的混凝土工程	矿渣硅酸盐水泥 火山灰质硅酸盐水泥 抗硫酸盐硅酸盐水泥	普通硅酸盐水泥	
5	在严寒地区施工的工程	高强度等级普通硅酸盐水泥 快硬硅酸盐水泥 特快硬硅酸盐水泥	矿渣硅酸盐水泥 高铝水泥	火山灰质硅酸盐水泥
6	严寒地区水位升降范围内的混凝土工程	高强度等级普通硅酸盐水泥 快硬硅酸盐水泥 特快硬硅酸盐水泥 抗硫酸盐硅酸盐水泥	高铝水泥	矿渣硅酸盐水泥 火山灰质硅酸盐水泥
7	早期强度要求较高的工程（≤ C30混凝土）	高强度等级普通硅酸盐水泥 快硬硅酸盐水泥 特快硬硅酸盐水泥	高强度等级水泥 高铝水泥	矿渣硅酸盐水泥 火山灰质硅酸盐水泥 复合硅酸盐水泥

序号	工程特点或环境条件	优先选用	可以选用	不得使用
8	大于 C50 的高强度混凝土工程	高强度等级水泥 浇筑水泥 无收缩快硬硅酸盐水泥	高强度等级普通硅酸盐水泥 快硬硅酸盐水泥 特快硬硅酸盐水泥	矿渣硅酸盐水泥 火山灰质硅酸盐水泥 复合硅酸盐水泥
9	耐酸防腐工程	水玻璃耐酸水泥	硫磺耐酸胶结料	耐铵聚合物胶凝材料
10	耐铵防腐蚀工程	耐铵聚合物胶凝材料		水玻璃耐酸水泥 硫磺耐酸胶结料
11	耐火混凝土工程	低钙铝酸盐耐火水泥	高铝水泥 矿渣硅酸盐水泥	普通硅酸盐水泥
12	防水、抗渗工程	硅酸盐膨胀水泥 石膏矾土膨胀水泥	自应力（膨胀）水泥 普通硅酸盐水泥 火山灰质硅酸盐水泥	矿渣硅酸盐水泥
13	防潮工程	防潮硅酸盐水泥	普通硅酸盐水泥	
14	紧急抢修和加固工程	高强度等级水泥 浇筑水泥 快硬硅酸盐水泥	高铝水泥 硅酸盐膨胀水泥 石膏矾土膨胀水泥	矿渣硅酸盐水泥 火山灰质硅酸盐水泥 复合硅酸盐水泥

序号	工程特点或环境条件	优先选用	可以选用	不得使用
15	有耐磨性要求的工程	高强度等级普通硅酸盐水泥（≥ 32.5 级）	矿渣硅酸盐水泥（≥ 32.5 级）	火山灰质硅酸盐水泥
16	混凝土预制构件拼装锚固工程	高强度等级水泥浇筑水泥特快硬硅酸盐水泥	硅酸盐膨胀水泥 石膏矾土膨胀水泥	普通硅酸盐水泥
17	保温隔热工程	矿渣硅酸盐水泥 普通硅酸盐水泥	低钙铝酸盐耐火水泥	
18	装饰工程	白色硅酸盐水泥 彩色硅酸盐水泥	普通硅酸盐水泥 火山灰质硅酸盐水泥	

（2）强度等级选择

水泥强度等级应与混凝土设计强度等级相适应，一般情况，配制 C30 以下的混凝土，水泥强度等级为混凝土强度等级的 1.5 ~ 2.0 倍，配制 C40 以上的混凝土，水泥强度等级为混凝土强度等级的 1.0 ~ 1.5 倍，但应同时掺入高效减水剂为宜。用高强度水泥配制低强度混凝土时会使水泥用量减少，影响和易性、密实度和耐久性，配制时应掺入一定量混合料。用低强度水泥配制高强度混凝土，会使水泥用量过多，不经济，还会使混凝土产生收缩等不良后果，一般不宜使用。

2. 砂

混凝土可采用河砂、海砂、山砂来配制。河砂相对来说杂质较少，是目前使用量最大的一种砂；由于海砂中含有多种盐分，可能与混凝土中的水泥或其他成分发生反应，影响到混凝土的某些性能，所以使用较少；而山砂中常含有泥土等杂质，所以仅在一些无河砂供应的地区使用。

混凝土用砂宜优先选用二区的中砂，一般认为，处于二区级配的砂，其粗细适中，级配较好；一区砂含粗颗粒多，属于粗砂，级配较差，其保水性较差；三区砂细，用该砂拌制混凝土水泥用量多，且干缩性大。一区和三区砂使用应有所限制。

3. 石子

混凝土用石可分为碎石与卵石，由于用碎石拌制的混凝土具有较高的强度，所以在普通混凝土中用得多一些；而用卵石拌制的混凝土具有更好的流动性，在水工混凝土中用得较多。

4. 水

混凝土拌合用水按水源可分为饮用水、地表水、地下水、海水以及经适当处理或处置后的工业废水。一般来说，饮用水可满足各类混凝土要求。海水中含有硫酸盐、镁盐和氯化物，对水泥石有侵蚀作用，对钢筋也会造成锈蚀，因此不得用于拌制钢筋混凝土和预应力混凝土。

5. 外加剂和掺合料

（1）外加剂

混凝土外加剂是指在混凝土拌合过程中掺入的，用以改善混凝土性能的物质。掺量一般不超过水泥用量的5%。外加剂目前在混凝土中的使用较广泛，它可以有效地改善混凝土的性能，而且简便、经济。

目前在工程中常用的外加剂主要有减水剂、早强剂、缓凝剂、引气剂、防冻剂等。

减水剂是指在混凝土坍落度基本不变的条件下，能显著减少混凝土拌合水量的外加剂。根据减水剂的作用效果及功能情况，可分为普通减水剂、高效减水剂、早强减水剂、缓凝减水剂、引气减水剂等。

早强剂是加速混凝土早期强度发展的外加剂。早强剂可以在常温、低温和负温（不低于 −5℃）条件下加速混凝土的硬化过程，多用于冬期施工和抢修工程。早强剂主要有氯盐类、硫酸盐类和有机胺类三种。

缓凝剂是指能延缓混凝土凝结时间，并对混凝土后期强度发展无不利影响的外加剂。缓凝剂主要有四类：糖类（如糖蜜）；木质素磺酸盐类（如木钙、木钠）；羟基羧酸及其盐类（如柠檬酸、酒石酸）；无机盐类（如锌盐、硼酸盐）。常用的缓凝剂是木钙和糖蜜，其中糖蜜的缓凝效果最好。

引气剂是在混凝土搅拌过程中，能引入大量分布均匀的微小气泡（直径多在 50～250nm），以减少混凝土拌合物的泌水、离析，改善和易性，并能显著提高硬化混凝土抗冻性、耐久性的外加剂。由于大量气泡的存在，减少了混凝土的有效受力面积，使混凝土强度下降。目前应用较多的引气剂为松香热聚物、松香皂、烷基苯磺酸盐等。引气剂可用于抗渗混凝土、抗冻混凝土、抗硫酸盐侵蚀混凝土、泌水严重的混凝土、素混凝土、轻混凝土以及对饰面有要求的混凝土等，但引气剂不宜用于蒸汽养护混凝土及预应力混凝土。

防冻剂是指在规定温度下，能显著降低混凝土的冰点，使混凝土液相不冻结或仅部分冻结，以保证水泥的水化作用，并在一定的时间内获得预期强度的外加剂。常用的防冻剂有氯盐类（氯化钙、氯化钠）；氯盐阻锈类（以氯盐与亚硝酸钠阻锈剂复合而成）；无氯盐类（以硝酸盐、亚硝酸盐、碳酸盐、乙酸钠或尿素复合而成）。

（2）掺合料

在混凝土拌合物制备时，为了节约水泥、改善混凝土性能、调节混凝土强度等级而加入的天然或人工矿物材料，统称为混凝土掺合料。

粉煤灰（又称飞灰）是从燃烧煤粉的烟道气体中收集的呈浅灰或黑色的细小粉末，是当前国内外用量最大、使用范围最广的混凝土掺合料。

其他如火山灰、粒化高炉矿渣、硅粉等活性掺合料，均可取代一部分水泥，获得一定的经济效益，改善混凝土拌合物的和易性，降低混凝土的水化热，提高混凝土的抗硫酸盐性能和抗渗性。

外加剂和掺合料的掺量应通过试验确定，并应符合国家现行标准《混凝土外加剂应用技术规范》（GBJ 119—2003）、《粉煤灰在混凝土和砂浆中应用技术规程》（JGJ 28—1986）、《用于水泥与混凝土中粒化高炉矿渣粉》（GB/T 18046—2000）等的规定。

三、混凝土的主要技术性能

混凝土的技术性能可分为硬化前和硬化后的技术性能两大部分。硬化前的混凝土常被称为混凝土拌合物或湿混凝土，其性能主要是和易性；硬化后的混凝土性能可分为强度与耐久性两部分。

（一）混凝土拌合物的和易性

1. 和易性的概念

和易性是指混凝土拌合物易于施工操作（拌合、运输、浇灌、捣实）并能获得质量均匀、成型密实的性能。和易性是一项综合的技术性质，它包含流动性、黏聚性和保水性三方面的涵义。

流动性（又称稠度）是指混凝土拌合物在本身自重或施工机械振捣的作用下，能产生流动，并均匀密实地成型的性能。

黏聚性是指混凝土拌合物在施工过程中其组成材料之间有一定的黏聚力，不致产生分层和离析现象，能保持整体均匀。

保水性是指混凝土拌合物在施工过程中，具有一定的保水能力，不致产生严重的泌水现象。发生泌水现象的混凝土拌合物，由于水分分泌出来会形成容易透水的孔隙，而影响混凝土的密实性，降低质量。

混凝土拌合物的流动性、黏聚性和保水性之间是互相联系和互相影响的。例如，提高流动性可通过加水来实现，但加水太多，会使混凝土出现分层、离析和泌水。因此，所谓和易性就是这三方面性质在某种条件下达到平衡。

2. 和易性测定方法及指标

（1）坍落度测定

目前，尚没有能够全面反映混凝土拌合物和易性的测定方法。在工地和试验室，通常是做坍落度试验测定拌合物的流动性，并辅以直观经验评定黏聚性和保水性。

测定流动性的方法是：将混凝土拌合物按规定方法装入标准圆锥坍落度筒内，装满刮平后，垂直向上将筒提起并移到一旁，混凝土拌合物由于自重将会产生坍落现象，量出筒高与坍落后混凝土拌合物最高点之间的高度差（mm），这个差值就叫做坍落度，作为流动性指标。坍落度愈大表示流动性愈大。图3-2所示为坍落度试验。

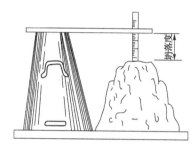

图3-2 坍落度测定

在做坍落度试验的同时，应观察混凝土拌合物的黏聚性、保水性及含砂等情况，全面地评定混凝土拌合物的和易性。

根据坍落度的不同，可将混凝土拌合物分为四级，见表3-20。

混凝土坍落度的分级及允许偏差　　　表3-20

级　别	名　　称	坍落度（mm）	允许偏差（mm）
T_1	低塑性混凝土	10～40	±10
T_2	塑性混凝土	50～90	±20
T_3	流动性混凝土	100～150	±30
T_4	大流动性混凝土	>160	±30

（2）维勃稠度测定

对于干硬性的混凝土拌合物（坍落度小于10mm），通常采用维勃稠度仪（图3-3）测定其稠度（维勃稠度）。

维勃稠度测试方法是：开始在坍落度筒中按规定方法装满拌合物，提起坍落度筒，在拌合物试体顶面放一透明圆盘，开启振动台，同时用秒表计时，到透明圆盘的底面完全为水泥浆所布满时，停止计时，关闭振动台。此时可认为混凝土拌合物已密实。所读秒数，称为维勃稠度。

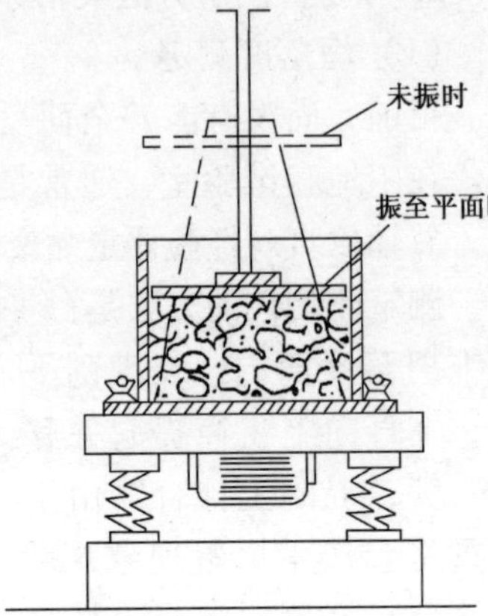

未振时

振至平面时

图3-3　维勃稠度测定

混凝土拌合物根据其维勃稠度大小分为四级，应符合表3-21的规定。

混凝土按维勃稠度的分级及允许偏差　　　表3-21

级　别	名　　称	维勃稠度（s）	允许偏差（s）
V_0	超干硬性混凝土	>31	±6
V_1	特干硬性混凝土	30~21	±6
V_2	干硬性混凝土	20~11	±4
V_3	半干硬性混凝土	10~5	±3

3. 影响和易性的因素

影响混凝土拌合物和易性的主要因素有以下几方面：

（1）水泥浆的数量与流动性

在水灰比不变的情况下，单位体积拌合物内，如果水泥浆数量愈多，则拌合物的流动性愈大。在水泥用量不变的情况下，水灰比越小，水泥浆流动性越小，混凝土拌合物的流动性越小。

无论是提高水灰比或增加水泥浆用量，最终都表现为混凝土用水量的增加。但用水量不可无限制地提高，应控制在一个合理的范围。为了达到一个合理的流动性，可参照表3-22、表3-23选择单位体积的混凝土用水量。

干硬性混凝土的用水量（kg/m³）　表3-22

拌合物稠度		卵石最大粒径（mm）			碎石最大粒径（mm）		
项目	指标	10	20	40	16	20	40
维勃稠度（s）	16～20	175	160	145	180	170	155
	11～15	180	165	150	185	175	160
	5～10	185	170	155	190	180	165

塑性混凝土的用水量（kg/m³）　表3-23

拌合物稠度		卵石最大粒径（mm）				碎石最大粒径（mm）			
项目	指标	10	20	31.5	40	16	20	31.5	40
坍落度（mm）	10～30	190	170	160	150	200	185	175	165
	35～50	200	180	170	160	210	195	185	175
	55～70	210	190	180	170	220	205	195	185
	75～90	215	195	185	175	230	215	205	195

注：1. 本表用水量采用中砂时的平均取值。采用细砂时，每立方米混凝土用水量可增加5～10kg；采用粗砂时，则可减少5～10kg。

2. 掺用各种外加剂或掺合料时，用水量应相应调整。

（2）砂率

砂率是指混凝土中砂的质量占砂、石总质量的百分率。砂率的变动会使骨料的总表面积和空隙率有显著改变，因而对混凝土拌合物的和易性产生显著影响。

一般，在保证拌合物和易性的条件下，应尽量选用较小的砂率，这样可节约水泥。对于混凝土用量较大的工程应通过试验找出合理砂率，如无使用经验可按骨料的品种、规格及混凝土的水灰比参照表3-24选用合理的数值。

混凝土的砂率（%）　　　　　　　表3-24

水灰比	卵石最大粒径（mm）			碎石最大粒径（mm）		
	10	20	40	16	20	40
0.40	26~32	25~31	24~30	30~35	29~34	27~32
0.50	30~35	29~34	28~33	33~38	32~37	30~35
0.60	33~38	32~37	31~36	36~41	35~40	33~38
0.70	36~40	35~40	34~39	39~44	38~43	36~41

（3）水泥品种和骨料的性质

用矿渣水泥和某些火山灰水泥时，拌合物的坍落度一般比用普通水泥时小，而且矿渣水泥将使拌合物的泌水显著增加。

一般卵石拌制的混凝土拌合物比碎石拌制的流动性好。河砂拌制的混凝土拌合物比山砂拌制的流动性好。骨料级配好的混凝土拌合物的流动性也好。

（4）外加剂

在拌制混凝土时，加入很少量不同的外加剂能使混凝土拌合物在不增加水泥用量的条件下，获得很好的和易性，增大流动性和改善粘聚性、保水性。并且由于改变了混凝土结构而提高了混凝土的耐久性。

（5）时间和温度

拌合物拌制后，随时间的延长和环境温度的升高而逐渐变得干稠，流动性减小。因此施工中为保证一定的和易性，必须注意环境温度的变化，采取相应的措施。

可见，尽管影响和易性的因素很多，但总的来讲，确保材料的品种、用量和精心施工，是保障和易性的三条有效途径。

（二）混凝土的强度

强度是混凝土最重要的性质。结硬后的混凝土，必须达到设计要求的强度，结构物才能安全可靠。混凝土强度与混凝土的其他性能关系密切，一般来说，混凝土的强度越好，其抗渗性、耐水性、抗冻性、抗侵蚀性也越强。因此，通常用混凝土强度来评定和控制混凝土的质量。

混凝土的强度包括抗压强度、抗拉强度、抗弯强度、抗剪强度和与钢筋的粘结强度等。其中混凝土的抗压强度最大，抗拉强度最小，因此，在结构工程中混凝土主要用于承受压力。

1. 混凝土的抗压强度与强度等级

混凝土的抗压强度（f_{cu}）是指其标准试件在压力作用下直到破坏的单位面积所能承受的最大压力。混凝土结构物常以抗压强度为主要参数进行设计，而且抗压强度与其他强度及变形有良好的相关性。因此，抗压强度常作为评定混凝土质量的指标，并作为确定强度等级的依据，在实际工程中提到的混凝土强度一般是指抗压强度。

为了正确进行设计和控制工程质量，根据混凝土立方体抗压强度标准值（以 $f_{cu,k}$ 表示），将混凝土划分为 12 个强度等级。混凝土立方体抗压强度标准值，系指按标准方法制作和养护的边长为 150mm 的立方体试件，在 28d 龄期，用标准试验方法测得的抗压强度总体分布中具有 95% 的保证率的强度值。混凝土强度等级采用符号 C 与立方体抗压强度标准值（以 N/mm^2 即 MPa 计）表示，共划分成下列强度等级：C7.5、C10、C15、C20、C25、C30、C35、C40、C45、C50、C55 及 C60 等十二个强度等级。例如，C40 表示混凝土立方体抗压强度标准值为 40MPa。

2. 影响混凝土强度的因素

（1）水泥强度等级与水灰比

水泥强度等级和水灰比是决定混凝土强度最主要的因素。在水灰比不变时，水泥强度等级愈高，则硬化后水泥石强度愈大，对骨料的胶结力就愈强，配制成的混凝土强度也就愈高。

在水泥强度等级相同的条件下，混凝土的强度主要取决于水灰比。水灰比愈小，水泥石的强度愈高，与骨料粘结力愈大。但是，如果水灰比过小，拌合物过于干稠，混凝土很难被振捣密实，出现较多的蜂窝、孔洞，反而会导致混凝土强度严重下降。

（2）骨料的影响

当骨料级配和砂率适当时，骨料的空隙率较小，配成的混凝土密实度较好，有利于混凝土强度的提高。如果混凝土骨料中有害杂质较多，则会影响水泥与骨料之间的粘接，降低混凝土的强度。

由于碎石表面粗糙有棱角，提高了骨料与水泥砂浆之间的机械咬合力和粘结力，所以在坍落度相同的条件下，用碎石拌制的混凝土比用卵石的强度要高。骨料接近球形或立方体形较好，若含有较多针、片状颗粒，会增加混凝土的孔隙率，扩大混凝土中骨料的表面积，成为混凝土的薄弱环节，导致混凝土强度下降。

一般骨料强度越高，所配制的混凝土强度越高，这在配制高强度混凝土时特别明显。

（3）养护温度及湿度的影响

混凝土强度的形成，是一个由低到高、逐渐发展的过程。混凝土浇捣成型后，必须在一定时间内保持适当的温度和足够的湿度以使水泥充分水化，这就是混凝土的养护。

养护温度越高，水泥水化速度越快，混凝土强度的发展也快；反之，在低温下混凝土强度发展很慢；且当温度降至冰点以下时，由于混凝土中的水分大部分结冰，不但水泥停止水化，而且由于混凝土孔隙中的水结冰产生体积膨胀，对孔壁产生相当大的压应力（可达100MPa），从而使硬化中的混凝土结构遭到破坏，导致混凝土已获得的强度受到损害。混凝土早期强度低时更容易冻坏，所以冬期施工时，要特别注意保温养护，以免混凝土早期受冻破坏。

周围环境的湿度对水泥的水化作用能否正常进行有显著影响。如果湿度不够，水化反应不能正常进行，甚至停止水化，严重降低混凝土强度，而且还使混凝土结构疏松，形成干缩裂缝，抗渗性能下降，从而影响混凝土的耐久性。为此，混凝土施工规范规定，在混凝土浇筑完毕后，应在12h内进行覆盖，以防止水分蒸发。同时，在雨期施工混凝土进行自然养护时，要特别注意浇水保湿，使用硅酸盐水泥、普通硅酸盐水泥和矿渣水泥时，浇水保湿应不少于7d；使用火山灰水泥和粉煤灰水泥、掺用缓凝型外加剂或混凝土有抗渗要求时，应不少于14d。

（4）龄期

龄期是指混凝土在正常养护条件下所经历的时间。在正常养护的条件下，混凝土的强度将随龄期的增长而不断发展，最初7~14d内强度发展较快，以后逐渐缓慢，28d达到设计强度。28d后强度仍在发展，但其速度很小。

（5）试验条件对混凝土强度测定值的影响

试验条件是指试件的尺寸、形状、表面状态及加荷速度等。试验条件不同，会影响混凝土强度的试验值。试件的尺寸越小，测得的强度越高，高宽比越大，抗压强度越小，我国标准规定采用150mm×150mm×150mm的立方体试件作为标准试件。试验时加荷速度越快，测得的混凝土强度值也越大，当加荷速度超过1.0MPa/s时，这种趋势更加显著。因此，我国标准规定混凝土抗压强度的加荷速度为0.3~0.8MPa/s且应连续均匀地进行加荷。

（三）耐久性

混凝土结构耐久性设计的目标，是使混凝土结构在规定的使用年限即设计使用寿命内，在常规的维修条件下，不出现混凝土劣化、钢筋腐蚀等影响结构正常使用和影响外观的损坏。

混凝土耐久性能主要包括抗渗、抗冻、抗侵蚀、抗碳化及抗混凝土中的钢筋锈蚀等性能。

1. 抗渗性

混凝土的抗渗性常采用抗渗等级表示，也有采用渗透系数来表示的。抗渗等级是按标准试验方法进行试验，用每组6个试件中4个试件未出现渗水时的最大水压值来表示的。分为P4、P6、P8、P10、P12五个等级，即相应表示能抵抗0.4、0.6、0.8、1.0及1.2MPa的水压力而不渗水。

提高混凝土抗渗性的主要措施是提高混凝土的密实度和改善

混凝土中的孔隙结构，减少连通孔隙。这些可通过降低水灰比、选择好的骨料级配、充分振捣和养护、掺入引气剂等方法来实现。

2. 混凝土的抗冻性

混凝土的抗冻性是指混凝土在饱水状态下，能经受多次冻融循环而不破坏，同时也不严重降低所具有的性能的能力。在寒冷地区，特别是接触水又受冻的环境下的混凝土要求具有较高的抗冻性。

混凝土的抗冻性用抗冻等级来表示。抗冻等级是以 28d 龄期的混凝土标准试件，在饱水后承受反复冻融循环，以抗压强度损失不超过 25％，且重量损失不超过 5％时所能承受的最大循环次数来确定。混凝土的抗冻等级有 F10、F15、F25、F50、F100、F150、F200、F250 和 F300 九个等级，分别表示混凝土能承受冻融循环的最大次数不小于 10、15、25、50、100、150、200、250 和 300 次。

3. 混凝土的碳化

混凝土的碳化是指混凝土内水泥石中的氢氧化钙与空气中的二氧化碳，在湿度适宜时发生化学反应，生成碳酸钙和水，也称中性化。

碳化对混凝土性能既有有利的影响，也有不利的影响。其不利影响首先是碱度降低，减弱了对钢筋的保护作用；其次碳化作用会增加混凝土的收缩，引起混凝土表面产生拉应力而出现微细裂缝，从而降低混凝土的抗拉、抗折强度及抗渗能力。

碳化作用对混凝土也有一些有利影响，即碳化作用产生的碳酸钙填充了水泥石的孔隙，以及碳化时放出的水分有助于未水化水泥的水化，从而可提高混凝土碳化层的密实度，对提高抗压强度有利。如混凝土预制桩往往利用碳化作用来提高桩的表面硬度。

4. 提高混凝土耐久性的措施

混凝土所处的环境和使用条件不同，对其耐久性的要求也不相同，但影响耐久性的因素却有许多相同之处，混凝土的密实程度是影响耐久性的主要因素，其次是原材料的性质、施工质量等。提高混凝土耐久性的主要措施有：

（1）合理选择水泥品种，根据混凝土工程的特点和所处的环境条件，参照表3-15选用水泥。

（2）选用技术指标合格的砂石骨料。

（3）控制水灰比及保证足够的水泥用量是保证混凝土密实度并提高混凝土耐久性的关键。最大水灰比和最小水泥用量的限值见表3-25。

混凝土的最大水灰比和最小水泥用量　　　　表3-25

环境条件	结构物类别		最大水灰比			最小水泥用量（kg）		
			素混凝土	钢筋混凝土	预应力混凝土	素混凝土	钢筋混凝土	预应力混凝土
1. 干燥环境	● 正常的居住或办公用房屋内部件		不作规定	0.65	0.60	200	260	300
2. 潮湿环境	无冻害	● 高湿度的室内部件 ● 室外部件 ● 在非侵蚀性土和（或）水下的部件	0.70	0.60	0.60	225	280	300
	有冻害	● 经受冻害的室外部件 ● 在非侵蚀性土和（或）水中且经受冻害的部件 ● 高湿度且经受冻害的室内部件	0.55	0.55	.0.55	250	280	300
3. 有冻害和除冰剂的潮湿环境	● 经受冻害和除冰剂作用的室内和室外部件		0.50	0.50	0.50	300	300	300

注：1. 当用活性掺合料取代部分水泥时，表中的最大水灰比和最小水泥用量即为替代前的水灰比和水泥用量。

2. 配制C15及其以下等级的混凝土，可不受本表限制。

（4）掺入减水剂或引气剂，改善混凝土的孔结构，可提高混凝土的抗渗性和抗冻性。

（5）提高施工操作水平，保证施工质量。

四、建筑砂浆

建筑砂浆是由胶凝材料、细骨料和水按适当比例配制而成的材料。

根据用途，建筑砂浆分为砌筑砂浆、抹面砂浆、装饰砂浆及特种砂浆。根据胶结材料不同可分为水泥砂浆、石灰砂浆和混合砂浆。混合砂浆有水泥石灰砂浆、水泥黏土砂浆及石灰黏土砂浆等。

（一）砌筑砂浆

用于砌筑砖、石等各种砌块的砂浆称为砌筑砂浆。它起着粘结砌块、传递荷载的作用，是砌体的重要组成部分。

水泥砂浆采用的水泥，应根据设计要求进行选择，其强度等级不宜大于32.5级；水泥混合砂浆采用的水泥，其强度等级不宜大于42.5级。为了改善砂浆的和易性和节约水泥，常在砂浆中加入无机材料，例如：石灰膏、电石膏（电石经消解后，经过滤后的产物）、粉煤灰、黏土膏等。为了保证砂浆的质量，生石灰需熟化制成石灰膏，然后与砂掺合搅拌均匀。如采用生石灰粉或消石灰粉，则可直接掺入砂浆搅拌后使用。砌筑砂浆用砂应符合混凝土用砂的技术性质要求。良好级配的砂可改善和易性，砌筑砂浆用砂宜选用中砂，其中毛石砌体宜选用粗砂。由于砂浆层较薄，对砂子最大粒径应有所限制。砂的含泥量对砂浆的强度、变形、稠度及耐久性影响较大，砂的含泥量不应超过5%。强度等级为M2.5的水泥混合砂浆，砂的含泥量不应超过10%。

新拌砂浆应具有良好的和易性。和易性良好的砂浆容易在粗糙的砖石基面上铺抹成均匀的薄层，而且能够和底面紧密粘结，既便于施工操作，提高生产效率，又能保证工程质量。砂浆的和易性包括流动性和保水性两个方面。

硬化后的砂浆应具有所需的强度和对基面的粘结力，而且其变形不能过大。砂浆的强度等级是以 70.7mm × 70.7mm × 70.7mm 的立方体，按标准条件下养护 28d 的抗压强度的平均值，并考虑具有 95% 强度保证率而确定。砂浆的强度等级共分 M2.5、M5、M7.5、M10、M15、M20 六个等级。

砖石砌体是靠砂浆把块状的砖石材料粘结成为坚固的整体。因此，为保证砌体的强度、耐久性及抗震性等，要求砂浆与基层材料之间应有足够的粘结力。一般情况下，砂浆的抗压强度越高，它与基层的粘结力也越大。此外，砖石表面状况、清洁程度、湿润状况以及施工养护条件等都直接影响砂浆的粘结力。

（二）抹面砂浆

凡涂抹在建筑物或建筑构件表面的砂浆，统称为抹面砂浆。根据其功能的不同，可分为普通抹面砂浆、装饰砂浆、防水砂浆及其他特种砂浆（如绝热、耐酸、防射线砂浆等）。

对抹面砂浆要求具有良好的和易性，容易抹成均匀平整的薄层，便于施工。还要有较高的粘结力，能与基层粘结牢固，长期使用不致开裂或脱落。

抹面砂浆的组成材料与砌筑砂浆基本相同。但为了防止砂浆层的开裂，有时需要加入一些纤维材料，有时为了使其具有某些功能需加入特殊骨料或掺合料。

1. 普通抹面砂浆

普通抹面砂浆是建筑工程中普遍使用的砂浆。它可以保护建筑物不受风、雨、雪、大气中有害介质的侵蚀，提高建筑物的耐久性，同时使表面平整美观。

抹面砂浆通常分为两层或三层进行施工。底层抹灰的作用是使砂浆与底面能牢固地粘结，因此要求砂浆具有良好的和易性和粘结力，基层也要求粗糙以提高与砂浆的粘结力。中层抹灰主要是为了抹平，有时可省去不用。面层抹灰要求平整光洁，达到规定的饰面要求。底层及中层多用水泥混合砂浆，面层多用水泥混合砂浆或接麻刀、纸筋的石灰砂浆。在潮湿房间或地下建筑及容易碰撞的部位，应采用水泥砂浆。

2. 防水砂浆

防水砂浆可用普通水泥砂浆以特定施工工艺制作，也可以在水泥砂浆中掺入防水剂、高分子材料制得，通过提高砂浆的密实性或改善砂浆的抗裂性，使硬化后的砂浆层具有防水、抗渗的性能。

防水砂浆一般可分为四类：多层抹面水泥砂浆（抹四层或五层砂浆）、掺防水剂防水砂浆、膨胀水泥防水砂浆和掺聚合物防水砂浆。

3. 装饰砂浆

涂抹在建筑物内外墙表面，具有美观装饰效果的抹面砂浆统称为装饰砂浆。装饰砂浆的底层和中层与普通抹面砂浆基本相同。主要是装饰的面层，要选用具有一定颜色的胶凝材料和骨料以及采用某些特殊的操作工艺，使表面呈现出不同的色彩、线条与花纹等装饰效果。

装饰砂浆所采用的胶凝材料有普通水泥、白水泥和彩色水泥以及石灰、石膏等。骨料常采用大理石、花岗岩等带颜色的碎石渣或玻璃、陶瓷碎粒。

第五节　沥青材料

沥青材料是用途广泛的有机结合料，是一种复杂的高分子碳氢化合物及非金属（氧、硫、氮等）衍生物的混合物。在常温下，沥青呈固态、半固态或液体状态，颜色由黑色至黑褐色，能溶于二硫化碳、苯、四氯化碳等多种有机溶液中。

沥青材料按其在自然界中的获得方式可分为两大类：地沥青、焦油沥青。

地沥青来源于石油系统，可分为石油沥青和天然沥青。石油沥青是应用最广的沥青材料，通常称之为沥青，是石油经各种炼制工艺加工而得到的沥青产品。天然沥青是石油在自然条件下长期经受各种地球物理作用而形成的，如著名的特立尼达湖沥青。

焦油沥青是各种有机物（煤、泥炭、木材等）经干馏加工得到的焦油再加工得到的产物。焦油沥青按其焦油获得的有机物名称而命名，如煤干馏所得的煤焦油，经再加工得到的沥青称为煤沥青。其他还有木沥青、泥炭沥青、页岩沥青等。

一、石油沥青

（一）石油沥青的技术性质

1. 粘结性

粘结性是指沥青材料在外力的作用下，沥青粒子产生相互位移时抵抗变形的性能。沥青作为胶结材料，要把松散的矿质材料胶结为一整体而不产生位移。因此，粘结性是沥青材料最重要的性质。

沥青的黏度越大，则它的粘结性能越好。黏度大的沥青在荷载作用下产生较小的剪切变形，弹性恢复性能好，残留的永久性塑性变形小。沥青黏度的测定方法最常采用的是条件黏度，包括针入度测定和黏度测定。

针入度试验是国际上普遍采用测定黏稠（固体、半固体）沥青稠度的一种方法。通常稠度高的沥青，其黏度亦高，针入度小，而针入度越大，表明沥青的流动性越大，黏性越差。

黏度试验适用于测定液体石油沥青、煤沥青、乳化沥青等材料流动状态时的黏度。在相同温度和相同流孔条件下，流出时间越长，表示沥青黏度越大。

2. 塑性

塑性是指沥青材料在外力作用下发生变形而不破坏的性能。目前以沥青的延度指标来反映沥青的塑性。沥青的延度与沥青的流变特性、胶体结构和化学组分等有密切的关系。研究表明：随着沥青的化学组分的不协调，胶体结构的不均衡，含蜡量的增加等，都会使沥青的延度值相对降低。

3. 感温性

沥青的黏度随温度的不同而产生明显的变化，这种黏度随温度变化的感应性称为感温性。对于路用沥青，温度和黏度的关系是极其重要的性能。沥青混合料在施工过程中的伴合、摊铺和碾压以及铺筑后的使用期间，都要求沥青的黏度在一定的范围之内，否则将影响沥青路面的质量。

沥青的感温性用软化点和脆点来衡量。

沥青从固态转变为液态（即由硬化点至滴落点之间）有很宽的温度间隔，因此选择其温度间隔中的一个条件温度称为软化点。同一种沥青材料采用不同的测定方法时，所得的软化点数值亦不同。任何一种沥青材料当其达到软化点温度时，其黏度相同。针入度是在规定温度下沥青的条件黏度，而软化点则是沥青达到规定条件黏度时的温度。软化点既是反映沥青材料感温性的一个指标，也是沥青黏度的一种量度。

沥青的脆点是沥青擦有黏塑状态转化为固态产生条件脆裂时的温度，不同的试验方法可得到不同的脆点。沥青的脆点更直接地反映了其低温抗裂性。

以上所论及的针入度、延度、软化点是评价黏稠石油沥青路用性能最常用的经验指标，所以通称"三大指标"。

4. 安全性

沥青材料在使用时必须加热，当加热至一定温度时，沥青材料中的油分蒸气与周围空气组成混合气体，此混合气体遇火焰则易发生闪火。若继续加热，油分蒸气的饱和度增加，由于此种蒸气与空气组成混合气体遇火焰极易燃烧而引起火灾。为此，必须测定沥青加热闪火和燃烧的温度，即所谓闪点和燃点。

（二）石油沥青的技术标准

根据我国国家标准（GB 50092—96），规定了重交通道路石油沥青、中、轻交通道路石油沥青和道路用液体石油沥青质量要求。

重交通道路石油沥青、中、轻交通道路石油沥青按针入度将沥青各划分为五个标号；液体石油沥青适用于透层、黏层及拌制常温沥青混合料，按凝结速度分为快凝 AL（R）、中凝 AL（M）和慢凝 AL（S）三个等级，液体石油沥青使用前应由试验确定掺配比例。

二、煤沥青

煤沥青是炼焦厂和煤气厂在干馏烟煤制焦炭和制煤气等的副产品。

（一）煤沥青的技术性质

煤沥青与石油沥青相比，在技术性质上有以下差异：

1. 煤沥青的温度稳定性较低　煤沥青受热易软化，因此加热温度和时间都要严格控制，更不宜反复加热，否则易引起性质急剧恶化。

2. 煤沥青与矿质集料的黏附性较好。

3. 煤沥青的气候稳定性较差　煤沥青在周围介质（空气中的氧、日光中的温度和紫外线以及降水）的作用下，老化进程（黏度增加，塑性降低）较石油沥青快。

4. 煤沥青含对人体有害的成分较多，臭味较重。

综上所述，煤沥青的性质与石油沥青的性质差别很大，故此工程上不准将两种沥青混合使用（掺入少量煤沥青于石油沥青之内除外），否则易出现分层、成团、沉淀变质等现象而影响到工程质量。

（二）煤沥青的技术标准

煤沥青按其在工程中的应用要求不同，首先是按其稠度分为：软煤沥青（液体、半固体的）和硬煤沥青（固体的）两大类。

软煤沥青又按其黏度和有关技术性质分为 9 个标号，道路工程主要是应用软煤沥青。

三、乳化沥青

乳化沥青是将粘稠沥青加热至流动态，经机械作用使之分散成为微小液滴（粒径 2 ~ 5μm），稳定地分散在有乳化剂 – 稳定剂的水中，形成水包油（O/W）型的沥青乳液。

乳化沥青可用于路面的维修和修筑，包括表面处治、稀浆封层、贯入式以及沥青混合料等所有的路面类型，还可用于旧沥青路面的冷再生。

（一）乳化沥青的优越性

1. 可冷态施工、节约能源：黏稠沥青通常要加热至 160 ~ 180℃施工，而乳化沥青可以冷态施工，现场无须加热设备和能源消耗，扣除制备乳化沥青所消耗的能源后，仍然可以节约大量能源。

2. 施工便利、节约沥青：乳化沥青不仅与骨料有良好的黏附性，而且可以与潮湿骨料粘结。乳化沥青与骨料组成的混合料，因为乳化沥青黏度低，而混合料中含有水分，施工和易性好，易于拌合，节约劳力。并可延长施工季节，乳化沥青特别是阳离子乳化沥青施工，几乎可以不受阴湿或低温季节影响，能及时进行路面的维修及养护。此外，由于乳化沥青混合料中沥青膜较薄，不仅提高沥青的粘结力，而且可节约沥青用量约 10%。

3. 保护环境、保障健康：乳化沥青施工不需砌炉、支锅、盘灶、热油等工作，因此不污染环境；同时，还避免了对操作人员的烟熏、火烤以及受沥青挥发物的毒害。

（二）乳化沥青的组成材料

乳化沥青是由沥青、水、乳化剂和稳定剂组成。

1. 沥青

沥青是乳化沥青中的基本成分，在乳化沥青中占 55% ~ 70%。一般来说，几乎各种标号的沥青都可以乳化，道路上采用制造乳化沥青的沥青的针入度范围多在 100 ~ 200 之间。但沥青的选择，应根据乳化沥青在路面工程中的用途而定。

2. 水

水是乳化沥青中的第二大组分，水的性质会影响乳化沥青的形成。一般要求水不应太硬，水的 pH 值和钙、镁等离子都可能影响某些乳化沥青的形成或引起乳化沥青的过早分裂，水中不应含有其他杂质。

3. 乳化剂

乳化剂是乳化沥青的重要组分，它的含量虽低（一般为千分之几），但对乳化沥青的形成起关键作用。乳化剂一般为表面活性物质，称为表面活性剂。有天然产物和人工合成制品，现主要采用人工合成的表面活性剂。

乳化剂按其能否在水中解离成离子而分为离子型乳化剂和非离子型乳化剂两大类。离子型乳化剂按其离解后亲水端所带的电荷的不同而分为阴离子型、阳离子型和两性离子型乳化剂三类。

4. 稳定剂

为使乳液具有良好的贮存稳定性，以及在施工中喷洒或拌合的机械作用下的稳定性，必要时可加入适量的稳定剂。稳定剂可分为两类：

（1）有机稳定剂：常用的有聚乙烯醇、聚丙烯酰胺、羟甲基纤维素钠、糊精等这类稳定剂可提高乳液的贮存稳定性和施工稳定性。

（2）无机稳定剂：常用的有氯化钙、氯化镁和氯化铬等，这类稳定剂可提高乳液的贮存稳定性。

稳定剂对乳化剂的协同作用，与它们之间的性质有关，有的稳定剂可在生产乳液时同时加入乳化剂溶液中，但有的乳化剂会影响乳化剂的乳化作用，而需后加入乳液中。因此，必须通过实验来确定它们的匹配作用。

（三）乳化沥青的技术要求及其选用

乳化沥青用于修筑路面，不论是阳离子型乳化沥青（代号C）或阴离子型乳化沥青（代号A）有两种施工方法：洒布法（代号P）和拌合法（代号B）。乳化沥青按其分裂速度，可分为快裂、中裂和慢裂三种类型。我国沥青路面施工及验收规范（GB 50092—96）对道路用乳化石油沥青提出了技术要求，各种牌号乳化沥青的用途列如表3-26。

类型	阳离子乳化沥青（C）	阴离子乳化沥青（A）	用　途
洒布型（P）	PC－1	PA－1	表面处治或贯入式路面及养护用；透层油用；粘结层用
	PC－2	PA－2	
	PC－3	PA－2	
拌合型（B）	BC－1	BA－1	拌制沥青混凝土或沥青碎石；拌制加固土
	BC－2	BA－2	
	BC－2	BA－2	

四、改性沥青

（一）改性沥青的分类

改性沥青，也包括改性沥青混合料，是指"掺加橡胶、树脂、高分子聚合物、磨细的橡胶粉或其他填料等外掺剂（改性剂），或采取对沥青轻度氧化加工等措施，使沥青或沥青混合料的性能得以改善而制成的沥青结合料"。改性剂是指"在沥青或沥青混合料中加入的天然的或人工的有机或无机材料，可熔融、分散在沥青中，改善或提高沥青路面性能（与沥青发生反应或裹覆在集料表面上）的材料"。

现在所指道路改性沥青一般是指聚合物改性沥青，用于改性的聚合物种类也很多，按照改性剂的不同，一般将其分为三类。

1. 热塑性橡胶类：即热塑性弹性体，由于它兼具橡胶和树脂两类改性沥青的结构性质，故也称为橡胶树脂类。由于具有良好的弹性（变形的自恢复性及裂缝的自愈性），故已成为目前世界上最为普遍使用的道路沥青改性剂。

2. 橡胶类：如天然橡胶（NR）、丁苯橡胶（SBR）、氯丁橡胶（CR）、硅橡胶（SR）、氟橡胶（FR）等等。其中 SBR 是世界上应用最广泛的改性剂之一，尤其是它胶乳形式的使用越来越广泛；氯丁橡胶（CR）具有极性，将增加弹性、黏聚力，减小感温性，常掺入煤沥青中使用，已成为煤沥青的改性剂。

3. 树脂类：热塑性树脂，热固性树脂可作为改性剂使用，如还氧树脂（EP）等。

（二）我国的改性沥青标准

我国改性沥青技术要求（标准）有以下特点：

1. 改性沥青的分类及适用范围

我国目前乃至今后相当长一段时间内，可供使用的聚合物改性剂主要是 SBS、SBR、EVA、PE，因此将其分为 SBS（属热塑性橡胶类）、SBR（属橡胶类）、EVA 及 PE（热塑性树脂类）三类。其他未列入的改性剂，可以根据其性质，参照相应的类别执行。

2. 改性沥青的分级及感温性要求

改性沥青的技术指标以改性沥青的针入度作为分级的主要依据，改性沥青的性能以改性后沥青感温性的改善程度，即针入度指数 PI 的变化为关键性评价指标。一般的非改性沥青的 PI 值基本上不超过 -1.0，改性后要求大于 -1.0。从改善温度敏感性的要求出发，改性后在沥青软化点提高的同时，针入度不要降低太多。

SBS 类改性沥青最大特点是高温、低温性能都好，且有良好的弹性恢复性能，所以采用软化点、5℃ 低温延度、回弹率作为主要指标。SBR 改性沥青最大优点是低温性能得到改善，所以以 5℃ 低温延度作为主要指标，考虑到 SBR 改性沥青在老化实验后延度严重降低的实际情况，故还列入了低温延度。SBR 类改性沥青，主要适宜在寒冷气候条件下使用。EVA 及 PE 类改性沥青的最大特点是高温条件下性能明显改善，故以软化点作为主要指标，主要适合在炎热气候条件下使用。

（三）常用道路改性沥青

1. 热塑性橡胶类改性沥青

热塑性弹性体类改性沥青，他们的代表性产品是 SBS、SIS、

SE/BS 改性沥青，通常称为热塑性橡胶类（TR）。

SBS 改性剂的最大特点，就是它的高弹性，即高温下不软化，低温下不发脆。在 SBS 用于道路改性沥青之前，它的最大用途是作皮鞋底，即人们常所说的"牛筋底"。

2. 橡胶类改性沥青

橡胶类改性沥青，通常称为橡胶沥青，其中使用最多的改性剂是丁苯橡胶（SBR）和氯丁橡胶（CR）。SBR 橡胶改性沥青的延度，在不进行老化试验的情况下，延度大幅度增加，即使剂量很少，温度很低，延度也能大于150cm，而一旦经受薄膜加热试验后，延度就丧失大半，也就是说经过几年的使用期老化，在路面上的改性沥青的延度已经是很小的了。

3. 热塑性树脂类改性沥青

热塑性树脂类改性剂的最大特点是使沥青结合料在常温下黏度增大，从而使高温稳定性增加，遗憾的是并不能使沥青混合料的弹性增加，而且加热以后容易离析，再次冷却时产生众多的弥散体。

4. 掺加天然沥青改性

天然沥青是石油经过长期的、各种条件的综合作用下生成的沥青类物质。由于它常年与环境共存，性质特别稳定，但含有较多的土砂类杂质。为了提高沥青的高温稳定性和高温抗车辙能力，常将天然沥青作为沥青的改性剂使用。

（四）改性沥青混合料的运输及摊铺

由于改性沥青黏度较大，运料车的车厢底部要涂刷较多的油水混合物，而且为了防止运料车表面混合料结成硬壳，运料车运输过程中必须加盖毡布，运料车的数量也要适当增加。

改性沥青混合料黏度高、摊铺温度高，摊铺阻力要比普通沥青混合料大。当下层洒布粘层油时，一般的轮胎式摊铺机将可能顶不动运料车，产生打滑现象，所以对改性沥青一般需要使用履带式摊铺机摊铺。而且摊铺机的摊铺宽度也不能像普通沥青混合料那样伸长太多。

为了保证路面的平整度，要按照规范要求做到缓慢、均匀、连续不间断地摊铺，摊铺过程中不得随意变换速度或中途停顿，摊铺机的摊铺速度一般不超过 3~4m/min，这对摊铺机手的操作技术要求较高。

五、沥青材料的选用与贮运

（一）沥青材料的选用

石油沥青与煤沥青的标号，宜根据气候分区、沥青路面类型和沥青种类等按表 3-27 选用《沥青路面施工及验收规范》（GB 50092—96）。

沥青标号的选择　　　　　　　　　　　表 3-27

气候分区	沥青种类	沥青路面类型			
		沥青表面处治	沥青贯入式	沥青碎石	沥青混凝土
寒区	石油沥青	A－140 A－180 A－200	A－140 A－180 A－200	AH－90　AH－100 AH－130 A－100　A－140	AH－90　AH－110 AH－130 A－100　A－140
	煤沥青	T－5　T－6	T－6　T－7	T－6　T－7	T－7　T－8
温区	石油沥青	A－100 A－140 A－180	A－100 A－140 A－180	AH－90　AH－110 A－100　A－140	AH－70　AH－90 A－60　A－100
	煤沥青	T－6　T－7	T－6　T－7	T－7　T－8	T－7　T－8
热区	石油沥青	A－60 A－100 A－140	A－60 A－100 A－140	AH－50　AH－70 AH－90 A－100　A－60	AH－50　AH－70 A－60　A－100
	煤沥青	T－6　T－7	T－7	T－7　T－8	T－7　T－8　T－9

（二）沥青材料的贮运

有关沥青材料的各种管理方法，国家一般都已颁布详细条例，如运输、包装、堆放、取样、防毒措施和贮存等等。沥青材料的正确贮存、保管，是保证沥青质量、节省加工费用、减少设备损坏、提高工作效率、降低燃料消耗的重要一环。

第六节　沥青混合料

一、沥青混合料的定义及其分类

沥青混合料是沥青混凝土混合料和沥青碎石混合料的总称。沥青混凝土混合料是由沥青和适当比例的粗骨料、细骨料及填料在严格控制条件下拌合均匀所组成的高级筑路材料，压实后剩余空隙率小于10%的沥青混合料称为沥青混凝土；沥青碎石混合料是由沥青和适当比例的粗骨料、细骨料及少量填料（或不加填料）在严格控制条件下拌合而成，压实后剩余空隙率在10%以上的半开式沥青混合料称为沥青碎石。

以沥青材料为粘结料与矿料组成的道路路面材料按施工工艺不同还有沥青表面处治、沥青贯入式等，本节主要介绍沥青混合料的有关性质。

（一）沥青混合料的分类

1. 按结合料分：可分为石油沥青混合料和煤沥青混合料。

2. 按矿质集料最大粒径分：可分为粗粒式、中粒式、细粒式。粗粒式沥青混合料多用于沥青面层的下层，中粒式沥青混合料可用于面层下层或作单层式沥青面层，细粒式多用于沥青面层的上层。

3. 按施工温度分：可分为热拌热铺沥青混合料、常温沥青混合料。

4. 按混合料密实度分：可分为密级配沥青混合料、开级配沥青混合料、半开级配沥青混合料（沥青碎石混合料）。

5. 按矿质集料级配类型分：可分为连续级配沥青混合料和间断级配沥青混合料。

（二）沥青混凝土的优缺点

沥青混凝土具有强度高、整体性好、抵抗自然因素破坏作用的能力强、施工进度快，施工完成后就可及时开放交通、养护修理方便等优点，是各种沥青类面层中质量最好的高级路面面层。这种面层适用于各类道路，特别是交通量繁重的公路和城市道路。

二、沥青混合料的技术性质

（一）沥青混合料的高温稳定性能

沥青混合料的高温稳定性是指其在夏季高温条件下，经车辆荷载反复作用后不产生车辙和波浪等病害的性能。"高温"是指在夏季气温高于25℃，即沥青路面的路表温度达到40℃以上，已经达到或超过道路沥青的软化点温度的情况，且随着温度的升高和荷载的加重，变形也加大。相反，低于这个温度，就不会产生严重的变形。

沥青路面在高温条件或长时间承受荷载作用下会产生显著的变形，其中不能恢复的部分成为永久变形，它降低了路面的使用性能，危及行车安全，缩短沥青路面的使用寿命。

可用于沥青混合料高温性能试验的方法很多，我国现行国标（GB 50092—96）规定，采用马歇尔稳定度试验方法来评价沥青混合料的高温稳定性。对高速公路、一级公路和城市快速路、主干路沥青路面的上面层和中面层的沥青混合料混凝土还应通过稳定性试验检验其抗车辙能力。

（二）沥青混合料的低温性能

沥青路面的开裂是路面的主要病害之一，其成因相当复杂，裂缝的种类也很多，其中横向裂缝主要是由于沥青路面的温度收缩引起的，简称温缩裂缝。

低温收缩裂缝的产生不仅破坏了路面的连续性、整体性及美观，而且会从裂缝处不断进入水分使基层甚至路基软化，导致路面承载力下降，加速路面破坏。沥青混合料路面的低温抗裂性能直接与沥青路面的开裂相关，因而是沥青混合料最重要的使用性能。

（三）沥青混合料的水稳定性

水损害是沥青路面的主要病害之一。所谓水损害是沥青路面在水或冻融循环的作用下，由于汽车车轮动态荷载的作用，进入路面空隙中的水逐渐渗入沥青与骨料的界面上，使沥青的粘附性降低并逐渐丧失粘结力，沥青混合料掉粒、松散，继而形成沥青路面的坑槽、推挤变形等的损坏现象。

（四）沥青混合料的抗疲劳性能

随着交通量的日益增长，汽车轴重的不断增大，汽车对路面的破坏作用变得越来越明显。沥青路面在使用期间经受车轮荷载的反复作用，长期处于应力应变交迭状态，致使路面结构强度逐渐下降。当荷载重复次数超过一定次数以后，在荷载作用下路面内产生的应力就会超过强度下降后的结构抗力，使路面出现裂纹，产生疲劳断裂破坏。

（五）沥青混合料的耐老化性能

沥青混合料的耐老化性能，是沥青路面在使用期间承受交通、气候等环境因素的综合作用，沥青混合料使用性能保持稳定或较小发生质量变化的能力，通常也称为抗老化性能。这里所指的气候主要是指空气（氧）、阳光（紫外线）、温度的影响。水和湿度也属于环境，但它直接影响的是水稳定性。

在使用过程中，沥青的老化是一个长时间的过程，减轻沥青混合料的老化主要应从混合料的结构上考虑，即在可能的条件下尽量使用吸水率小的骨料，减小路面混合料的空隙率，加强压实，减少沥青与空气的接触，同时采用耐老化性能好的沥青材料（如改性沥青等）。保证沥青混合料路面有足够的密实性是减轻老化的根本性措施。

（六）沥青混合料的抗滑性能

为保证汽车在沥青路面上安全、快速地行驶，要求路面具有一定的抗滑性。即要求沥青混合料修筑的路面平整而粗糙，具有一定的纹理，在潮湿的状态下仍保证有较高的抗滑性能。沥青混合料路面的抗滑性与矿质材料的抗磨光能力、混合料的级配、沥青的用量及施工工艺等有关。沥青用量对抗滑性的影响非常敏感，沥青用量较最佳沥青用量增加 0.5%，即可使抗滑系数明显降低。沥青含蜡量对沥青路面抗滑性也有明显的影响。

（七）沥青混合料的施工和易性

要保证室内配料在现场施工条件下顺利的实现，沥青混合料除了具备前述的技术性质外，还必须具备适宜的施工和易性。影响施工和易性的因素主要是矿料级配，粗细骨料的颗粒大小相差过大，缺乏中间颗粒，混合料容易离析；如细料太少，沥青层就不易均匀地分布在粗颗粒表面；细料过多，则拌合困难。

第七节　建筑钢材和木材

一、建筑钢材

金属材料按其成分可分为黑色金属和有色金属两大类：黑色金属为铁碳合金，按其含碳量多少，又可分为钢和生铁。含碳量小于 2% 且含有害杂质较少的铁碳合金为钢；含碳量大于 2% 的为生铁。除黑色金属以外，如铜、锡、锌、铝、铅及其合金等为有色金属。在桥梁结构中所有的构件及钢筋混凝土中所用的钢筋均属于钢。

建筑工程上所用的钢筋、钢丝、型钢（工字钢、槽钢、角钢、扁钢等）、钢板和钢管等统称为建筑钢材。作为一种建筑材料，钢材具有强度高、塑性好、质地均匀、性能可靠等优点。建筑钢材的主要缺点是易锈蚀，维护费用高。

建筑钢材按其用途可分为：结构钢、工具钢、专用钢和特殊钢。

按钢材的化学成分可分为：碳素钢和合金钢。碳素钢按钢中的含碳量分为：低碳钢、中碳钢、高碳钢。合金钢按掺入合金元素（一种或多种）的总含量分为：低合金钢、中合金钢、高合金钢。

按钢材的产品品种分类有：型材、板材等。

常用的钢筋品种很多，按钢筋的轧制外形分类有：光圆钢筋和带肋钢筋；按钢筋的直径分类有：钢筋，直径在 6～50mm（包括螺纹钢筋）；钢丝，直径 3～5mm。钢筋被用于各类混凝土及预应力混凝土结构中。

（一）建筑钢材的力学性能

1. 抗拉强度

抗拉性能是建筑钢材的重要性能。通过试件的拉力试验测得钢材的屈服强度、抗拉强度和伸长率是钢材的重要指标。

屈服强度是钢材出现不能完全恢复原状的塑性变形时的应力值（σ_s）。钢材受力达到屈服点后，由于不能恢复变形，虽未破坏，已不能正常工作，此屈服强度是确定钢结构容许应力的主要依据。

抗拉强度是钢材被拉断时的最大应力（σ_b）。抗拉强度在设计中虽不能利用，但屈服强度与抗拉强度之比（σ_s/σ_b），称"屈强比"，有一定实用价值。屈强比越小，反映钢材结构的安全性越高，即受力超过钢材的屈服点工作时可靠性较大。但屈强比太小，则反映钢材未能有效地利用。所以，屈服强度和抗拉强度是钢材力学性能的主要检验标准。

伸长率是钢材在作抗拉试验中被拉断时标距长度的增长量与原标距长度之比的百分数（δ_n）。断面收缩率是试样拉断后拉断断面处的面积与原试样截面积之比的百分数（Ψ）。收缩率 Ψ 与伸长率 δ 都反映了钢材的变形能力。Ψ 与 δ 越大说明钢材的塑性越好。塑性好的钢材能较好地承受各种加工工艺，容易保证质量。在实际使用过程中万一超载，由于其能产生较大的塑性变形，而不致突然断裂，一般以 $\delta \geq 5\%$，$\Psi \geq 10\%$ 为宜。

2. 冲击韧性

冲击韧性是指钢材抵抗冲击荷载的能力，简称韧性。对于重要钢结构及使用时承受动荷载作用的钢构件，要求钢材具有一定的冲击韧性。

温度对钢材抗冲击韧性的影响很大，某些钢材在室温条件下试验时并不呈脆性，但在较低温度下则发生脆性。这种随温度降低而由韧性断裂转变为脆性断裂、冲击韧性显著降低的现象，称为冷脆性。与之相应的温度称为脆性转变温度，这个温度越低，表明钢材的冷脆性越小，低温韧性越好。

3. 钢材的硬度

钢材表面局部体积抵抗更硬物体压入的能力称为硬度，是衡量钢材软硬程度的指标。建筑钢材的硬度常用布氏法、洛氏法和维氏法测定，经常采用的是前两种方法。

4. 冷弯性能

钢材在常温下承受弯曲变形的能力称为冷弯性能。条形钢材试件，在压力机支座上受压力作用下，围绕一半圆形弯心弯转（半圆的直径与试样的厚度或直径成一定比例）达到规定弯转的角度时，试件无裂缝、无断裂、无脱层现象为合格。弯曲角度越大，弯心直径与试件厚度的比值越小，则表示对弯曲性能的要求越高。

（二）钢材的加工工艺

钢水铸锭后，可通过热加工、热处理、冷加工等工艺加工成各种型材、板材和管材等。

1. 热加工工艺

热加工有热压、轧制等工艺。钢锭通过热加工后，不仅能够得到形状和尺寸合乎要求的钢材，而且能够消除钢材中的气泡、细化晶粒，提高钢的强度。轧制次数越多，强度提高的程度就越大。

2. 热处理工艺

钢的热处理是对其进行加热、保温和冷却的综合操作工艺。钢的热处理工艺有：退火、正火、淬火、回火等形式，通过这些工艺来改变钢的晶体组织，以改善钢的性质。

3. 冷加工工艺

冷加工是在常温下对钢材进行的机械加工，如冷拉、冷拔、冷轧和冷压等。通过冷加工产生塑性变形，不仅能改变钢材的形状和尺寸，而且能改变钢的晶体结构，产生加工硬化、应变时效与内应力等现象，从而对钢的性能造成一系列的影响。

（1）冷加工硬化

钢材经冷加工后，性能会发生显著变化，表现为：屈服强度提高，塑性和韧性减小，变硬，变脆，这种现象称为"冷加工硬化"。

凡是能使钢材产生冷塑性变形的各种冷加工工艺，如冷拔、冷轧等，都会发生加工硬化现象。冷拔加工是用强力拉拔钢筋通过小于其截面积的拔丝模，拉拔作用比单纯拉伸作用强烈，钢筋不仅受拉，同时还受到挤压作用。冷拔低碳钢丝与预应力高强钢丝，都是通过多次冷拔而产生强化作用。经过一次或多次拉拔后得到的拉拔低碳钢丝，屈服点可以提高 40% ~ 60%，但已失去软钢的塑性和韧性。

冷轧是将圆钢在轧钢机上轧成断面按一定规律变化的钢筋，如刻痕钢筋，可以提高其强度及与混凝土的握裹力。钢筋在冷轧时，纵向和横向同时产生变形，因而能较好地保持钢的塑性及内部结构的均匀性。

在一定范围内冷加工时钢材的变形程度越大，加工硬化现象也越明显，即屈服强度提高越多，塑性和韧性降低越多。冷加工是提高钢材强度的一种重要手段，但经过冷加工的钢材，其可焊性会变坏，并增加焊接后的硬脆倾向，为了防止发生突然的脆性破坏，承受动荷载的焊接构件不得使用经过冷加工的钢材。

（2）应变时效处理

应变时效处理是另一种引起钢材强度和硬度提高、塑性和韧性降低的措施。钢材的应变时效可以用时效敏感系数来表示，该系数为钢材在冷加工前后冲击韧度差值占原冲击韧度的百分率。时效敏感系数越大，钢材的时效敏感性越大，冲击韧度降低越多。

钢材的应变时效在工程上具有重要的实际意义，对于那些直接承受动载作用，或经常处于中温条件下的钢结构，为了避免过大的脆性，防止突发断裂事故，要求钢材具有较小的时效敏感性。但是对一般建筑用钢来说，则常利用冷加工后的时效作用来提高其屈服强度，以利节约钢材。

（三）钢的技术标准与选用

建筑用钢材，可分为钢结构用钢材和钢筋混凝土用钢筋两大类。

1. 碳素结构钢

（1）钢牌号表示方法

碳素结构钢的牌号由四个部分组成，依次为：

代表钢材屈服点的汉语拼音字母Q；

表示钢材屈服点的数值（MPa），分别为195、215、235、255和275；

钢材的质量等级符号，按钢中的硫、磷含量分为A、B、C和D四个等级；

钢的脱氧程度符号，沸腾钢（F）、镇静钢（Z）、半镇静钢（b）、特殊镇静钢（TZ）；

例如Q195AF，表示钢的牌号为Q195，质量等级为A的沸腾钢。

（2）技术特性及应用

不同牌号等级碳素结构钢力学性能应满足国标（GB 700—88）的要求。随着钢号增加其含碳量和含锰量有所增加，强度和硬度增加，而塑性、韧性和可加工性降低。同一钢号内钢材质量等级越高，硫、磷含量越低，钢材质量越好。

碳素结构钢力学性能稳定、塑性好，对轧制、加热及骤冷等工艺敏感性较小，可加工成各种型钢、钢筋和钢丝，适用一般结构和工程。碳素结构钢构件在焊接、超载、受冲击和温度应力等不利情况下能保证安全。此外碳素结构钢冶炼方便，成本较低。

为适应桥梁结构频繁承受动荷载作用和长期暴露于大气之中，经常遭受温、湿度变化和各种侵蚀的影响，因而对桥梁用钢材的性能有更高要求，一般宜用含磷较低、脱氧完全的钢材。

桥梁钢的牌号由代表屈服点的汉语拼音字母、屈服点数值、桥梁钢的汉语拼音字母、质量等级符号 4 个部分组成。

例如：Q345qC

其中：

Q——桥梁钢屈服点的"屈"字汉语拼音字母的首位字母；

345——表示钢材屈服点数值，单位 MPa；分别有 235、345、370 和 420；

q——桥梁钢的"桥"字汉语拼音的首位字母；

C——质量等级为 C 级；分别有 C、D、E。

桥梁钢材的力学性能和工艺性能指标必须符合国标（GB/T 714—2000）的规定要求。

2. 低合金高强度结构钢

低合金钢是在碳素结构钢中加入总量少于 5% 的合金元素而形成的钢种。常用的合金元素有：硅（Si）、锰（Mn）、钒（V）、镍（N）和铜（Cu）等。

低合金结构钢的牌号由代表屈服点的汉语拼音字母（Q）、屈服点数值、质量等级符号（A、B、C、D、E）三个部分按顺序排列。

例如：Q390A

其中：

Q——屈服点的"屈"字汉语拼音字母的首位字母；

390——屈服点数值，单位 MPa；

A——质量等级符号；分别有 A、B、C、D、E。

按国家标准（GB/T 1591—94），低合金结构钢共有 5 个牌号。

低合金结构钢的含碳量较低，有利于钢材的加工和焊接要求，其强度主要靠加入的合金元素来达到。这类钢材具有较高的强度和硬度，良好的塑性、韧性可焊性和耐腐蚀性。低合金结构钢的质量轻，可以降低结构自重，特别适用于大型结构、桥梁等工程。其技术条件必须符合国标（GB/T 1591—94）的有关规定要求。

3. 钢筋混凝土结构用钢筋

在混凝土结构中钢筋作为其中的骨架，故钢筋必须具有较高的屈服强度和抗拉强度，并且有较好的焊接及冷弯性能。

钢筋的外形有光圆的和螺纹的两种。螺纹钢筋的表面因有凹凸的槽纹，故在混凝土结构中较光圆的钢筋与混凝土的结合力强，因而较广泛的应用。

按加工方法不同，混凝土结构用钢筋有热轧、热处理及冷拉钢筋。冷拉钢筋按其机械性能不同各分为四级。详见表3-28。

4. 冷拉钢筋、冷拔钢丝和冷轧带肋钢筋

（1）冷拉钢筋：钢筋在常温条件下，受外力拉伸后可以提高钢筋的强度，虽对钢筋的塑性及韧性有一定影响，但在预应力混凝土中所用的钢筋，主要要求强度，而对塑性及韧性要求不高，因此为了提高钢筋的强度和节省钢材，常采用冷拉或冷拔工艺。

经冷拉后的钢筋，其强度继续随时间的延长而提高，即称为时效，为了加速时效的效果，多采用人工加热的方法来处理冷拉后的预应力钢筋。

（2）冷拔钢丝：根据钢材冷作硬化的原理，将普通碳钢Q235A，通过拔丝机上的拔丝模，经强力拉拔后，抗拉强度可得到大幅提高，通常可提高40%~60%，高时达90%。

冷拔钢丝一般都组成钢绞线，由于其强度高，与混凝土结合力好，所以多用于大跨度、重荷载的预应力混凝土结构中的配筋。冷拔钢丝钢筋种类分为甲级和乙级，其技术性能必须符合国家标准（GB 50204—92）的有关规定。

（3）冷轧带肋钢筋

冷轧带肋钢筋是将热轧盘圆钢筋，经冷拉或冷拔直径缩小后，再在其表面冷轧成三面有肋的钢筋。国家标准（GB 13788—92）规定，冷轧带肋钢筋代号用LL表示，并根据抗拉强度不同，划分为LL550、LL650、LL800三个强度等级，它们的直径一般为5、6、7、8、9、10mm。冷轧带肋钢筋的力学性能和工艺性能指标应符

表 3-28

热轧、热处理及冷拉钢筋的主要技术性能表

品种	钢筋等级	轧制外形	钢的牌号	强度等级代号	钢筋直径 (mm)	力学性能 屈服点 σ_s (MPa)	抗拉强度 σ_b (MPa)	伸长率 δ (%)	弯心直径 d (mm)	弯心角度 α (°)	引用规范
热轧钢筋	—	光圆	Q235	R210	8~20	235	370	25	$d=a$	180	(GB13013—91)
		带肋钢筋	HRB335		6~25	≥335	≥490	≥16	$d=3a$		(GB1499—98)
					28~40				$d=4a$		
			HRB400		6~25	≥400	≥570	≥14	$d=4a$		
					28~40				$d=5a$		
			HRB500		6~25	≥540	≥630	≥12	$d=6a$		
					28~32				$d=7a$		
热处理钢筋		—		RB135	6 8.2 10	135	150	6			(GB4463—84)
冷拉钢筋		冷拉Ⅰ级			6~12	280	370	11	$d=3a$	180	(GB50204—92)
		冷拉Ⅱ级			8~25	450	510	10	$d=4a$	90	
					28~40	430	490		$d=5a$	90	
		冷拉Ⅲ级			8~40	500	570	8	$d=5a$	90	
		冷拉Ⅳ级			10~28	700	835	6	$d=5a$	90	

合国标（GB 13788—92）的规定要求。

冷轧带肋钢筋比冷拉钢筋、冷拔钢丝同混凝土的握裹力好，在强度上又与冷拉钢筋、冷拔钢丝相接近，因此，近年来在普通混凝土结构件和中小型预应力混凝土结构件的配筋中得到了广泛的应用。

5. 钢绞线

钢绞线是由圆形断面钢丝捻制而成。主要用于预应力混凝土结构件、岩土锚固等。钢绞线的结构有 1×2、1×3 和 1×7，其力学性能必须符合国家标准（GB/T 5224—1995）的规定要求。

6. 型钢

土木工程中的主要承重结构及辅助结构中大量地应用各种规格的型钢，如工字钢、槽钢、角钢和扁钢等。根据国标(GB/T 2101—89)规定,将型钢分为:大型、中型和小型。

二、木材

木材是国家经济建设中不可缺少的重要资源，是人类使用最早最广的一种建筑材料，在桥梁、建筑工程中的应用已有悠久的历史和丰富的经验。木材作为建筑材料的主要优点是：①轻质、比强度高，富有弹性和韧性，能承受冲击和振动；②对热、声、电的绝缘性好，热胀冷缩性小；③木纹和色泽美丽，易于着色和油漆，装饰效果良好；④木材轻软易加工，加工工具简单。木材的缺点是：①构造不均匀，各向异性；②含水率变化时，构件易发生胀缩变形、翘曲或开裂；③木材是有机物，易燃、耐火性差，易遭腐朽或虫蛀；④天然瑕疵多，如木节、弯曲等。

（一）树木的分类

树木分为针叶树和阔叶树两大类。

针叶树树干通直高大，大多生长在寒冷雨水少的地方，其生长较快、纹理平顺、材质均匀、木质较软而易于加工，故又称软木材。针叶树强度较高，表观密度和胀缩变形较小，耐腐蚀性比阔叶树好。为土建工程中的主要用材，多用于承重结构构件及其他部件。常用的树种有杉、松、柏等。

阔叶树多数树种其树干通直部分较短，大多生长在温暖而又雨水充足的地方，且生长缓慢，材质坚硬、较难加工，故又称硬木材。阔叶树强度较高，胀缩变形大，容易翘曲开裂，不宜作承重构件。建筑上可作尺寸较小的构件，对于具有天然纹理的树种，特别适合做室内装修、家具及胶合板等。常用的树种有水曲柳、榆树、柞树、杨树、槐树等。

树木由树根、树干、树冠（枝和叶）组成，工程中所用木材主要取自于树干。木材的宏观构造可以从树干部分的三个基本切面：即横切面（垂直于树轴的面）、径切面（通过树轴的面）和弦切面（切于年轮而平行于树轴的面）来观察。

（二）木材的主要性质

1. 木材的物理性质

木材的物理性质有：密度、表观密度、变形和含水率等，其中尤以含水率的大小对木材性质影响最大。

（1）密度：木材的密度变化范围甚小，并与树种几乎无关，经测定，木材的平均密度为 $1.54 \sim 1.55 \mathrm{g/cm}^3$。

（2）表观密度：木材的表观密度随含水量的变化而变化。木材的空隙率很大（约 $50\% \sim 80\%$），所以绝大多数的木材表观密度都小于 1，平均在 $0.5 \mathrm{g/cm}^3$。木材的表观密度通常以 15% 的含水量为标准表观密度。

（3）含水率：木材的含水率是指木材中所含水的重量占干燥木材重量的百分数。含水率的大小对木材的性质影响很大。新伐木材的含水率在 35% 以上，风干木材的含水率为 15% ~ 25%，室内干燥木材的含水率通常为 8% ~ 15%。

木材所含的水分可分为自由水和吸附水两种。新采伐的或潮湿的木材，内部有大量的自由水和吸附水。在木材的干燥过程中，首先失去的是自由水，它的蒸发，并不影响木材的体积变化和力学性质。当自由水蒸发后，吸附水开始蒸发，它的蒸发速度缓慢，但它的失水将会影响木材体积和强度的变化。

当木材中仅含有吸附水，即细胞腔及细胞之间的自由水不存在的时候，这时木材的含水率称"纤维饱和点"。它的含量约25%～35%，常取平均值30%。它标志着木材干燥和受潮过程中，物理力学性质变化的转折点。

木材的含水率是随周围空气和相对温度和湿度而变化的。这种变化只有在木材含水量和周围空气中相对湿度平衡时才停止。此时的含水量称木材的"平衡含水量"。

（4）收缩和膨胀：木材具有明显的湿胀和干缩现象。当干燥木材吸收水分，木材体积膨胀，当木材达到纤维饱和点时，木材的膨胀率达到最大。

由于树种的不同和构造的不均匀性，木材的各向收缩或膨胀是不相同的。一般来说，木材沿树干的顺纹方向收缩最小，径向收缩次之，弦向收缩最大。木材的收缩和膨胀率大致相等。

木材的胀缩会产生裂纹或翘曲等变形，致使木结构的结合松弛或凸起，使强度降低。为了避免这种不利影响，最根本的措施是，在木材加工制作前预先将其进行干燥处理，使木材干燥至其含水率与将作成的木构件使用时所处环境的湿度相适应的平衡含水率。

2. 木材的强度和影响强度的因素

在建筑结构中，木材常用的强度有抗压、抗拉、抗弯和抗剪等强度。

（1）抗压强度

顺纹抗压强度是作用力方向与木材纤维方向一致时的强度。它是木材各种力学性质中的基本指标，也是最稳定的强度，这类受力形式在工程中应用最广泛，如柱、桩、斜撑、架中的承压杆件等。

横纹抗压强度为木材所受压力与纤维方向垂直时的强度。木材的横纹抗压强度较顺纹抗压强度低，通常约为顺纹抗压强度的10%～30%。

（2）抗拉强度

顺纹抗拉强度即作用力方向和木材纤维方向一致时的抗拉强度，以标准试件测得，木材顺纹的抗拉强度是各种强度的最高值，约为顺纹抗压强度的 2~3 倍。

横纹抗拉强度很小，仅相当于顺纹抗拉强度的 1/60~1/40，在实际工程中极少应用。

（3）抗剪强度

顺纹剪切是剪切力方向与纤维方向平行，此种剪力破坏，造成纤维间的连接被破坏。顺纹抗剪强度仅为顺纹抗压强度的 1/5 左右。横纹剪切是剪切力的方向与纤维方向垂直，它是顺纹剪切强度的 2/3 左右。横纹切断是剪切力方向的剪切面与木材纤维方向垂直，它的破坏是将纤维切断，因而强度较大，约为顺纹抗剪强度的 3~4 倍。

（4）抗弯强度

木材具有良好的抗弯性能，一般弯曲强度是顺纹抗压强度的 1.5~2 倍，这是木材的重要性质。在市政工程中得到广泛应用，如桁架、梁、桥梁等受弯构件。但木材中的木节、斜纹等疵病对抗弯影响很大，特别是在受拉区更为严重。因此，凡有纵向裂缝的木材是不能作为梁使用的。

（5）影响木材强度的主要因素

1）含水率的影响

木材含水率的大小，是影响木材强度的主要因素之一，特别是含水量在纤维饱和点以下时，木材的强度随含水率的增大而降低，为便于比较，我国标准规定以含水率为 15% 时的强度为标准，其他含水率时的强度可按经验公式换算。

2）温度的影响

温度升高或长期处于受热条件下，木材的力学强度会降低，脆性增加，主要原因是木材受热会缓慢炭化，颜色逐渐变暗褐，水分和挥发物蒸发，木纤维中的胶结物质处于脆性状态，从而使强度、弹性模量降低。

3）疵病对木材强度的影响

木材在生长、采伐和保存过程中，往往会存在不同程度的腐朽、树节、裂纹、斜纹等疵病。而木材强度试验时用的样品均采用无疵病的标准试件测得，因此试验强度总是高于木材实际强度。

4）荷载作用时间的影响

木材对长期荷载的抵抗力低于对瞬时荷载的抵抗能力。荷载持续时间越长，抵抗破坏的能力越低。木材在长期荷载作用下，能无期限负荷而不破坏的最大应力，称为木材的持久强度，其值一般为极限强度的 50% ~ 60%。

第八节　其他建筑材料

一、土工材料

（一）土工织物的类型

土工织物系应用于土木工程中的合成纤维织物的统称。合成纤维是制造土工织物的基本材料，其种类较多，性能有所不同，因此合成纤维性能直接关系着土工织物的性能。

我国土工织物以应用涤纶、丙纶纤维为主，其次是锦纶纤维。随着高分子化学工业的飞速发展，合成纤维新品种和高分子合成的新型材料均不断出现，这种新型材料已超越"织物"范畴，如：土工膜、土工格栅、土工网及其组合产品等。这些产品也相继在工程上得以应用，故而统称之"土工合成材料"。

（二）土工织物的基本功能

土工织物是一种多功能的材料，总体归纳可知有以下六大基本功能。

1. 滤层作用

土工织物不仅有良好的透水、透气性能，而且有较小的孔径，孔径又可根据土的颗粒情况在制作时加以调整，因此当水流垂直织物平面方向流过时，可使大部分土颗粒不被水流带走，起到了滤层作用。滤层作用是土工织物的主要功能，被广泛地应用于水利、铁路、公路、建筑等各项工程中，特别是水利工程中用作堤、坝基础或边坡反滤层已极为普遍。在砂石料紧缺的地区，用土工织物做反滤层，更显示出它的优越性。有纺织物与无纺织物均可作滤层材料，在一般强度要求不高的情况下，大部分均选用无纺织物作滤层。

2. 排水作用

土工织物中无纺织物是良好的透水材料，无论是织物的法向或水平向，均具有较好的排水能力，能将土体的水积聚到织物内部，形成一排水通道，排出土体。土工织物现已广泛应用于土坝、路基、挡土墙建筑以及软土基础排水固结等方面。

3. 隔离作用

将土工织物放在两种不同的材料之间或同一材料不同粒径之间以及土体表面与上部建筑结构之间，使其隔离开来。当受到外部荷载作用时，虽然材料受力互相挤压，而由于土工织物在中间隔开，不使互相混杂或流失，保持材料的整体结构和功能。隔离用的土工织物必须有较高的强度来承受外部荷载作用时而产生的应力，保证结构的整体性。土工织物隔离作用已广泛应用于铁路、公路路基、土石坝工程、软弱基础处理以及河道整治工程。

4. 加筋作用

土工织物可作为软弱地基的加固补强材料。由于土工织物具有较高的抗拉强度，将其埋置在土体中，可增强地基的承载能力，同时可改善土体的整体受力条件，提高整体强度和建筑结构的稳定性。较多地应用于软弱地基处理、陡坡、挡土墙等边坡稳定方面。

5. 防护作用

土工织物可以将比较集中的应力扩散开予以减小，也可由一种物体传递到另一物体，使应力分解，防止土体受外力作用破坏，起到对材料的防护作用。防护分两种情况，一是表面防护，即是将土工织物放置于土体表面，保护土体不受外力影响破坏。

二是内部接触面保护，即是将土工织物置于两种材料之间，当一种材料受集中应力作用时，而不使另一种材料破坏。主要应用于河道整治、护岸、护底工程，以及海岸防潮、道路坡面防护等工程方面。

6. 防渗作用

将土工织物表面涂一层树脂或橡胶等防水材料，也可将土工织物与塑料膜复合在一起形成不透水的防水材料即土工膜。目前土工膜已广泛应用于水利工程的堤、坝、水库中起防渗作用。同时也应用于渠道、污水池、房屋建筑、地下建筑物、环境工程等方面，作为防渗、防漏、防潮材料。

（三）土工织物的应用

土工织物是岩土工程的新型建筑材料，目前把土工合成材料看作是继钢材、水泥、木材之后的第四种新型材料。由于这一新型材料所具有的功能和特性，引起全国工程界的极大兴趣和重视，并广泛地应用于水利、电力、铁路、公路、海港、建筑、机场、围垦、环保、军事等各项工程中。

1. 经编复合土工布

经编复合土工布是以玻璃纤维为增强材料，通过与短纤针刺无纺布复合而成的新型土工材料。具有高抗拉强度、低延伸率、纵横向变形均匀、抗撕裂强度高、耐磨性能优良、透水性高、反滤性强等优点，是一种多功能的土工复合材料。可应用于堤坝加筋排水、防止地基变形、提高地基强度的稳定、加强边坡填土提高稳定性等工程。

2. 玻纤土工格栅

玻纤土工格栅是以玻璃纤维无碱无捻粗纱为主要原料，采用一定的纺织工艺制成的网状结构材料，为保护玻璃纤维，提高整体使用性能，经过特殊的涂复处理工艺而形成的新型土工基材。具有高的抗拉强度、低延伸率、很高的耐磨性和优异的耐寒性、热稳定性好、提高沥青混合料的承载能力等优点，可以防止反射裂缝、延长使用寿命、节约工程费用，广泛应用于路基路面加筋及防裂、新建及道路拓宽改建、旧水泥混凝土路面加铺沥青路面、旧沥青路面维修等工程。

二、玻璃纤维增强塑料夹砂管

以玻璃纤维及其制品为增强材料，以不饱和聚脂树脂、环氧树脂等为基体材料，以石英砂及碳酸钙等无机非金属颗粒材料为填料，按一定工艺方法制成的管道，简称RPM管。

（一）基本分类方法

根据产品的工艺方法、压力等级和管刚度等级进行分类分级。

工艺方法分为：定长缠绕工艺（Ⅰ）、离心浇筑工艺（Ⅱ）、连续缠绕工艺（Ⅲ）。

压力等级（PN）分为：0.1、0.6、1.0、1.6、2.0、2.5MPa。

管刚度等级（SN）分为：1250、2500、5000、10000N/m²。

（二）型号

一个完整的RPMP的型号表示方法见图3-4（本表示方法也使用于玻璃钢管）。

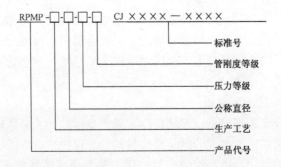

图3-4 玻璃纤维增强塑料夹砂管型号表示图

示例：采用定长缠绕工艺生产的、公称直径为1200mm，压力等级为 0.6MPa，管刚度为 5000N/m² 的玻璃纤维增强塑料夹砂管表示为：

RPMP-Ⅰ-1200-0.6-5000CJ/T ×××× - × × × ×

三、工程塑料管

塑料管的分类及特点：

（一）硬质聚氯乙烯塑料管

该管是以聚氯乙烯树脂为基料，加入辅剂，用双螺干机挤出成型，管件采用注塑工艺成型。其特点是：

1. 重量轻。是同尺寸钢管重量的 1/8～1/5；

2. 能耗低。生产能耗仅为钢材和铝材的 1/8～1/4；输水能耗只有铸铁管能耗的 50%；

3. 耐腐蚀性好。可耐多种酸、碱、盐等化学物质的侵蚀；

4. 电绝缘性能好。体积比电阻约为 10^{15}～$3 \times 10^{15}\Omega \cdot cm$，击穿电压达 23～28kV/mm，可作电线绝缘套管；

5. 导热性低。在低温下输送液体时，不易冻裂；

6. 许用应力在 10MPa 以上。安装、维修方便。

其缺点是机械强度只有钢管的 1/8；使用温度一般在 -15～65℃；膨胀系数较大，温度增加 1℃时每米管增长 0.059mm，因而安装过程中必须考虑温度补偿装置；此外刚性较差，相当于碳钢的 1/62。

该管适用于给水、灌溉、供气、排气、工矿业工艺管道，电线、电缆套管等。用作输送食品及饮用水时，必须对每根新管子进行卫生检验。

硬聚氯乙烯（UPVC）加筋管是一种新型的柔性排水管道，适用于管径 D600mm 以下的下水道工程施工。管道规格有 DN225、DN300、DN400 三种，管道长度有 3000mm 和 6000mm 两种。

（二）聚乙烯（PE）塑料管

聚乙烯塑料管是以高密度聚乙烯（HDPE）为主要原料，加入抗氧化剂、炭黑及色料等制造而成。

PE 管的特点是密度小、强度与重量比值高，脆化温度可达-80℃。由于其具有优良的抗低温性能和韧性，使其能抵抗车辆和机械振动、冻融及操作压力突然变化的破坏，因而它可利用盘管进行犁入或插入施工，施工方便、工程费用大大降低，并且由于管壁光滑，介质流动阻力小，输送介质的能耗低，还可以不受输送介质中液态烃的化学腐蚀。

PE 管、中、高密度管材适用于城市燃气和天然气管道。低密度管宜作饮用水管、电缆导管、农业喷洒管、泵站管道。聚乙烯管还可用于采矿业的供水、排水管和风管等。聚乙烯管用于输送液体、气体、食用介质及其他物品时，常温下使用压力为：低密度管 0.4MPa；高密度管为 0.8MPa。管材规格以外径命名，管径为 $DN5 \sim DN63$。管材拉伸强度大于等于 8MPa。

（三）聚丙烯（PP）塑料管

聚丙烯塑料管是由丙烯—乙烯共聚物加入稳定剂，经挤出成型而成。PP 管表面硬度高、表面光滑，流体阻力小，使用温度范围为 100℃以下。PP 管虽表面硬度高，使用仍需防止擦伤，在装运和施工过程中仍应防止与坚硬的物体接触，更要避免碰撞。

聚丙烯管多用作化学废液的排放、盐水管道，并由于其材质轻、吸水性差以及耐土壤腐蚀，常用于农田灌溉、水处理及农村供水系统。由于 PP 管具有坚硬、耐热、防腐、使用寿命在 50 年以上和价廉等特点，将小口径 PP 管按房屋温度梯度差别埋在地坪混凝土内，管内水的温度在 65℃以下，可将地面温度加热到 $26 \sim 28$℃，与一般暖气设备相比可节约能耗 20%。

聚丙烯管以热熔连接为最可靠。可卸接口则一般采用螺丝连接。熔接方法与聚乙烯管热熔连接相同。

（四）ABS 管

ABS 即为丙烯腈—丁二烯—苯乙烯塑料共聚物。它综合了丙烯腈、丁二烯、苯乙烯各组分的特点，通过不同的配方，可以满足制品性能的多种要求，以满足使用的需要。

ABS 管的性能，一是质量轻；二是有较高的耐冲击强度和表面硬度，并且在 -40~100℃ 范围内仍能保持韧性、坚固性和刚度；三是不受电腐蚀和土壤腐蚀；四是表面光滑，具有优良的抗沉积性，并能保持热量，不使油污固化、结渣和堵塞管道；五是在受到高的屈服应变时，能回复到原尺寸而不损坏。有极高的韧性，能避免严寒天气条件下装卸运输的损坏。因此 ABS 管适用于工作温度较高的管道，并常用作卫生洁具下水管、输气管、排污管、地下电气导管、高腐蚀工业管道，适用于地埋管线并可取代不锈钢管和钢管等管材。使用温度宜在 90℃ 以下。

ABS 管可采用胶粘连接。在与其他管道连接时，可用螺纹、法兰等接口。但由于 ABS 管不能进行螺纹切削，因而螺纹连接应采用注塑螺纹管件。

由于 ABS 管传热性差，当受阳光照射受热时会使管道向上弯曲，热源消失时又复原。所以在 ABS 管中配料时应添加炭黑，并避免阳光长期照射，此外架设管路时，应注意管道支撑并增加固定支撑点。

（五）聚丁烯（PB）塑料管

聚丁烯塑料管最大的特点是具有独特的抗蠕变（冷变形）的性能。当抗拉强度在屈服极限以上时，能阻止变形，因而这种管材受荷不易破坏，反复绞缠而不折断，并具有突出的耐磨损性。PB 管的许用应力为 8MPa，弹性模量为 50MPa，使用温度在 95℃ 以下。适用于地下埋设管道、给水管、热水管、冷水管及燃气管道等。正常使用寿命为 50 年。聚丁烯管可采用热熔连接，其连接方法与聚乙烯管相同。

（六）玻璃钢（FRP）管

FRP 管具有强度高、质量轻、耐腐蚀、介质输送阻力小、运输方便、安装检修方便、施工工效高等优点。

玻璃钢管适用于石油化工管道和大口径给、排水管。国外已广泛应用大口径玻璃钢管作为给水管，代替铸铁管和预应力钢筋混凝土管。

（七）复合塑料管

目前复合塑料管主要有：热固性树脂玻璃钢复合热塑性塑料管材，热固性树脂玻璃钢与热固性塑料管的复合管材，不同品种热塑性塑料的双层、多层复合管材，以及与金属复合的管材等。如美、德等国正在大力发展的硬质 PVC 双壁波纹管。它具有环形中空结构，它与同一规格的普通硬质 PVC 管相比，原材料可节省 50%，而各项性能保持不变，具有质轻、连接方便、成本低、生产效率高等特点。

PVC 发泡共挤出复合管材也是美国近年来开发的新产品。与普通 PVC 管相比，具有质轻、隔声、防震、保温、价廉等优点。

第四章　市政工程测量

第一节　概　　论

所谓土建工程，可粗浅地理解为"在正确的位置，放正确的东西"，道路、桥梁以及管道等莫不如此。东西正确与否是由施工、质检等部门进行控制的；而位置的确定则就是测量人员的工作了。从规划设计直至竣工验收，测量定位的工作实际上贯穿了土建工程的始终，其重要性自然不言而喻。

一、市政工程测量的任务和作用

由此可知测量的根本任务就是定位，而测量学的准确定义：一门研究地球形状和大小以及如何测定地球表面自然及人工物体的相对位置，将地形及其他信息测绘成图，为人们了解自然、和用和改造自然服务的科学。

测量学的分支有大地测量学、地形测量学、工程测量学、摄影测量学、海洋测量学等等。其中研究城市建设、厂矿建筑、水利水电、铁路公路、桥梁隧道等工程建设在勘测设计、施工和管理阶段所进行的各种测量工作的学科，称为工程测量学。其任务是建立工程控制网、地形测绘、施工放祥、设备安装测量、竣工测量、变形观测等。

本章的侧重点是介绍工程测量学的基础知识及培养市政工程施工人员正确的测量思维方式，兼顾简单的工程应用，对测量学其他分支的基本知识亦作简单介绍。希望读者不仅在理论上有所收获，更要在解决工程实际问题能力上获得突破，达到理论与实践相结合之目的。

二、地面点位的确定

我们所处的空间是三维空间，在此空间中描述任意一点的位置都必须要有一个参照系并用三个参数确定其位置，如数学上可假设一个直角坐标系，以（X，Y，Z）三个参数来确定位置。同样，测量也需要参照系与三参数。

（一）地面点位的参照系

根据测量的定义我们可以知道，测量的参照系应是地球表面。那么地球表面究竟是什么形状呢？众所周知实际的地表既不规则也不光滑，以此作为参照系明显不可能。因此有必要对其简化并加以抽象，使其可用相应的物理或几何公式来表达，一般有如下（图4-1）简化层次：

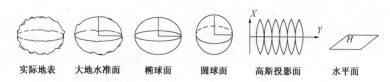

| 实际地表 | 大地水准面 | 椭球面 | 圆球面 | 高斯投影面 | 水平面 |

图4-1 地球表面模型简化层次

可以看出地球表面模型是从不规则简化到规则；从曲面最终简化到平面。根据不同的测量精度需要我们可选用从大地水准面至水平面的不同参照系。市政工程测量所用的主要就是大地水准面与水平面这两个。

自由静止的水表面叫做水准面，其中与静止状态的平均海水面相吻合的称为大地水准面，它是一个处处与铅垂线方向垂直的曲面。由于地球内部质量分布不均匀，引起铅垂线（重力线）方向不规则变化，致使大地水准面也是一个不规则的曲面。

（二）工程测量中确定点位的三参数、三要素。

1. 平面直角坐标（x，y）

地表上点位如以（椭）球面为参照系通常是用经度和纬度

来表示，称为该点的地理坐标。地理坐标在大地测量和地图制图中经常用到，而在小区域的工程测量中则用平面直角坐标来表示地面点的平面位置。也就是以水平面为参照系建立坐标系统来确定点的平面位置。

如图4-2所示，在水平面上设立直角坐标系。测量学规定纵坐标为 X，其上方为正，指向北，下方为负，指向南；横坐标为 Y，其右方为正，指向东，左方为负，指向西；原点为 O，其象限编号如图中的罗马数字所示。一般城市的坐标原点会选在市中心，如上海地区的坐标原点就是国际饭店楼顶旗杆。市内任一点 M 沿铅垂线投影到平面直角坐标系上得 M 点，M 点至纵坐标轴的垂直距离 x_M 至横坐标轴垂直距离 y_M 就反映了该点的平面位置。

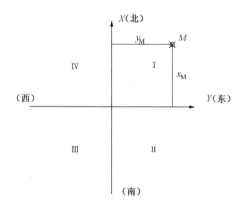

图4-2　直角坐标系示意图

但是，如果要在工程应用中直接在实地上量出坐标 x 与 y 明显是不现实的，我们通常是通过测定水平距离与水平角来计算坐标的。

2. 点的高程（H）

要确定一个点的空间位置，尚需确定该点的高程。地面点到大地水准面的铅垂距离称为该点的绝对高程，简称高程（地理学上称海拔，土建工程上亦称标高），用 H 加点名作下标表示。如图 4-3 中 A、B 两点的绝对高程分别为 H_A、H_B。大地水准面即为高程（H）的参照（基准）面，自 1987 年起，我国采用以青岛验潮站 1952～1979 年验潮资料计算确定的黄海平均海水面作为高程的基准面，称为"1985 国家高程基准"，据此计算地面点的高程。水准原点设在青岛，其高程为 72.260m。如在局部地区引用绝对高程有困难时，为了工作的方便可用一个假定水准面作为参照（基准）面。该点到这个假定水准面的铅垂距离称为该点的相对高程或假定高程。图 4-3 中的 H_A'、H_B' 分别为 A、B 两点的假定高程。两个地面点之间的高程差，称为高差，用 h_{AB} 表示。表示 B 点对 A 点的高程差。

如图所示 B 点相对于 A 点的高差为

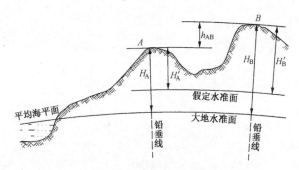

图 4-3　点的高程示意图

$$h_{AB} = H_B - H_A = H_B' - H_A' \tag{4-1}$$

由此可见，高差的大小与高程起算面无关，且可用测量仪器，如水准仪等精确测定。

综上所述，工程测量确定一个点的空间位置，必须确定这个点在直角坐标平面上投影点的坐标值（x、y）与其绝对（或相对）高程（H）这三个参数。而此三参数则是通过测定水平距离

D、水平角 β 以及高差 h 这三个要素来计算出的。

（三）市政工程测量参照系的应用限度

参照系简化的副作用就是失真，失真一旦超出可容许的误差限度则导致成果错误。因此简化后参照系的应用是有限度的。

1. 地球曲率对水平角度的影响 ε

当 $A = 10\mathrm{km}^2$ 时　　$\varepsilon = 0.05''$

当 $A = 100\mathrm{km}^2$ 时　　$\varepsilon = 0.51''$

2. 地球曲率对水平距离的影响 ΔS

如图 4-4 所示，设 A、B 是水准面上的两点，弧长为 S，所对圆心角为 θ。过 A 点作水平面，则 AB 在水平面上距离为 D，两者之差 $\Delta S = D - S$ 即为地球曲率对水平距离的影响，也就是曲率误差。

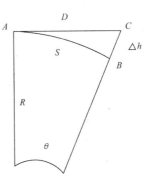

图 4-4　地球曲率对
水平距离的影响

$$S = 10\mathrm{km}\text{ 时}, \quad \Delta S = 0.82\mathrm{cm}, \quad \frac{\Delta S}{S} = \frac{1}{1220000}$$

$$S = 25\mathrm{km}\text{ 时}, \quad \Delta S = 12.83\mathrm{cm}, \quad \frac{\Delta S}{S} = \frac{1}{195000}$$

$$S = 50\mathrm{km}\text{ 时}, \quad \Delta S = 821\mathrm{cm}, \quad \frac{\Delta S}{S} = \frac{1}{48700}$$

而现代最精密的距离测量的容许误差为其长度的 1/l000000。所以在半径为 10km 的范围内可不考虑地球曲率对水平距离的影响。

以上两项分析说明：方圆 10km 范围内，水平角与水平距离测量可不考虑地球曲率的影响。在精度要求不高的情况下，这个范围限度还可相应扩大。

3. 地球曲率对高程的影响 Δh

在图 4-4 可看出，A、B 两点位于同一水准面上，其高程应相等。但 B 点投影到水平面上为 C 点，$BC = \Delta h$，即为地球曲率对高程的影响。

$$S = 0.1 \text{km} \text{ 时}, \quad \Delta h = 0.78 \text{mm}$$
$$S = 1 \text{km} \text{ 时}, \quad \Delta h = 78 \text{mm}$$
$$S = 10 \text{km} \text{ 时}, \quad \Delta h = 7.8 \text{mm}$$

以上数据表明，对高程而言，即使距离很短，地球曲率对其影响仍然极大。

因此高程测量不能以水平面而要以（大地）水准面作为参照系。

三、测量工作的原则与程序

测量工作要求以最短的时间、最少的人力、最省的经费获得符合质量标准的成果。为此除了掌握测量的理论、仪器和方法外，还要求具备计划与组织工作的能力，提出优化的施测方案。

在实际测量工作中，为了防止测量误差的积累，要遵循的基本组织原则是在布局上要"从整体到局部"；在程序上要"先控制后碎部"；在精度上要"由高级到低级"。例如，我们需要测绘表示某地区的地形图，该地区分布有房屋、道路、河流、桥梁等内容，其地物轮廓点与地貌特征点统称为碎部点（如图 4-5 中的 $1 \sim n$ 点），那么决不能一开始就在地面上测量这些碎部点，而必须首先在测区建立基本骨干，利用这些骨干就可将测量的碎部点彼此连接成一个严密的整体。因此，组织测量工作应该分两步进行。首先，要在测区选定少数点位（如图 4-5 中的 A、B、C、D 点），用精密仪器和较精确的方法来测定它们的相对位置，作为测区的骨干，这些骨干点称为控制点，测定它们相对位置的工作称为控制测量。控制测量是全局性的较精密的测量工作，在范围较大的测区，还要按照不同的精度要求，由高级到低级逐级进行（图 4-6）。

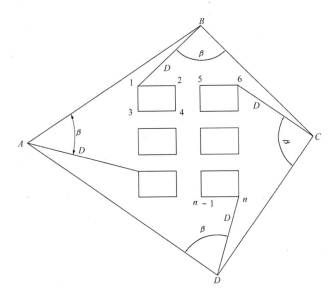

图 4-5　测量程序

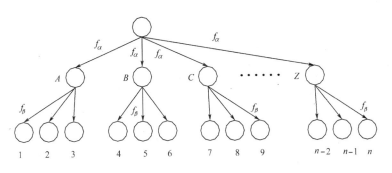

图 4-6　控制测量

其次，在控制点的基础上，进行下一步的详细测量工作。如以控制点位为依据，测定各自附近的碎部点称碎部测量（如图 4-6，依据 A、B、C、D 等点通过测定它们与碎部点之间的水平距离 D 与 β 从而可确定 $1 \sim n$ 点），而以控制点位为依据，分别将图上设计的建筑物位置，测设到实地上去，称为施工放样。由于控制点位精度较高且误差的大小和传递范围受到控制，整个测区的精度就能均匀和统一。

第二节　距离丈量及直线定向

一、距离丈量的一般方法

（一）丈量工具

1. 钢尺

在测绘地形图和建筑施工中丈量点位间的水平距离最常用的工具是钢尺，它用于较高精度的量距，是用高碳钢制成的带状尺，宽 10～25mm，厚约 0.4～0.6mm，其长度有 20m、30m、50m 等几种。钢尺的最小分划为毫米，有些尺的零端还注明标准温度和标准拉力等。

由于钢尺零点的位置不同，可分为端点尺和刻线尺两种；端点尺是以尺的最外端点作为尺长的零点。刻线尺是刻在钢尺前端有一横线作为尺长的零点。使用时应特别注意钢尺零点的位置，以免发生错误。

2. 皮尺

皮尺是用麻布织入金属丝制成，伸缩性较大。只能用于较低精度的量距工作。皮尺有 20m、30m、50m 三种，全尺刻划到厘米。

此外，量距中还有花杆和测钎等工具。花杆用来标定直线的方向，测钎用来标记所量尺段的起、终点和计算已量的尺段数。

（二）丈量步骤

1. 定线

如果地面两点之间的距离较长，大于一个整尺的长度，这时就要分若干个尺段进行丈量，各个尺段的端点必须在同一直线上。标定各尺段端点在同一直线上的工作，叫直线定线。直线定线的方法，按精度要求，分为目估定线法和经纬仪定线法。

（1）目估定线法

如图4-7所示，A、B为地面两点，一般用打入地面的木桩顶上的小铁钉表示点位，在其上立标杆后可互相通视，一测量员立于A点标杆后面1~2m处。用一只眼睛瞄准B点的标杆，使视线与两标杆的边缘相切，另一测量员手持标杆由B走向A到略短于一个整尺段长的地方，按照A点测量员的指挥，左右移动标杆，直到标杆位于方向线上时，插下标杆得出图中1点的位置。用同样的方法，在BA方向上，可依次定出2，3，…，n点。定线时应注意使标杆竖直，以提高定线的精度。

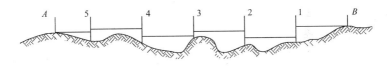

图4-7　目估定线法

（2）经纬仪定线法

一测量员在A点安置经纬仪，用望远镜瞄准B点上所插的测钎，固定照准部，另一测量员在距B点略短于一个整尺段长度的地方，按照观测者的指挥，左右移动测钎，当测钎与望远镜十字丝竖丝重合时，插下测钎，得1点。用同样方法可以在BA方向线上依次标定出2，3，…，n点。在定线过程中应注意，当瞄准B点后，经纬仪水平制动和微动螺旋均不能碰动，而望远镜可根据定线的需要，在竖直方向上转动。

2. 丈量

丈量工作一般由两人担任，后尺手站在A点，手持钢尺的零端，前尺手拿尺盒，沿丈量方向前进，走到一整尺段处，按定线时标出的直线方向，将钢尺拉紧，拉平并保持稳定后，后尺手将钢尺零点对准A点点位标志中心即喊"好"，此时，前尺手把测钎对准尺末端整尺段长的刻划线，垂直地将其插在地面上，则得 1 点。这样就量得了 A—1 的水平距离。用同样的方法，依次丈量下去，直到最后量出不足整尺的余长（零尺段）q 为止（如图 4-8 表示）。这时后尺手手中收到的测钎数 n，等于量过的整尺段数，于是 AB 的水平距离总长 D 为

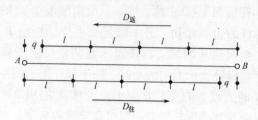

图 4-8　丈量过程示意图

$$D = nl + q \qquad (4-2)$$

式中　　l——整尺段长度；

　　　　n——整尺段数；

　　　　q——零尺段长。

应及时将上述观测结果记录在表格中。

为了及时发现错误，提高和评定成果的精度，还要用上述方法由 B 出发向 A 再丈量一次。这两次丈量构成一个往返测得数据 $D_{往}$ 与 $D_{返}$。

3. 成果计算

$$\overline{D} = \frac{D_{往} + D_{返}}{2} \qquad (4-3)$$

然后，用下述公式计算该段水平距离的相对误差

$$K = \frac{|D_{往} - D_{返}|}{\overline{D}} \qquad (4-4)$$

若算得的相对误差，在规范给定范围内（图根测量为 $\frac{1}{3000}$），则取往、返测的平均值为该两点间水平距离的最后结果。

二、电磁波测距原理简介

随着现代光学、电子学的发展和各种新颖光源（激光、红外光等）的出现，电磁波测距技术得到了迅速发展，出现了激光、红外光和其他光源为载波的光电测距仪以及用微波为载波的微波测距仪。因为光波和微波都属于电磁波范畴。故又把这类测距仪统称为电磁波测距仪。而目前工程上应用最广的为激光测距仪和红外光电测距仪。由于它们在工程上应用广、精度高，使用时省时、省力，故很受欢迎。虽然在国内外市场上这类测距仪品种繁多，更新换代快，但从测距原理来说，只有计时脉冲法和相位法两种。

（一）测距原理

1. 计时脉冲法测距原理

设 AB 两点间的距离为 D，光线从 A 点发射至 B 点再反射回到 A 所用时间（渡越时间）为 t，光速为 c，则 AB 两点间的距离可按下式计算：

$$D = \frac{1}{2}ct \qquad (4-5)$$

上式是计时脉冲法测距所依相的最基本的数学模型。由于 1mm 距离所相应的渡越时间为 $6.67\mu s$，故对测定渡越时间精确性的要求相当苛刻，此外，还要精密地确定大气条件下的综合折射率等参数，才能获得较为准确的光速。这给精密的计时脉冲法测距仪的设计和制造带来困难。因此，市场上计时脉冲法的产品多为 cm 精度范围的。

2. 相位法测距原理

由物理学得知，若调制光波的频率为 f，光波由 A 点出发到 B 点反射后回到 A 的相位移为 ϕ，则渡越时间 t 为

$$t = \frac{\phi}{2\pi f} \qquad (4-6)$$

将式（4-6）代入式（4-5）则 AB 两点间的距离 D 为

$$D = \frac{c}{2} \cdot \frac{\phi}{2\pi f} \qquad (4-7)$$

由式（4-7）可以看出，我们可以不直接测定渡越时间而测定相位移 φ 来计算两点间距离。式（4-7）是相位法测距所依据的基本数学模型。这类测距仪要具有高的测距精度，除了必须有高分解力的测相器外，还必须要有准确的调制频率和大气条件下的综合折射率。目前市场上这类产品很多，且用两个（或多个）调制频率，一为粗测频率，一为精测频率，用粗测频率保证测程，而用精测频率保证测距精度。计算距离的工作，可由仪器自动完成。

（二）电磁波测距仪的结构与分类

1. 结构

电磁波测距仪虽然型号繁多，更新换代周期短，但就其基本结构来说，可分为五部分：

（1）照准头：其内装有发射光学系统和接收光学系统。

（2）控制器：内有电子线路、测相器等。

（3）反射镜：一台测距仪配有多组反射棱镜，它们不仅能使照准头发射的光线反射回去，而且还可以作为测量水平方向和竖直角的照准目标。当测程较短时，只用单个反射镜。当测程较长时可选用多块反射镜。

（4）电池组：蓄电池组是测距仪的供电电源，常用的为镍镉（氢）或锂电池组。但应注意其充放电的规定，以延长其使用寿命。

（5）其他附件：温度计、气压计及三脚架、加长杆、充电器等等。

2. 按结构形式分类：

（1）分离式：这类测距仪照准头和控制显示部分相分离一般将照准头安置于经纬仪或基座上，而控制显示部分则放在地上，两部分间用电缆连接。

（2）组合式：这类测距仪和经纬仪不是一个整体，作业时将各部件组合起来，安置在三脚架上测量，作业结束后分开放置。

（3）整体式：这类仪器将发射、接收和控制显示系统，甚至将测角系统制作成一个整体，安置在三脚架上作业。因其在通视的情况下在同一测站上能同时测定角度、距离与高差，故也称为全站仪（Total Station）。

（三）使用注意事项

1. 切不可将照准头对准太阳，以免损坏接收光学系统。

2. 测量结束后要卸出电池。

3. 测线上和镜站附近不应有障碍物。

4. 测线应避开强电磁场的干扰，如高压线等。

5. 光电测距仪应定期进行检测校正，便于减小误差对测量成果的影响。

三、直线定向与方位角的推算

（一）直线方向及方位角

确定地面上两点的相对位置，除应知道两点的水平距离之外，还须确定直线与基本方向之间的夹角。确定直线与基本方向之间的角度关系，称为直线定向。

1. 基本方向分类

（1）真子午线（真北）——方向过地面上某点并指向地球南北极的方向，须通过天文观测的方法测定。

（2）磁子午线（磁北）——方向磁针自由静止时，磁针轴线所指的方向（磁南北方向），可用罗盘仪测定。

（3）坐标纵轴（坐标北）方向——在测量工作中，通常采用平面直角坐标确定地面点的位置，因此，取坐标纵轴（x 轴）作为直线定向的基本方向。

2. 直线方向的表示方法

（1）方位角

从某直线起点基本方向的北端起，顺时针方向量到该直线的夹角，称为该直线的方位角（图4-9），角值范围0°~360°。

（2）正反方向角

在小地区内或在同一投影带内（即参照系为水平面）。坐标纵轴方向是相互平行的，因此正反坐标方位角之间正好相差180°，如图4-9所示。即

$$\alpha_{BA} = \alpha_{AB} + 180° \tag{4-8}$$

（二）象限角

从基本方向的北端或南端起，顺时针或逆时针方向量至某直线的锐角，并标注出象限名，称为象限角（图4-10）。角值范围0°~90°，用 R 表示。例如：南西（SW）35°29′36″、西北（NW）70°21′12″等。

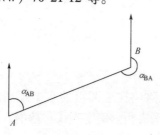

图4-9　正反方向角

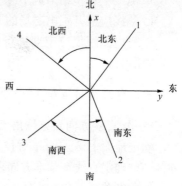

图4-10　象限角

（三）坐标方位角与象限角的关系

在计算工作中，有时要把坐标方位角换算成象限角或反向换算。它们之间的关系，可根据直线在所属的象限位置来确定，其关系列于表4-1。

坐标方位角与象限角的关系表　　　　　　表4-1

直线所在象限	象限角 R 推算方位角 α	方位角 α 推算象限角 R
Ⅰ（北东 NE）	$\alpha = R$	$R = \alpha$
Ⅱ（南东 SE）	$\alpha = 180° - R$	$R = 180° - \alpha$
Ⅲ（南西 SW）	$\alpha = 180° + R$	$R = \alpha - 180°$
Ⅳ（北西 NW）	$\alpha = 360° - R$	$R = 360° - \alpha$

第三节　角度测量

一、角度测量原理和经纬仪基本构造

（一）水平角、竖直角测角原理

从绪论中知道，为了测定地面点的平面位置，需要进行角度测量。角度测量是测量的基本工作之一，而角度又分为水平角和竖直角两种。

地面上某点到两目标的方向线垂直投影在水平面上所成的角称为水平角。如图 4-11，A、O、B 是地面上任意三点，通过 OA 和 OB 分别作两个竖直面，将它们投影到水平面 H 上，得 O_1A_1 和 O_1B_1，则 $\angle A_1O_1B_1$ 就是 OA 与 OB 之间的水平角 β。也就是说，水平角 β 即为过直线 OA 与 OB 两个竖直面所夹的两面角。为了度量水平角 β 的大小，可在角顶 O 的铅垂线 OO_1 上任一点安置一个具有刻划的度盘，使度盘圆心 O 正好位于 OO_1 铅垂线上，并调整度盘至水平，则 OA 与 OB 在水平度盘上的投影 oa 和 ob 所夹的角 $\angle aob$ 即为水平角 β。其角值可由水平度盘上两个相应读数之差求得。如图 4-11 所示：

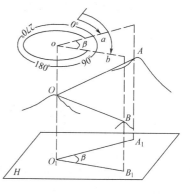

图 4-11　水平角测角原理示意图

$$\beta = b - a \qquad (4-9)$$

测站点至观测目标的视线与水平线的夹角称为竖直角，又称高度角、垂直角，用 α 表示，如图 4-12。竖直角是由水平线起算的角度，视线在水平线以上者为正，称仰角，如 α_1，视线在水平线以下者为负，称俯角，如 α_2，其角值范围 0°~90°。另外，测量上也常用视线与铅垂线的夹角来表示，称为天顶距 Z，范围为 $0° \sim 180°$，没有负值。

显然，同一方向线的天顶距和竖直角之和等于 $90°$，即

$$\alpha = 90° - Z \quad (4\text{-}10)$$

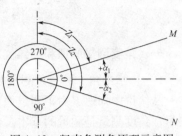

图 4-12　竖直角测角原理示意图

由此可见，为进行水平角和竖直角测量的仪器，必须具备以下装置：能将其圆心安置在角顶点铅垂线上的水平度盘；一个能随望远镜上下转动的竖直度盘；以及在度盘上读取读数的设备，而经纬仪便是满足以上要求的一种仪器。

（二）光学经纬仪构造（图 4-13）

1. 基座

通过连接螺旋将基座连接在三脚架架头上，基座中央为轴套，水平度盘的外轴插入轴套后，旋紧轴座固定螺旋，则经纬仪上部与基座固连。使用仪器时，切勿放松这一固定螺旋。否则，外轴和水平度盘会随照准部转动，甚至造成事故。

2. 水平度盘部分

这部分包括有水平度盘、度盘变换手轮和外轴等。

水平度盘用光学玻璃制成，在度盘上依顺时针方向到注有 $0° \sim 360°$ 的分划线，相邻两分划线所夹的圆心角，称为度盘的分划值。一般仪器水平度盘的分划值为 $1°$。

水平度盘的变换手轮，是用来转动水平度盘的。观测时，扳下保险手柄，按下手轮并旋转它，将水平度盘转至所需的度数，随即将保险手柄扳上，以防止水平度盘转动。

外轴是一个空心的旋转轴，它与水平度盘固连。制造上要求水平度盘面与外轴的几何中心线正交，而且外轴中心线应通过度盘的中心。

3. 照准部

经纬仪基座以上部分能绕竖轴旋转的整体，称为经纬仪的照

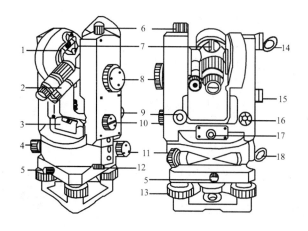

图 4-13　光学经纬仪构造

1—望远镜反光手轮；2—读数显微镜；3—照准部水准管；
4—照准部制动螺旋；5—轴座固定螺旋；6—望远镜制动螺旋；
7—光学瞄准器；8—测微轮；9—望远镜微动螺旋；10—换像手轮；
11—照准部微动螺旋；12—水平度盘变换手轮；13—脚螺旋；
14—竖盘反光镜；15—竖盘指标水准管观察镜；
16—竖盘指标水准管微动螺旋；17—光学对中器目镜；
18—水平度盘反光镜

准部。它包括内轴、水准管、支架、望远镜、横轴、竖盘及水准
管、读数设备及其光路系统和光学对中器。

照准部水准管用于整平仪器。水准管分划值一般为
$30''/2mm$。

望远镜为内对光式，与水准仪的望远镜大致相同。望远镜固
定在它的旋转轴上，旋转轴则安装在照准部的支架上。望远镜可
绕其旋转轴旋转，当各部分关系正确时，它的视准轴在空间可旋
转成一个竖直面。望远镜装配有制动和微动螺旋。

望远镜的放大倍数一般为 26 倍，物镜有效孔径为 35mm。

望远镜旋转轴的几何中心线，称为横轴或水平轴。

竖直度盘，亦为光学玻璃制成，用于量测竖直角。

光学对中器（亦称对点器）供仪器对准测站点之用。

（三）电子经纬仪构造

自从 1968 年世界上出现第一台电子经纬仪 Reg Elta14（原西德 Opton 厂研制），经过 30 多年的不断发展和改进，目前的电子经纬仪已日臻完善。图 4-14 为国产南方测绘 2″级电子经纬仪。与传统的光学经纬仪相比，电子经纬仪采用了光电测角方法，在精度上超过了光学经纬仪。在数据自动获取和处理上，光学经纬仪是无法与之相比拟的。可以断言，电子经纬仪将逐渐取代光学经纬仪。电子经纬仪的主要特点是：

（1）直观的液晶显示，自动记录测量数据。不但可以减少读数误差，且可避免记簿时的差错。

图 4-14　电子经纬仪

（2）电子经纬仪中的微处理机可以自动地进行各种归算改正。

（3）通过接口设备可将电子手簿记录的数据输入计算机，以进行数据处理和绘图。

电子经纬仪的光电测角方法有两种：编码法、增量法。现分别介绍如下。

编码法测角采用的是编码度盘，即将度盘设置成透光和不透光区。图 4-15（a）为一个有 4 个码道的编码度盘（每个圆环称为一个码道）。度盘的整个圆周被分为 16 个区间、每个区间的角值相应为 $360°/16 = 22.5°$。在度盘的上方按径向设置一排发光二极管作为光源，构成光源阵列。对应地在下方设置一排光电二极管作为接收光源并转换成电流输出，构成信号探测阵列。令光电二极管接收到光源并输出电流的信号为 0，反之为 1，则望远镜照准方向落在度盘的不同区间。信号探测阵列将输出不同的一组二进制数字，每组二进制数均表示度盘的一个位置。图 4-15（b）为条码编码度盘。水平度盘上的由类似条形码的编码线构成。度盘角度编码信息由一线性 CCD 阵列和一个 8 位的 A/D 转换器读出。在实际角度测量过程中，单次测量大约包括 60 条编码线，因此通过取平均和内插的方法可以进一步提高角度的测量精度。

增量法测角采用的是光栅度盘，即在度盘的刻度圈上用明暗相间的等间隔条纹代替分划线（图 4-15（c））。在度盘一侧安放一个宽度与条纹间隔相同的光电接收器，而在另一侧用光源照明，那么，当度盘按一定方向相对于光电接收器转动时，接收器上将产生呈周期性变化的光电流，将其转化为脉冲信号并由计数器计数，可测出度盘转动的角值。这种利用累计脉冲数来测角的

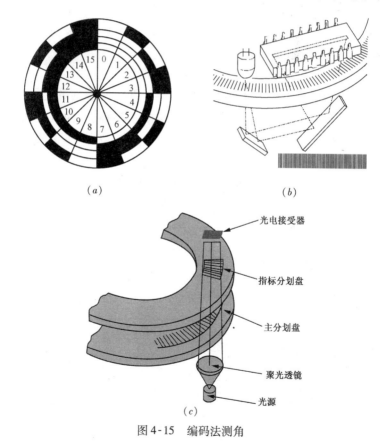

（a）　　　　　　　　　　（b）

光电接受器

指标分划盘

主分划盘

聚光透镜

光源

（c）

图 4-15　编码法测角

方法称为增量法。增量法只能测定度盘转动的角度，而不能测定度盘的绝对位置，故又称相对测角法。但其缺点为一旦断电后，重新启动后不能连续测量。

二、经纬仪的安置与读数

（一）经纬仪安置

1. 架设仪器

在待测角顶点正上方安置脚架，架头高度齐胸且大致水平，三脚大致呈等边三角形。安装仪器后将脚架踩入土中（图4-16）。

2. 对中、整平

（1）查看光学对中器，调节脚螺旋，使其十字丝交点与地面点重合（偏差应小于1mm）。

（2）升降三脚架中的两脚，使圆水准器气泡居中。

（3）转动照准部使其水准管平行于两个脚螺旋的连线，如图4-17。两手同时对向或反向旋转这两个脚螺旋，使气泡居中（气泡移动方向与左手大拇指转动方向一致）。将照准部绕竖轴转90°，使水准管垂直于原来两个脚螺旋的连线。转动第3个脚螺旋使气泡居中。按上述两步骤反复进行，直至在两位置气泡均居中为止（气泡偏离小于半格）。

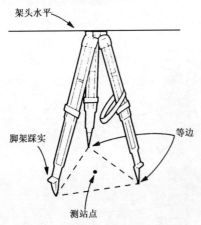

图4-16　经纬仪的架设

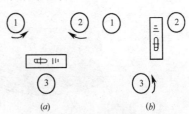

图4-17　经纬仪的对中与整平

（4）再次检查光学对中器，如地面点位偏离，则松开连接螺旋，在架头上移动仪器以对准地面点位。

（5）如果水准管气泡因此又偏离，则（3）、（4）步聚反复进行，直至对中、整平同时满足要求。

3. 照准与调焦

用望远镜照准目标，包括目镜对光、物镜对光和瞄准等项基本操作。

（1）目镜对光：将望远镜对向明亮的背景（如天空），旋转目镜环使十字丝的分划清晰。

（2）初步照准目标和物镜对光：放松照准部及望远镜的制动螺旋，转动仪器由望远镜的照门和准星（或瞄准器）瞄准目标，在望远镜内看到测点目标后，制动（即旋紧制动螺旋）照准部及望远镜。转动望远镜对光环，使目标影像清晰，并检查和消除视差。

（3）精确照准目标：调节照准部和望远镜的微动螺旋，使十字丝准确瞄准目标。

照准目标时要用十字丝的中央部位。如观测水平角，可视目标影像的大小情况，将目标影像夹在双纵丝的中间位置，或用单纵丝与目标重合，如图4-18。为减少目标倾斜对水平角的影响，如图4-18（b）、（c）的情况，应尽可能照准目标底部。如用垂球线作为瞄准的目标，应注意使垂球尖准确对正测点，并照准垂球线的上部，如图4-18（a）。

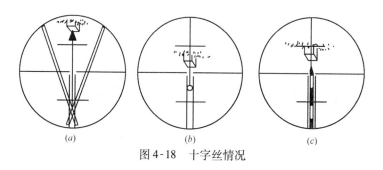

（a）   （b）   （c）

图4-18　十字丝情况

（二）读数

现以分微尺型 J_6 的仪器为例介绍读数方法。分微尺是用来读取度盘不满 1° 的余数的光学设备，如同一把尺子，全长等于度投影像 1° 的间隔长，并等分为 60 个小格，每一小格的读数值为 1′，可估读至 0.1′。分微尺自 0 起，每 10 小格注记 1，2，…，6 等数字，即为 0′，10′，20′，…，60′。

读数方法：读数前应调整好反光镜，使读数窗照明均匀（明亮而不刺目）。然后调整读数目镜，看清读数窗内的分划，注意消除视差。读数时，以分微尺的 0 分划线作为指标线，在度盘分划影像上按由小到大的顺序读出整度数，再以所读度数的分划线为准，在分微尺上读出不足 1° 的读数，两者之和即为全读数。

如图 4-19 中，水平度盘分划 115° 线在分微尺的 0~6 分划线之间，故水平度盘的读数为 115°。不足 1° 的余数，为自分微尺 0 分划线量至度盘 115° 分划线的一段长度，可用 115° 分划线为指标在分微尺上读得为 23.7′，故水平度盘的全读数为

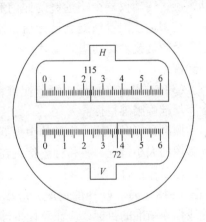

图 4-19　读数方法

$$115° + 23.7′ = 115°23.7′（115°23′42″）$$

同法读得竖盘的全读数为

$$72° + 37.4′ = 72°37.4′（72°37′24″）$$

与光学经纬仪相比，电子经纬仪由于读数非常直观，可在液晶面板上直接数字显示，故不存在估读等问题，从而消除了人为的估读误差，提高了测量速度与精度。

三、水平角测量

（一）测回法

在角度观测中，为了消除仪器误差的影响，提高测角精度，一般要求采用盘左、盘右两个位置进行观测。所谓盘左位置即竖直度盘在望远镜的左侧（又称正镜）。盘右位置即竖直度盘在望远镜的右侧（又称倒镜）。测水平角以角度的左方向为始边，如图4-20中的 A 点；以角度的右方向为终边，如图中的 B 点。

测回法是观测水平角的基本方法，它是先用盘左位置对水平角两个方向进行一次观测，再用盘右位置进行一次观测。如两次观测值较差在限度内，取平均值作为观测结果。其操作步骤如下：

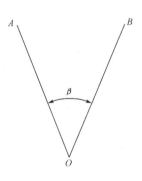

图4-20　测回法

1. 在测站 O 点上安置仪器，在测点 A、B 及上分别设置照准目标。

2. 用盘左位置瞄准后视点 A，瞄准时要消除视差的影响，准确读取度盘及测微读数 $a_左$ 记入测回法观测手簿中，见表4-2。

3. 松开水平制动螺旋，顺时针转动照准部，用同法瞄准右目标 B，读取度盘读数 $b_左$ 记入手簿中，则盘左所测角值为 $\beta_左 = b_左 - a_左$，称为上半测回角值。

4. 倒转望远镜成盘右位置，按上述方法先瞄准前视点 B，读取度盘读数 $b_右$ 记入手薄中。

5. 松开水平制动螺旋，逆时针转动照准部，瞄准左目标 A，读取度盘读数 $a_右$ 记入手簿中，则盘右所测角值为 $\beta_右 = b_右 - a_右$；为下半测回角值。

测回法通常有两项较差，一是两半测回的角值之差，二是各测回角值之差，对于不同精度的仪器，有不同的规定限值。对于 J6 型经纬仪，这两项限差一般应小于 24″。盘左盘右两个半测回合称为一个测回。如果较差合格，取两个半测回角值的平均数为最终角值。

$$\beta = \frac{\beta_左 + \beta_右}{2} \qquad (4-11)$$

就是一测回的角值，见表 4-2。

为了提高测角精度，往往需要观测几个测回。在观测了一测回后，应根据测回数 n 将起始方向读数改变 $180°/n$，以减小度盘刻划误差的影响。例如当 $n=2$ 时，每一测回起始方向读数应改变 $180°/2 = 90°$，即两个测回的起始方向读数应依次配置在 $0°$、$90°$ 附近。如表 4-2 中第二测回起始方向的读数为 $89°57'06''$。

测回法测角记录手簿　　　　　　　　表 4-2

测站	测回	盘位	目标	水平度盘读数	半测回角值	较差	一测回角值	各测回均值
0	1	左	A	0°02′24″	79°12′12″	12″	79°12′18″	79°12′09″
			B	79°14′36″				
		右	B	259°14′54″	79°12′24″			
			A	180°02′30″				
	2	左	A	89°57′06″	79°12′06″	12″	79°12′00″	
			B	169°09′12″				
		右	B	349°09′00″	79°11′54″			
			A	269°57′06″				

（二）方向观测法

测回法是对两个方向的单角进行观测的方法，当一个测站上需要观测两个以上方向时，通常采用方向观测法。它是以任一目标作为起始方向（又称零方向），用盘左盘右两个位置依次观测

154

出其余各个目标相对于起始方向的方向值，根据相邻两个方向值之差即可求出角度来。当方向数多于三个并精度要求较高时，应先后两次瞄准起始方向（又称归零），称为全圆方向法。如图4-21所示，O 为测站点，A、B、C、D 为目标。用全圆方向法观测的操作步骤如下：

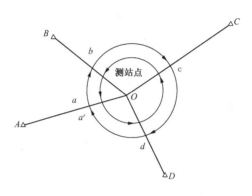

图 4-21　全圆法

1. 在测站 O 点上安置仪器，在测点 A、B、C、D 上分别设置照准目标。

2. 盘左位置将水平度盘的读数对准 0°附近，（略大于 0°），瞄准选定的起始方向 A，读取水平度盘读数 a，记入方向观测法观测手簿中。

3. 顺时针转动照准部，依次瞄准目标 B、C、D，分别读取读数 b、c、d 记入手簿中。

4. 再次瞄准起始方向 A 读取读数 a'，称为归零。a' 与 a 之差称为"归零差"。以上操作称为前半测回。

5. 倒镜成盘右位置，按逆时针方向转动照准部依次瞄准 A、D、C、B、A 各方向，分别读取读数记入手簿，称为后半测回。

当观测 n 个测回时，每个测回仍按 $180/n$ 变换水平度盘起始位置。

方向观测法记录与计算见表4-3。

方向观测法记录手簿表　　　　表4-3

测站	测回数	目标	水平度盘读数			平均读数	归零方向值	各测回归零方向平均值	角值
			盘左（L）° ′ ″	盘右（R）° ′ ″	2C ° ′ ″	° ′ ″	° ′ ″	° ′ ″	° ′ ″
1	2	3	4	5	6	7	8	9	10
0	1					(0 02 10)			
		A	0 02 12	180 02 00	+12	0 02 06	0 00 00	0 00 00	38 42 02
		B	38 44 15	218 44 05	+10	38 44 10	38 42 00	38 42 02	
		C	135 29 04	315 28 52	+12	135 28 58	135 26 48	135 26 53	96 44 51
		D	192 14 51	12 14 43	+8	192 14 47	192 12 37	192 12 33	56 45 40
		A	0 02 18	180 02 08	+10	0 02 13			
	2					(90 03 23)			
		A	90 03 30	270 03 22	+8	90 03 26	0 00 00		
		B	128 45 34	308 45 20	+14	128 45 27	38 42 04		
		C	225 30 24	45 30 18	+6	225 30 21	135 26 58		
		D	282 15 57	102 15 47	+10	282 15 52	192 12 29		
		A	90 03 23	270 03 17	+6	90 03 20			

四、竖直角测量

当望远镜视线水平、竖盘指标水准管气泡居中时，无论盘左或盘右，指标线所指的读数应为90°（或它的整倍数），称为竖盘始读数。如图4-22（a）所示为盘左时的情况，始读数为90°，图4-22（b）为盘右时的情况，始读数为270°。

在进行竖直角观测时，先用盘左位置将望远镜瞄准目标M后，调节竖盘指标水准管微动螺旋使气泡居中，此时在读数显微镜中读出的竖盘读数为L与视线水平时的始读数之差就是待测的竖直角，如图 4-22（c）所示，由于竖盘刻划是顺时针注记的，故盘左读数 L 小于始读数，所以盘左竖直角 α_L 的计算式为

$$\alpha_L = 90° - L \qquad (4\text{-}12a)$$

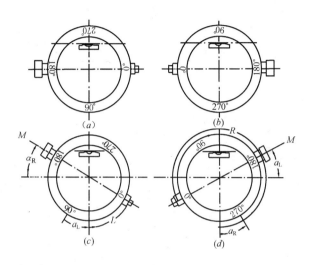

图 4-22　竖直角测量

图 4-22（d）为盘右时的情况，当视线瞄准目标 M 时，读数 R 大于始读数，故竖直角 α_R 的计算式为

$$\alpha_R = R - 270° \qquad (4\text{-}12b)$$

如果竖盘刻划是逆时针注记时，计算式正好相反，即

$$\alpha_L = L - 90° \qquad \alpha_R = 270° - R$$

综上所述，无论是盘左或盘右观测，也无论竖盘是顺时针还是逆时针注记可归纳竖直角计算公式如下：

$$\alpha = \frac{\alpha_L + \alpha_R}{2} \qquad (4\text{-}13)$$

$$x = R + L - 360° \qquad (4\text{-}14)$$

竖直角测量记录见表 4-4。

测站	目标	盘位	竖盘读数	竖直角	指标差	平均值	备注
0	M	左	66°28′42″	+23°31′18″	12	+23°31′15″	顺时针刻划
		右	293°31′12″	+23°31′12″			
	N	左	104°18′18″	−14°18′18″	12	−14°18′24″	
		右	255°41′30″	−14°18′30″			

第四节 水 准 测 量

水准测量是利用仪器提供的水平视线进行量测，比较出两点间的高差。所用的仪器是水准仪。水准测量是高程测量中最精确的方法，在工程测量中应用相当广泛。

一、水准测量原理

如图4-23所示，已知 A 点的高程为 H_A，欲测定 B 点对 A 点的高差 h_{AB}，计算出 B 点的高程 H_B。可在 AB 之间安置水准仪，在 A、B 点上竖立水准尺。测量方向由 A 至 B，根据水准仪提供的水平视线截得 A 尺上的读数为 a，B 尺上的读数为 b，则 B 点对 A 点的高差为

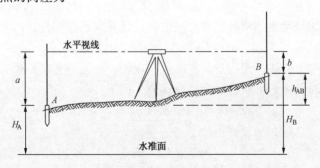

图4-23 水准测量

$$h_{AB} = a - b \qquad\qquad (4\text{-}15)$$

式中　　a——后视读数（简称后视），通常是已知高程点 A 的水平

视线截尺读数；

b——前视读数（简称前视），是未知高程点 B 的水平视

线截尺读数。

两点的高差，等于后视读数减前视读数。高差有正负值，当

后视读数 a 大于前视读数 b（即地面 B 点高于 A 点），高差 h_{AB} 为

正值，反之为负值。测得 A 点至 B 点的高差后，可求得 B 点的

高程

$$H_B = H_A + h_{AB} = H_A + a - b \qquad (4\text{-}16)$$

上式是通过高差的计算而求得 B 点的高程。高程的计算也

可以用视线高程的方法进行计算即

$$H_B = (H_A + a) - b = H_i - b \qquad (4\text{-}17)$$

式中　　H_i 为视线高程，它等于已知 A 点的高程 H_A 加 A 点尺上的

后视读数 a。

用高差法计算点的高程，适用于在一个测站上只有一个后视

读数和一个前视读数；视线高程法适用于一测站上有一个后视读

数和多个前视读数。每一个测站只有一个视线高程 H_i（作为每

一站的常数），分别减去各待测点上的前视读数，即可求得各点

的高程。

从上述可知，水准测量原理是应用水准仪所提供的水平视线

来测定两点间的高差，根据已知点的高程相两点间的高差，计算

所求点的高程。

二、水准测量的仪器及其使用

（一）水准仪

水准仪按其精度分为 $DS_{0.5}$、DS_1、DS_3 和 DS_{10} 四级。$DS_{0.5}$ 精

度最高，工程上常用 DS_3 和 DS_{10} 级的水准仪，现以 DS_3 级水准仪

作介绍。

水准仪主要由望远镜、水准器、基座和三脚架组成。主要部

件的名称如图4-24所示。

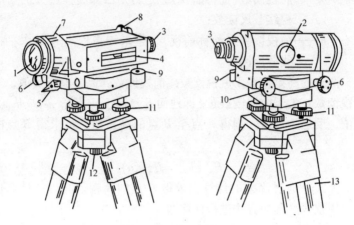

图4-24　水准仪构造

1—物镜；2—物镜对光螺旋；3—目镜及目镜对光螺旋；4—水准管；
5—水平制动螺旋；6—水平微动螺旋；7—准星；8—缺口；9—圆水准器；
10—微倾螺旋；11—脚螺旋；12—中心螺旋；13—三脚架

图4-25是望远镜的成像原理。目标经过物镜及调焦凹镜的作用，在十字丝面上形成一倒立的小实像，再经过目镜的作用，使目标的像和十字丝同时放大成虚像。放大的虚像与用眼睛直接看到的目标大小的比值，称为望远镜的放大倍数，S_3级水准仪的放大倍数不小于28倍。

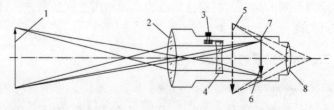

图4-25　望远镜成像原理示意图

1—目标；2—物镜；3—对光螺旋；4—对光透镜；5—放大像；
6—倒立小实像；7—十字丝；8—目镜

水准器是供整平仪器用的。水准器分为圆水准器和水准管两种（图4-26）。

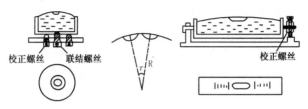

校正螺丝　联结螺丝　　　　　　　　　　　　校正螺丝

图4-26　水准器

为了提高判别水准管气泡居中的准确度，在水准管的上方设置一组符合棱镜（图4-27a）。借棱镜组的反射将气泡两端的半像反映在望远镜旁边的观察窗内。图4-27（b）是水准管气泡不居中，水准管两端的影像错开，这时可调节微倾螺旋，以使水准管连同望远镜沿竖向作微小转动达到水准管气泡居中，此时两端的影像吻合。这种设有微倾螺旋的水准仪称为微倾式水准仪。

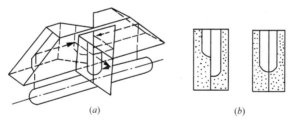

(a)　　　　　　　　　　　　　　(b)

图4-27　水准管棱镜

基座是由轴座、脚螺旋和连接板组成。仪器上部通过竖轴插入轴座内，由基座承托，旋紧中心螺旋，使仪器与三脚架相连接。三脚架由木质（或金属）制成，脚架一般可伸缩，便于携带及调整仪器高度。

（二）水准尺与尺垫

水准尺是水准测量的重要工具（图4-28），它一般用铝合金或玻璃钢制成。水准尺的零点一般在尺的底部，尺的刻划是黑（红）白相间，每格是1cm或0.5cm，每分米处均注数字。超过1m有的加注红点，如有2个红点表示整米数为2m；有的米数用数字表示，如15则表示1.5m。

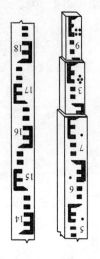

水准尺一般分为双面水准尺和塔尺两种。双面尺尺长2m，一面为黑面分划，黑白相间，尺底为零；另一面为红面分划，红白相间，尺底为一常数（如4.687m或4.787m）。普通水准测量用黑面读数，三、四等水准测量用黑、红面读数进行校核。塔尺可伸缩，尺长一般为5m，适用于普通水准测量。精密水准测量则须用与精密水准仪配套的铟钢尺。

图4-28　水准尺

尺垫顶面是三角形或圆形状，用生铁铸

成或铁板压成，中央有凸起的半圆顶（图4-29）。使用时将尺垫压入土中，在其顶部放置水准尺。应用尺垫的目的是临时标志点位，并避免土壤下沉和立尺点位置变动而影响读数。

图4-29　尺垫

（三）仪器安置

1. 架设水准仪

在设测站的地方，打开三脚架，将仪器安置在三脚架上，旋紧连接螺旋。仪器安置高度要适中，三脚架头大致水平，并将三脚架的脚尖踩入土中。

2. 粗略整平

粗略整平是旋转脚螺旋使圆水准器气泡居中，从而使仪器大致水平。转动脚螺旋使气泡居中如图4-30所示，当气泡偏离如图4-30（a）的位置时，可旋转任意两个脚螺旋，两手应对向转动。例如气泡偏左边，转动①、②两个脚螺旋，其转动方向按图中箭头所示方向进行，使气泡从图4-30（a）所示位置转至图4-30（b）所示位置，然后按箭头方向转动另一个脚螺旋②使气泡向中点移动。按此方法多次进行，使气泡居中。脚螺旋的转动方向与气泡的移动方向的规律是：气泡移动的方向与左手大拇指转动脚螺旋的方向一致。

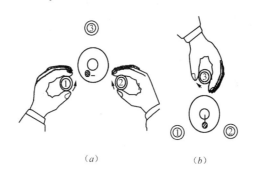

（a）　　　　　　　　　　（b）

图4-30　转动脚螺旋

3. 瞄准水准尺

转动目镜对光螺旋使十字丝清晰，然后松开水平制动螺旋，转动望远镜，利用望远镜上部的准星与缺口照准目标、旋紧制动螺旋，再转动物镜对光螺旋使目标的像清晰，此时目标的像不完全在中间位置，可转动微动螺旋，对准目标。

4. 精平

就是在读数之前必须调节微倾螺旋，使水准管气泡居中（符合水准器气泡两半边的影像吻合）。

5. 读数

以十字丝中横丝读出尺上的数值。读数时应注意尺上注字按照由小到大的顺序，读出米、分米、厘米，估读至毫米。每对准一个目标，都必须重新精平后才能读数。图4-31中读数为0.860m。

三、水准测量的基本方法

（一）水准点

为了已确定的高程能长久保存，作为水准测量的依据而设立的标志称为水准点（一般以 BM 表示）。水准点应按照水准路线的等级，根据不同性质的土壤及实际需要情况，每隔一定的距离埋设不同类型的水准标志或标石（详见国家水准测量规范）。

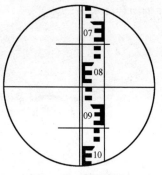

图 4-31　读数情况

现将工程中常用的水准点标志简述于下：

水准点有永久性和临时性两种。永久性水准点由石料或混凝土制成，顶面设置半球状标志，在城镇区也有在稳固的建筑物墙上设置路上水准点。图 4-32（a）为国家水准点，图 4-32（b）为墙上水准点。

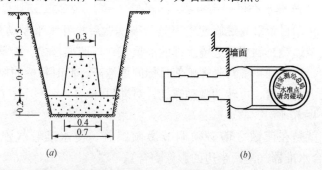

图 4-32　水准点

水准点也可用混凝土制成，中间插入钢筋，或选定在突出的稳固岩石或房屋的勒脚。临时性的水准点可打下木桩，桩顶用水泥沙浆保护。

（二）水准路线（图 4-33）

1. 分段（多站）测量。当地面两点间的高差较大，或两点间的距离较远，超过允许的视线长度，或两点间地形复杂，通视困难，这样安置一次仪器不能测出两点间的高差，必须在其间安置多次仪器分段进行观测。

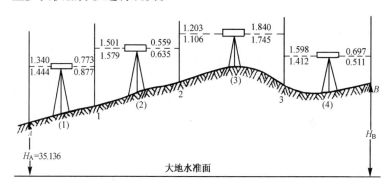

图 4-33　水准路线

$$h_{A1} = a_1 - b_1$$
$$h_{12} = a_2 - b_2$$
$$\cdots$$
$$h_{3B} = a_4 - b_4$$

将以上各式相加得

$$\Sigma h = \Sigma a - \Sigma b \qquad (4\text{-}18)$$

上式说明，两点的总高差等于各站高差之和，也等于后视读数之和减去前视读数之和。

2. 水准路线

为了校合测量数据和控制整个观测区域，测区内的水准点通常布设成一定的线形。

（1）闭合水准路线

闭合水准路线是由一个已知高程的水准点开始观测，顺序测量若干待测点，最后回到原来开始的水准点。如图 4-34 所示，

165

已知水准点 BM_A 的高程，由 BM_A 开始，顺序测定1、2、3、4点，最后从第4点测回 BM_A 点构成闭合水准路线。

闭合水准路线各段高差的总和理论值应等于零，即

$$\Sigma h_{理} = 0 \qquad (4\text{-}19)$$

（2）附合水准路线

由一个已知高程的水准点开始，顺序测定若干个待测点，最后连续测到另一个已知高程水准点上，构成附合的水准路线（图4-35）。

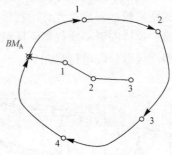

图4-34　闭合水准路线

附合水准路线各段高差的总和理论值如下：

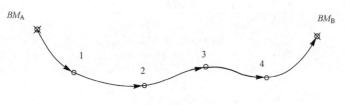

图4-35　附合水准路线

$$\Sigma h_{理} = H_B - H_A = H_{终} - H_{始} \qquad (4\text{-}20)$$

（3）支水准路线

由已知水准点开始测若干个待测点之后，既不闭合也不附合的水准路线称为支水准路线。支水准路线不能过长。图4-34为闭合水准路线的 BM_A 点（高程已知）引出的支水准路线 BM_A——1——2——3。

$$\Sigma h_{往} = \Sigma h_{返} \qquad (4\text{-}21)$$

（三）水准测量的基本程序

1. 测区内布设若干水准点，构成水准路线（或水准网）。

2. 两个相邻水准点称为一个测段，每测段可分若干站测量，

一测段的高差为各测站高差和。

3. 计算各测段的实测高差（$h_{测}$）总和与理论值（$h_{理}$）之差称为高差闭合差 f_h。通式如下：

$$f_h = \Sigma h_{测} - \Sigma h_{理} \qquad (4-22)$$

其中　闭合水准路线 $f_h = \Sigma h_{测}$ $\qquad (4-23)$

附合水准路线 $f_h = \Sigma h_{测} - (H_{终} - H_{始})$ $\qquad (4-24)$

支水准路线 $f_h = \Sigma h_{往测} + \Sigma h_{返测}$ $\qquad (4-25)$

4. 检验误差是否超限。

$$f_h \leqslant f_{h容} = \pm 30\sqrt{L} \text{ 或 } \pm 8\sqrt{n} \text{ （mm）} \qquad (4-26)$$

式中　L——各测段长度总和（单位 km）；

n——各测段测站数总和；

$f_{h容}$——高差闭合差允许限度，如上述公式条件不满足则重测。

5. 误差在限度内，可按每测段的长度或测站数的正比对实测高差进行平差改正。改正数：

$$V_i = \frac{-f_h}{\Sigma l} l_i \qquad (4-27)$$

式中　V_i——第 i 测段的改正数；

Σl——测段总长；

l_i——第 i 测段的长度。

$$h_i = h_{i测} + V_i \quad (4-28)$$

6. 计算未知点高程。前点的高程为后点已知高程加后前两点之间的改正后高差。

$$H_{前} = H_{后} + h_{后前} \quad (4-29)$$

水准测量成果处理（以图4-36为例）如表4-5。

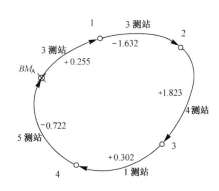

图4-36　水准测量成果处理

167

水准测量成果计算表 表 4-5

点号	测站数	实测高差 （m）	改正数 （m）	改正后高差 （m）	高程 （m）	备注
BM_A					26.262	
1	3	+0.255	-0.005	+0.250	26.512	
2	3	-1.632	-0.005	-1.637	24.875	
3	4	+1.823	-0.006	+1.817	26.692	
4	1	+0.302	-0.002	+0.300	26.992	
BM_A	5	-0.722	-0.008	-0.730	26.262	
总和	16	+0.026	-0.026	0		

$f_h = \Sigma h_{测} = +0.026m$ $\qquad$ $f_h < f_{h容}$ 成果合格

$f_{h容} = \pm 8\sqrt{n} = \pm 32mm$ $\qquad$ $V_i = \dfrac{-f_h}{\Sigma l}l_i$

四、水准误差与注意事项

（一）水准测量误差

1. 仪器误差。

2. 水准管气泡居中的误差。

3. 读数误差。

4. 水准尺竖立不直的误差。

5. 仪器下沉和尺垫下沉的误差。

6. 地球曲率和大气折光的影响。

（二）水准测量应注意事项

1. 在测量工作之前，应对水准仪进行检验校正。

2. 仪器应安置在稳固的地面上，以减少仪器下沉。在光滑地面上安置仪器，应防脚架滑动，采取防滑措施。

3. 前后视距离应大致相等，以消除或减少仪器有关误差及地球曲率与大气折光的影响。

4. 每次读数前，应调节微倾螺旋，使水准管气泡居中，然后读数。读数后还应检查气泡是否居中。

5. 水准尺应竖直立于桩上或尺垫上。尺垫位置要稳固，立尺点及尺底不应沾有泥土等杂物。

6. 视线不宜过长，一般不大于 75m；视线离地面的高度，一般不少于 0.3m。

7. 读数时，应消除视差。尺像有正像或倒像，均应从小到大读取读数，并估读至毫米。

8. 仪器不能让雨淋或烈日曝晒，应撑伞遮挡。

9. 读数时，记录员要复述，以便核对；记录要整齐、清楚记录有误不准擦去及涂改，应划去重写。

10. 测量计算必须进行检核。

五、自动安平水准仪、电子水准仪简介

（一）自动安平水准仪

用微倾式水准仪进行水准测量，在瞄准目标后均要转动微倾螺旋使水准管气泡居中，才能读数，这样进行测量尚有不便之处。为了提高水准测量的速度，出现了自动安平水准仪。

自动安平水准仪的特点是没有水准管和微倾螺旋，当水准仪粗平以后，借助补偿器的作用，视准轴在 1~2s 内自动成水平状态，便可进行读数。因此，它操作简便，并能克服由于地面有微小的震动、风力、脚架不规则下沉等造成的影响，有利于提高测量速度。

自动安平水准仪的基本原理是在望远镜中安置了一个补偿装置，当视准轴有微小倾斜，通过物镜光心的水平光线经补偿装置后仍能通过十字丝交点。

图 4-37 所示，视准轴已倾斜了一个 α 角，为了使物镜光心的水平光线能通过十字丝交点，可在光路中装一个补偿器，使光线偏转一个 β 角而通过十字丝交点 A，这样达到补偿的目的。

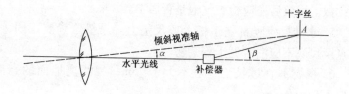

图4-37　水准仪安装示意图

（二）电子水准仪

电子水准仪（图4-38）既能自动测量高程又能自动测量水平距离，是20世纪90年代初问世的新一代水准仪。当望远镜照准标尺后，探测器将采集到的标尺编码光信号转换成电信号，与仪器中内存的标尺编码信号相比较，若两者信号相同，则经信号译释、数据换算，直接显示结果。这是仪器自动读数的基本原理。标尺条形码在探测器上成像宽窄随视线长度而异，随之电信号的"宽窄"

图4-38　电子水准仪

也被改变。因此，为了缩短比较时间，仪器装有调焦透镜移动量传感器，采集透镜移动量，先算出概略视距，再对所采集之标尺编码电信号的"宽窄"缩放，使其接近仪器中内存信号的"宽窄"。然后，按照精度要求以一定的步距改变一次所采集之电信号的"宽窄"，与仪器内存信号相比较，如两信号不同，则再改变一次，再比较，直到两者信号相同为止。仪器实现了读数的自动化和数字化，只需照准目标按键，便可显示测量结果。一般读数可以自动存储并由此计算高差和高程，调阅数据，判断测站数据是否超限等。其显著特点是能自动记录数据，输入计算机或联机实时操作，并附有数据处理等软件，为自动化作业创造了条件。

六、精密水准仪及变形观测简介

（一）精密水准仪

精密水准仪主要用于国家的一、二等精密水准测量、地震水准测量、大型桥梁的施工测量以及大型的机械安装测量等。在土建工程中，如房屋建筑物的沉降观测、桩基试验的沉降观测以及建筑构件试验的挠度观测等，应用较广。

精密水准仪为 DS_1 和 $DS_{0.5}$ 级。$DS_{0.5}$ 级精度最高，相当于国外 WILDN3 型或蔡司 Ni004 型的水准仪。精密水准仪的望远镜放大率大、亮度好，水准管灵敏度高，仪器结构稳定，读数精确，仪器密封性能好。

图 4-39 为 WILDN3 型水准仪。望远镜放大率为 42 倍。水准管分划值为 6″，平行玻璃板测微器直读 0.1mm，估读 0.01mm。

WILD 水准仪附有锢钢水准尺一副（图 4-40），尺面有两排分划线，相邻分划线的长度为 1cm，每隔 2cm 注一数字。正对尺面右侧（在望远镜的尺像为左侧）为基本分划，注记从零开始。左侧（尺像为右侧）为辅助分划，注记从 301.550cm 开始。在同一水平线上，尺上基、辅分划读数差值为 301.55cm，以便观测时进行校核。

图 4-39　WILDN3 型水准仪

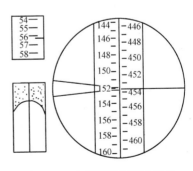

图 4-40　水准仪附锢钢水准尺

在瞄准水准尺进行读数时，先转动微倾螺旋使水准管气泡居中（水准管气泡两端半像符合），再转动测微轮使十字丝的楔形丝恰好夹住某一基本分划线，如图中的152cm分划线，在测微器上读取读数为562（尾数估读），实际读数为0.562cm，两数相加为152.562cm，然后再按上法读辅助分划的读数。

（二）沉降观测

1. 观测点设置

观测点是固定在拟观测建筑物上的测量标志。观测点的位置应保证在施工期间和建成后能顺利进行观测。观测点的布设应能全面反映建筑物沉降的情况为原则。一般情况下观测点应布置在沉降变化可能显著的地方，如伸缩缝两侧、基础深度改变处、建筑物荷载悬殊的地方、建筑物四角，还应沿着建筑物周边每隔10～20m布置一观测点；对于框架结构可沿纵横轴的柱列线上每隔一承重柱布置一观测点；此外，在地质条件变化处亦应布设观测点。

2. 沉降观测的实施

建筑物的沉降观测通常是用水准测量方法进行的。根据固定的水准点的高程来确定观测点高程变化了多少，便可了解建筑物的沉降情况。

沉降观测工作一般宜在基础施工或基础垫层浇灌后开始观测。施工期间每次增加较大荷重前后均应施测，如基础浇灌回填土，安装柱子、屋架，砌筑砖墙，每砌筑一层楼，塔体加高一层，设备安装、运转等都应进行沉降观测。若在施工过程中停工时间较长，应在停工时和复工前进行观测。竣工后应根据沉降量的大小来确定观测的时间间隔。一般建筑物投入使用开始每隔一个月观测一次，连续观测三次或六次，其后每年观测两次或四次，最后一年观测一次或两次，直到沉降稳定时为止。当半年内沉防量不超过1mm时，便认为沉降已稳定。沉降观测的精度要求是根据建筑物、构筑物的重要性以及对变形的敏感程度而定。通常，对连续生产设备基础和动力设备基础、高层钢筋混凝土框架结构及地基土质不均匀的重要建筑物的沉降观测，对同一水准点开始和结束的两次后视读数差不应超过 ±1mm，即水准路线闭合差应不超过 $±1\sqrt{n}$mm（n 为测站数）。而对一般厂房基础和构筑物的沉降观测，对同一水准点先后两次后视读数较差应不超过 2mm，即采用闭合或附合水准线路测量时，高差闭合差的容许值为 $±2\sqrt{n}$mm（n 为测站数）。

为了保证沉降观测获得上述的精度要求，必须注意如下事项：

（1）水准点的高程应经常校核。检查其高程有无变动，应该使用已检校过的水准仪作沉降观测。

（2）进行沉降观测时，水准仪最好严格地安置在中间位置，即前后视距离应相等。视线长最好≤35m。

（3）观测时应该使成像清晰、稳定，防止太阳直接照射仪器，前后视最好用同一水准尺并且读数时水准管气泡应严格居中。每次观测仪器应安置在同一站点上。为了防止仪器下沉，宜在仪器三脚架脚尖处打下大木桩（或浇灌水泥桩）。

（4）在气象恶劣的情况下如大风、气温急剧变化的时间，不应进行观测。

（5）根据观测精度要求来选定使用的仪器和水准尺。若精度要求高时应选用具有平行玻璃板的精密水准仪和钢水准尺；否则用 S_3 型水准仪和双（或单）面水准尺即可。

3. 沉降观测的成果整理

沉降观测应在每次观测时详细记录观测点上部的加荷情况，描述被观测的建筑物或构筑物出现的新情况，如是否发生倾斜、有无裂缝等，并且应在现场及时计算各观测点的前后视高差，检查各读数是否正确，各项误差（如尺的常数差、两次后视尺读数之差和路线闭合差等）是否在允许限度内。根据水准点的高程和改正后的高差计算得各观测点的高程，然后用各观测点本次观测所得的高程减上次观测得的高程，其差值即为该观测点本次沉降量，每次沉降量相加得累计沉降量。

沉降观测结束应提供如下成果：

（1）观测点平面布置示意图，图上标明观测点位置及其编号。

（2）时间与沉降量关系曲线和时间与荷载关系曲线图。如图4-41所示，图中横坐标表示时间 T（d）。整个图形分上下两部分，上半部分为时间与荷载关系曲线，其纵坐标表示建筑物荷载 P；下半部分为时间与沉降量的关系曲线，其纵坐标表示沉降量 S。根据各观测点的沉降量与时间关系便可绘出全部观测点的沉降曲线。

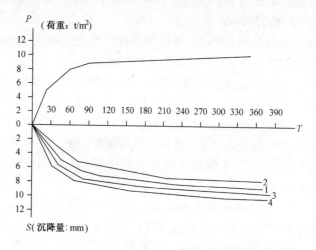

图4-41　时间与沉降量和荷载关系曲线

（3）沉降量一览表，表中列出各观测点每次观测时的沉降量及其累积沉降量。

第五节　小区域控制测量

一、控制测量概述

测量工作必须遵循"整体到局部"、"高级到低级"、"控制到碎部"的逐级测量原则。在一个测区内测图或放样,应首先在测区范围内,按一定的规范要求,建立测图控制网或施工控制网,然后根据控制网进行地形测图和施工放样。控制测量是在测区内选定若干个起控制作用的点,称为控制点,构成一定的几何图形,称为控制网。控制网有平面控制网和高程控制网两种。用比较精密的测量仪器、工具和比较严密的测量方法,精确确定控制点的平面位置(x、y)的工作,称为平面控制测量。精确测定控制点高程(H)的工作称为高程控制测量。

(一)平面控制

平面控制测量的主要方法有三角测量和导线测量。三角测量是首先在测区内选定若干个控制点,把相邻互相通视的点连成连续的三角网。构成三角网的控制点称为三角点。用精密的方法丈量三角网中一条或几条边(称基线),并测出各三角形的内角,经过计算求出全网各三角形的边长,最后根据其中一点的已知坐标和一边的已知方位角,计算出各三角点的坐标。

在全国范围内建立的三角测量控制网称为国家平面控制网。它按控制次序和施测精度分为一、二、三、四等(图4-42),从

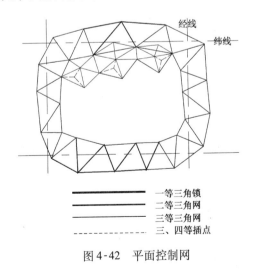

图4-42 平面控制网

高级到低级，逐级加密布置。国家平面控制网的坐标是由国家测绘局统一测定的。它精度高，是全国各种比例尺测图和工程建设的基本控制点，点位长期保存，均埋设有固定的标石。

导线测量则是首先在测区内选定若干个控制点，把相邻且互相通视的控制点连接构成折线形式，构成导线网。这些控制点连成的连续折线叫导线，折线交点叫导线点。导线测量就是用较精密测量方法依次测定导线的边长和导线的转折角，然后根据已知点坐标和已知边方位角，推算其余各边的方位角，从而求出各未知导线点的坐标。布设形式按测区情况可分为闭合导线、附合导线、支导线三种形式。在建筑物密集的建筑区和平坦通视条件较差的小地区平面控制测量常采用导线测量。

（二）高程控制

国家高程控制网（图4-43）是用精密的水准测量方法建立的，它是全国各种比例尺测图和工程建设的基本控制点。布设的原则类似于平面控制网，也是由高级到低级、从整体到局部。国家水准测量也分为一～四等。一、二等水准测量称为精密水准测量，在全国范围内沿主要干道、河流等整体布设，是国家高程控制的骨干，然后用三、四等水准测量进行加密，作为全国各地的高程控制基础。

城市水准测量分为二、三、四等，根据城市范围的大小及所在地区国家水准点的分布情况，从某一等级开始布设。在四等以下，再布设直接为测绘大比例尺地形图所用的图根水准测量，或为某一工程建设所用的工程水准测量。其主要技术要求如表4-6所示。

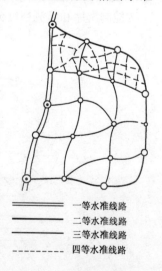

一等水准线路
二等水准线路
三等水准线路
四等水准线路

图4-43　高程控制网

等　　级	每公里高 差中误差	测段往返测 高差不符值	附和路线或 环线闭和差	仪器类型
二等	$\leqslant \pm 2$	$\leqslant \pm 4\sqrt{R}$	$\leqslant \pm 4\sqrt{L}$	DS_1
三等	$\leqslant \pm 6$	$\leqslant \pm 12\sqrt{R}$	$\leqslant \pm 12\sqrt{L}$	DS_3
四等	$\leqslant \pm 10$	$\leqslant \pm 20\sqrt{R}$	$\leqslant \pm 20\sqrt{L}$	DS_3

　　城市控制网一般是以国家控制网为基础，根据测区的大小和施工测量的要求，布设不同等级的平面控制网和高程控制网，作为地形测图、城市规划、建筑设计和施工放样的依据。

二、导线测量

（一）导线形式与适用范围

导线测量根据测区的实际情况和精度要求可以布置成下列形式：

1. 闭合导线——从一点出发，最后又回到原点上去，形成一个闭合多边形。如图 4-44（a）所示，从高级点 A 出发，经 1、2、3、4 导线点，再回到 B 点，形成闭合导线。在没有高级点的独立测区，则可选定 1、2、3、4 点形成独立测区闭合导线，这时，需要用定向测量的方法测出某条边的方位角。闭合导线通常用于在独立地区建立首级平面控制，较适合控制块状区域，如居民区、广场、码头等。

2. 附合导线——从一个高级点出发，最后附合到另一个高级点上去。如图 4-44（c）所示，由高级点 B 出发，经 1、2、3 导线点，附合到另一高级点 C 上，称为附合导线。测量所有边长、转折角及连接角 β_B、β_C，即可确定各点位置。附合导线用于平面控制网的加密，较适合控制条带状的区域，如道路、管道、电缆等工程的控制。

3. 支导线——从一个已知点出发，既不回到原来的控制点，也不附合到另一已知点，成自由伸展形。如图 4-44（b）所示，由于支导线缺乏校核条件，所以测量规范中规定支导线一般不超过三点。

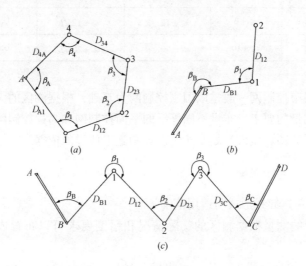

图 4-44　导线测量

（二）导线的外业工作

导线测量的外业工作包括：选点、量边、测角及定向。

1. 选点

选点就是在测区内选定控制点位置。选点工作是一项全局性的重要工作，点位选得合理，不仅便于控制测量，提高控制精度，而且还对碎部测量有利，反之却事倍功半。因此在选点前，应搜集测区内原有测量资料、图纸，高级点的位置和数据；并了解测区范围、地形条件、交通状况，以及测图比例与要求等。根据这些因素在旧图上规划布置导线点位及定向，然后到实地踏勘，具体选定导线点位置。导线点位置的选择，除了根据各级导线的技术要求及工程的特殊要求外，有些要求则是共同的，现归纳如下：

（1）导线点应选在地势较高，视野开阔之处，以便扩展加密控制和施测碎部。

（2）相邻两导线点间应通视良好，地面平坦，便于测角和量距。

（3）导线点应选在土质坚实之地便于保存和安置仪器。

（4）为保证测角精度，相邻边长不应相差太悬殊。

导线点选定后，通常是用木桩打入土中，并在桩顶钉入小钉作为点位的标志。需要长期保存的标志要埋设石桩或混凝土桩，桩顶刻划"＋"或嵌入锯有"＋"字的钢筋作标记。

2. 量边

根据各级导线的精度要求和设备条件，导线边长的测定可选用钢卷尺、光电测距仪、全站仪等进行观测。

各级导线边长采用普通钢尺进行丈量时其主要技术要求应符合相关的技术规范。

3. 测角

导线相邻边所构成的转折角是用经检校后的 DJ_2 型或 DJ_6 型经纬仪按测回法进行观测。为了计算方便，所观测的角度一般是导线前进方向的左角，对于闭合导线，转折角的顺序按逆时针方向编号，所测角度既是左角，又是内角。

4. 定向

定向的目的是为了确定导线的方向，分为两种情况。

当布设的导线为独立控制时，可以根据各级导线的精度要求和设备条件，选用罗盘仪、陀螺仪和天文观测的方法进行定向测量，测定起始边的方位角。

当测区有高级控制点，导线是为了加密控制，其定向方法是测定连接角。附合导线两端均测有连接角，可得到必要的校核条件。闭合导线的连接得不到相应的校核，应分别测出左右连接角（图4-44中 β_B、β_C）。

（三）导线的内业工作

目的：确定导线点的平面直角坐标。

坐标计算原理：前点坐标（b）＝后点坐标（a）＋坐标增量（Δx 或 Δy）（图 4-45）

$$x_b = x_a + \Delta x_{ab} \qquad \Delta x_{ab} = D_{ab}\cos\alpha_{ab} \qquad (4-30a)$$

$$y_b = y_a + \Delta y_{ab} \qquad \Delta y_{ab} = D_{ab}\sin\alpha_{ab} \qquad (4-30b)$$

可知为了求出坐标增量，必须得到两个已知条件：

D 导线边长（两相邻导线点间水平距离）、α 导线边的方位角。

理论上有了以上条件便可从一个已知点开始依次类推而得（X_3，Y_3），（X_4，Y_4），……（X_n，Y_n）如图 4-46 所示。但是如果像这样既不判断是否出现错误，也不

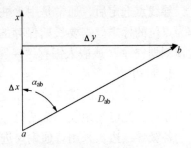

图 4-45　坐标计算（一）

考虑到误差累积对计算成果的影响，后果会不堪设想。

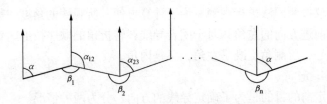

图 4-46　坐标计算（二）

因此必须严格地按以下步骤计算与平差：

1. 整理已知的原始数据：

（1）地面点位点之记；

（2）水平角（导线转折角）观测记录 $\beta_{测}$；

（3）导线边量距记录 $D_{测}$；

（4）已知高级控制点的坐标（闭合导线已知起点平面直角

坐标；附和导线必须知道首尾 4 个控制点坐标或首尾点坐标与起始、终边方位角）；

（5）起始方位角（如果是附合导线可能还需要终边方位角）。

2. 角度闭合差的计算与调整

由于测角时人为、环境及仪器等因素影响，导线的实测转折角角值总和与理论值不相吻合，两者间差值称角度闭合差 f_β。

$$f_\beta = \Sigma\beta_{测} - \Sigma\beta_{理} \qquad (4-31)$$

由于闭合导线线形构成闭合多边形，因此

$$\Sigma\beta_{理} = （n-2）\times 180° \qquad (4-32)$$

而附合导线是折线形且根据所测转折角的左右不同，转折角总和的理论值计算公式也不同。

左转角时：$\Sigma\beta_{理} = \alpha_{终} - \alpha_{始} + n\times 180° \qquad (4-33a)$

右转角时：$\Sigma\beta_{理} = \alpha_{始} - \alpha_{终} + n\times 180° \qquad (4-33b)$

$f_\beta < f_{\beta容}$（图根导线 $f_{\beta容}$ 为 $40\sqrt{n}''$）测角成果可用（反之重测），但要进行平差，将 f_β 反号平均分配到各观测角，对观测值进行改正，使其总和与理论值吻合。

改正数 $\qquad\qquad V_\beta = \dfrac{-f_\beta}{n} \qquad (4-34)$

改正后转折角 $\qquad \beta_i = \beta_{测i} + V_\beta \qquad (4-35)$

如按式（4-34）计算改正数有余数，短边夹角多分配。校和时 $\Sigma V_\beta = -f_\beta$。

3. 导线方位角计算

左转角（图 4-47a）$\qquad \alpha_{前} = \alpha_{后} + \beta_{左} - 180° \qquad (4-36)$

右转角（图 4-47b）$\qquad \alpha_{前} = \alpha_{后} - \beta_{右} + 180° \qquad (4-37)$

4. 实测坐标增量计算

$$\Delta x_{i,i+1测} = D_{i,i+1}\cos\alpha_{i,i+1} \qquad (4-38)$$

$$\Delta y_{i,i+1测} = D_{i,i+1}\sin\alpha_{i,i+1} \qquad (4-39)$$

5. 坐标增量计算闭合差计算与改正

由于导线测量外业中的测角量边均存在误差，导致坐标增量

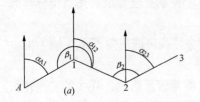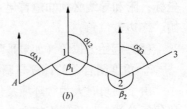

图 4-47　导线方位角

之和不等于理论值，两者差值称坐标增量闭合差 f_x、f_y。

$$f_x = \Sigma\Delta x_{测} - \Sigma\Delta x_{理} \qquad (4-40)$$

$$f_y = \Sigma\Delta y_{测} - \Sigma\Delta y_{理} \qquad (4-41)$$

闭合导线由于 $\Sigma\Delta x_{理} = 0$，$\Sigma\Delta y_{理} = 0$，见图 4-48（a）。故：

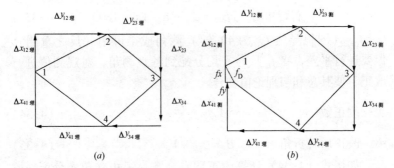

图 4-48　闭合导线

$$f_x = \Sigma\Delta x_{测} \qquad (4-42)$$

$$f_y = \Sigma\Delta y_{测} \qquad (4-43)$$

附合导线见图 4-49

$$\Sigma\Delta x_{理} = x_{终} - x_{起} \qquad (4-44)$$

$$\Sigma\Delta y_{理} = y_{终} - y_{起} \qquad (4-45)$$

故：

$$f_x = \Sigma\Delta x_{测} - (x_{终} - x_{起}) \qquad (4-46)$$

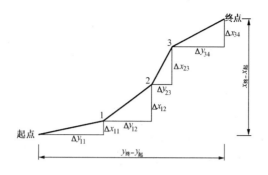

图 4-49　附合导线

$$f_y = \Sigma \Delta y_{测} - \left(y_{终} - y_{起} \right) \tag{4-47}$$

由于坐标增量闭合差的存在，导致实测导线终点计算坐标与理论坐标不相吻合，两点间水平距离称导线全长闭合差 f_D。

f_D 总是随导线长度的增大而增加，取其作为衡量测量精度的标准明显不合理。因此用导线全长相对闭合差 K（f_D 与 ΣD 之比），作为衡量精度的标准（图 4-50、表 4-7）。

$$K = \frac{f_D}{\Sigma D} = \frac{1}{\left[\dfrac{\Sigma D}{f_D} \right]} \tag{4-48}$$

$K < K_{容}$（图根导线 $K_{容} = 1/2000$）可进行坐标增量闭合差的改正，就是将 f_x、f_y 按边长成正比反号分配到各坐标增量上。反之则外业可能要重测。

改正数计算：

$$V_{x(y)i,i+1} = \frac{-f_{x(y)}}{\Sigma D} D_{i,i+1} \tag{4-49}$$

实测坐标增量的改正：

$$\Delta x(y)_{i,i+1} = \Delta x(y)_{i,i+1测} + V_{x(y)i,i+1} \tag{4-50}$$

6. 导线点坐标计算

$$x_{i+1} = x_i + \Delta x_{i,i+1} \tag{4-51}$$

$$y_{i+1} = y_i + \Delta y_{i,i+1} \tag{4-52}$$

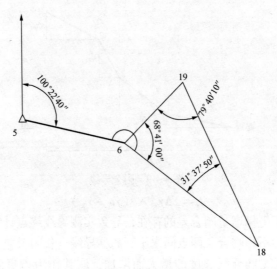

图 4-50　闭合导线计算

闭合导线计算表（图 4-50）　　　　　　　表 4-7

点号	实测转角（左角）	方位角	边长（m）	坐标增量（m）		高程（m）	
				Δx	Δy	x	y
5		100°22′40″					
6	+20					500.00	600.00
18	+20 31°37′50″	121°14′00″	130.00	−0.04 −67.41	+0.01 111.16	432.55	711.17
19	+20 79°40′10″	332°52′10″	123.19	−0.03 109.64	+0.01 −56.18	542.16	655.00
6	+20 68°41′00″	232°32′40″	69.29	−0.02 −42.14	−55.00	500.00	600
18		121°14′00″					
Σ	179°59′00″		322.48	+0.09	−0.02		
计算	$f_\beta = -60″$　　　　$f_x = +0.09\text{m}$　　　　$f_y = -0.02\text{m}$ $f_\beta = \pm 40\sqrt{3}″ = \pm 69″$　　$f_D = +0.09\text{m}$　　　　$K = 1/3600 < K_{容}$						

184

三、高程控制测量

（一）三、四等水准测量

三、四等水准测量主要用于测定施测地区的首级控制点的高程。布网形式一般为闭合水准路线、附合水准路线或节点网，只有在特殊情况下才允许采用支水准路线。所用水准仪，其精度不低于 DS_3 型水准仪的精度指标。水准仪望远镜放大倍数应不小于28 倍。水准管分划值不大于 $20''$。水准尺一般采用双面尺，尺上应配有水准器。在测量前必须进行水准仪的检验校正。水准尺亦需作必要检查，比如尺子有无弯曲、零点有无磨损等。

三、四等水准测量的技术要求见表4-8。

三、四等水准测量的技术要求　　　　表4-8

项目 等级	水准仪	路线长度(m)	视线长度(m)	视线高度	观测次数		闭合差限值	前后视距差(m)	前后视距累积差(m)	红黑面读数差(mm)	红黑面高差之差(mm)
					与已知点联测	附和或闭合					
三	DS_3	45	≤65	三丝能读数	往返	往返	$\pm\dfrac{12}{\sqrt{L}}$	≤3	≤6	≤2	≤3
四	DS_3	15	≤80	三丝能读数	往返	往一次	$\pm\dfrac{12}{\sqrt{L}}$	≤5	≤10	≤3	≤5

1. 测站的观测程序

三、四等水准测量主要采用双面水准尺观测法。在测站上的观测程序为：

（1）后视黑面尺，严格整平水准管气泡，读上、下视距丝，读取中丝读数；

（2）前视黑面尺，严格整平水准管气泡，读上、下视距丝，读取中丝读数；

（3）前视红面尺，读中丝（检查气泡是否居中）；

（4）后视红面尺，严格整平水准管气泡，读中丝。

以上观测程序简称为"后、前、前、后"。

2. 测站的计算与检核

(1) 视距部分：

后视距离(15) = [(1) - (2)] × 100

前视距离(16) = [(4) - (5)] × 100

前、后视距差(17) = (15) - (16)

前、后视距累积差(18) = 本站(17) + 前站(18)

视距部分各项限差详见表4-8。

(2) 高差部分：

前视尺黑红面读数差(9) = (6) + K_1 - (7)

后视尺黑红面读数差(10) = (3) + K_2 - (8)

黑面所测高差(11) = (3) - (6)

红面所测高差(12) = (8) - (7)

黑红面所测高差之差(13) = (10) - (9)

由于前视尺、后视尺的红黑面零点差 K_1 和 K_2 不相等(一个为 4.787m，另一个为4.687m，相差0.1m)，因此(13)项的检核计算为

$$(13) = (11) - (12) \pm 0.1$$

高差部分各项限差详见表4-8。

测站上各项限差若超限，则该测站需重测。若检核合格后，计算测站平均高差，参见表4-9。

三、四等水准测量记录手簿 表4-9

测站编号	视准点	后尺	下丝上丝	前尺	下丝上丝	方向及尺号	水准尺读数		红黑差	平均高差	备注
		后视距		前视距			黑面	红面			
		视距差		Σ视距差							
		(1)		(4)		后	(3)	(8)	(10)		
		(2)		(5)		前	(6)	(7)	(9)	(14)	
		(15)		(16)		后 - 前	(11)	(12)	(13)		
		(17)		(18)							

$(14) = \dfrac{1}{2} \left[(11) + (12) \pm 0.1 \right]$，然后，仪器搬至下一测站。

3. 每页计算校核

当整条水准路线测量结束后，应逐页校核计算有无错误：

视距部分：

末站$(18) = \varSigma(15) - \varSigma(16)$

总视距$= \varSigma(15) - \varSigma(16)$

高差部分：

$$\varSigma(11) = \varSigma(3) - \varSigma(6)$$

$$\varSigma(12) = \varSigma(8) - \varSigma(7)$$

当测站总数为偶数时，$\varSigma(14) = \dfrac{1}{2} \left[\varSigma(11) + \varSigma(12) \right]$

当测站总数为奇数时，$\varSigma(14) = \dfrac{1}{2} \left[\varSigma(11) + \varSigma(12) \pm 0.1 \right]$

4. 成果整理

若水准路线的高差闭合差满足表4-8规定的限差要求，则可计算水准路线各点的高程。当水准路线为附合水准路线、闭合水准路线时，其内业计算方法与第四节介绍的方法相同。

5. 三角高程测量

在高程测量中，除采用水准测量外，还可应用经纬仪观测竖直角进行三角高程测量。最近一次珠穆朗玛峰的海拔（绝对高程）就是采用三角高程测量的方法测定的。

随着电磁波测距仪的发展，应用测距仪进行三角高程测量方兴未艾。大量实践证明，用测距仪测定斜距和竖直角进行三角高程测量，完全可以达到四等水准测量的精度要求，新的《工程测量规范》亦对此作出了明文规定。因此测距仪三角高程测量得到了广泛的应用。

在三角高程测量是根据两点间的水平距离或斜距及竖直角，应用三角学的公式计算两点间的高差。如图4-51所示，要求测定两点间的高差h，可在已知点A上安置经纬仪或测距仪，在B点竖立标杆或安置棱镜，量取望远镜横轴到 A 点桩顶的高度 i（称为仪器高），望远镜横丝瞄准 B 点，标杆高度或安置棱镜的高度 l（称为觇标高）测出竖直角 α。设已知 AB 之间的水平距离为 D：

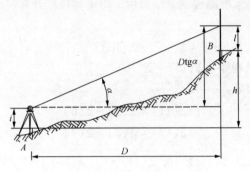

图 4-51　三角高程测量

$$h = D\mathrm{tg}\alpha + i - l \qquad (4\text{-}53)$$

则得若是用测距仪测得斜距为 S，则

$$h = S\sin\alpha + i - l \qquad (4\text{-}54)$$

当已知 A 点高程为 H_A，则 B 高程为

$$H_B = H_A + D\mathrm{tg}\alpha + i - l \qquad (4\text{-}55a)$$

或

$$H_B = H_A + S\sin\alpha + i - l \qquad (4\text{-}55b)$$

　　在三角高程测量中，由已知点 A 对未知点 B 进行观测，称为直觇，在未知点 B 对已知点 A 进行观测，称为反觇。当进行直反觇观测时，称为双向观测或对向观测，取对向观测的平均值作为高差结果时，可抵消地球曲率与大气折光的影响，所以三角高程测量一般都采用双向观测。

第六节　地形图的识读及应用

　　将整个地球或者地球上某一广大区域的图形沿铅垂线方向将图形投影到参考椭球体上。这样便保持了地面上图形的相似性。如果不是投影在椭球体上，而是投影在平面上，则必须采用特殊的方法才能使变形限制在一定的范围内。这种特殊的制图方法称为地图投影。若顾及地球曲率的影响，应用地图投影的方法，将整个地球或地球上某一广大区域的图形，按比例尺缩小后绘于一平面上，这种图称为地图。

对于小地区，不考虑地球的曲率。把地球表面看作平面，将地物直接投影到水平面上，并按一定的比例尺缩小绘制在图纸上，这种图称为平面图。图纸上只能反映二维信息。如果图上不仅表示出地物的位置与形状，还将地面起伏形态（地貌）也表示出来，这种图便称为地形图。

一、地形图比例尺

地物、地貌投影至水平面，不可能按其真实的大小绘图，必然是将其缩小。地形图上直线的长度与其地面上相应直线的水平距离之比称为地形图的比例尺。设在地形图上直线的长度为 l，在地面上相应直线的水平距离为 L，则地形图的比例尺为：

$$\frac{l}{L} = \frac{1}{M} \tag{4-56}$$

M 称为比例尺分母。

（一）比例尺的种类

以分数形式表示的比例尺称为数字比例尺。数字比例尺的分母表示地面水平距离在图上缩小的倍数。比例尺的分母愈大，比例尺愈小；分母愈小，比例尺愈大。数字比例尺给我们一种缩小程度的概念，地面上的长度经过计算后才能得到图上的长度，这当然感到不便。但在实际工作中，常使用三棱比例尺直接在图上量得某直线的长度，使用上既方便又迅速。

而经常可见于地形图下方的为图示比例尺，其便于用分规直接在图上卡取线段的水平距离，并且可避免因图纸伸缩而引起的误差。

（二）地形图按比例尺分类

工程建设上，使用的较多的是 $\frac{1}{500}$、$\frac{1}{1000}$、$\frac{1}{2000}$、$\frac{1}{5000}$ 的地

形图，通常称这些比例尺地形图为大比例尺地形图；$\dfrac{1}{10000}$、

$\dfrac{1}{25000}$、$\dfrac{1}{50000}$、$\dfrac{1}{100000}$ 称为中比例尺地形图；小于 $\dfrac{1}{100000}$ 的则称

为小比例尺地形图。

（三）比例尺精度

通常认为人们的肉眼能在地形图上分辨出的最短距离为 0.1mm，因此，地形图上 0.1mm 所代表的实地长度称为比例尺的精度。根据比例尺的精度，可以确定在测图时地面上丈量距离应该准确到什么程度。例如测 $\dfrac{1}{1000}$ 地形图时，测量距离的精度只

需 0.1m，因为地面 0.1m 在 $\dfrac{1}{1000}$ 图上便是 0.1mm，而地面小于

0.1m 的长度即使测量了地图上也表示不出来。反过来，根据比例尺精度也可算出要在地形图上表示出某段距离应采用的比例尺。例如要求在图上能表示出 0.2m 长度的物体，则所用的比例尺不应小于

$$\frac{0.1mm}{0.2mm} = \frac{1}{2000}$$

比例尺精度表　　　　　　　　　　　表4-10

比 例 尺	1:500	1:1000	1:2000	1:5000
比例尺精度（m）	0.05	0.10	0.20	0.50

比例尺越大，表示地形的状况越详细（表4-10），精度越高；比例尺越小，表示地形的状况越简略，精度越低。但不能由此认为测图比例尺越大越好，因为同样大小的测区面积，测图比例尺越大，耗费的人力物力越大，甚至在使用上也不一定方便。

二、地形图的识读方法

（一）地形图的图名、分幅及编号

1. 图名、图廓外注记

地形图的图名一般用图幅内最著名的地名、最大的村庄和单位等名称来命名。

图廓是地形图的边框线，内图廓是图幅的边界线，外图廓是图幅最外面的粗线。正方形图幅的内图廓是坐标格网线，在内侧每隔10cm绘有5mm的短线，表示坐标格线的位置，图幅内每隔10cm绘有坐标格网的交叉点，四角处注有坐标值。在北图廓上方的中央标有图号、图名，在南图廓下方中央注有数字比例尺，有的在数字比例尺的下方画有直线比例尺。在图的左上角画有接合图表，中间画有斜线的为本幅图，其余为四周相邻图幅的图名。在图的左下角标有坐标系、高程系、等高距、地形图图式版本、测图单位与日期。

2. 地形图的分幅

大比例尺地形图通常采用正方形分幅，而城市地形图也常采用矩形分幅。正方形分幅是按统一的直角坐标格网划分的，图纸上每格10cm。一般图幅大小如表4-11所示。

正方形地形图分幅　　　　　　　　表4-11

比 例 尺	图幅大小（cm）	实地面积（km^2）	一幅1:5000 图幅内的分幅数
1:5000	40×40	4	1
1:2000	50×50	1	4
1:1000	50×50	0.25	16
1:500	50×50	0.0625	64

而城市地形图常用矩形分幅，图幅通常为40cm×50cm，也是每格10cm。其命名与编号的方法按照各地的习惯。

3. 正方形分幅编号

（1）以图幅西南角坐标值编号法（图4-52）为例，某1:5000图幅的西南角坐标值 $X = 20$km、$Y = 10$km，则其图幅编号为

191

20-10。这种编号方法便于从总图中找到所需要的图幅。

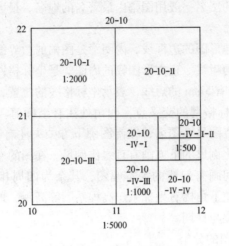

图4-52　正方形分幅编号

（2）以1:5000地形图为基础编号法　在1:5000图号的末尾分别加上Ⅰ、Ⅱ、Ⅲ、Ⅳ为1:2000图幅的编号，在1:2000图幅的末尾分别再加Ⅰ、Ⅱ、Ⅲ、Ⅳ为1:1000图幅的编号，以次类推，如图4-52所示。图幅的分幅和编号还有其他方法，应从实际出发，根据用图单位的要求，本着使测图、用图和管理方便的原则，灵活选用。

（二）识读地物

根据地物符号和注记了解地物的分布和地物的位置。地形图上表示地物要素的符号很多，归纳起来有三种：一种是非比例符号——可以用它精确地判断地物的位置，但不能判断地物的形状和大小；另一种是比例符号——可以根据它判断地物的形状和范围；再一种是半比例符号，即长度按比例缩绘，宽度不表示或用文字注记。

另外为了描述各类复杂的地形如工矿企业建筑物和公共设施的位置、形状和性质特征，国界、省界、县界以及盐碱地、龟裂

192

地和植被等的分布情况。地形图上必须按规范加以文字注记，称为地物注记，可参见相应的规范与图集。

（三）识读地貌（等高线）

地球表面高低起伏、形态万千，并不断地变化着；人们的社会经济活动，又加速了局部地区的自然形态发生变化。无论自然的还是人工的地貌，都是经济建设规划设计的重要依据，在地形图上均有正确而清楚的表示。

过地面上高程相等的相邻点所联成的闭合曲线称为等高线。它不仅可以显示地面高低起伏的形态、实际高差，并且可给人一定的立体感，它是表示地貌要素的主要手段。当地面的起伏形态无法用等高线表示时，还可用相应的其他地貌符号表示。因此，用以等高线为主，其他地貌符号为辅的方法，可将千姿百态的复杂地貌淋漓尽致地表现出来。

1. 标高投影

不同高程的水平面与地表面的截交线的正射投影配合高程注记表示地形的方法，称为标高投影。不同高程的水平面与地表面的截痕的正射投影，就是等高线（图4-53）。

我们知道，地形图上按依比例表示的地物符号是地物的轮廓线在水平面上的正射投影；不按比例表示的地物符号的位置中心，是地物实际位置中心的正射投影；等高线是不同高程的水平面与地表面截交线的正射投影。总之，地形图是地物、地貌的正射投影。

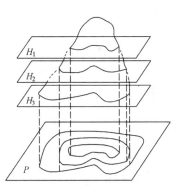

图4-53　等高线

不仅地貌主要是用标高投影法表示的，而且按比例表示的地物也是用标高投影法表示的。例如一幢其正射投影为矩形的房屋，往往在其一个角隅注记上地面的高程。这幢房屋在地形图上也是用标高投影法表示的。因此，标高投影是地形图上表示地物和地貌的主要方法。

2. 等高距与等高线平距

当用标高投影法表示地貌时，为了方便，对于同一张图来说，一般令水平截面的间隔相等，即令相邻两条等高线之间的高差相等。地形图上相邻两条等高线之间的高差，称为等高距，又称等高线间隔，用 h 表示。而相邻两条等高线之间的水平距离，称为等高线平距，用 D 表示，显然，在同一张地形图上，坡度不同，等高线平距亦不同。等高距的选择取决于地形图的比例尺、地面坡度和用图目的。一般情况下，大比例尺地形图的等高距是按表4-12中所列的数值确定的。

为了便于阅读地形图，等高线的高程应该是所选定等高距的整倍数，而不能是任意高程的等高线。

基本等高距选用值 表4-12

等高距（m） 比例尺 地面倾角	1:500	1:1000	1:2000	1:5000
6°以下	0.5	0.5	1	2
6°~15°	0.5	1	2	5
15°以上	1	1	2	5

3. 等高线的分类

按表4-12选定的等高距称为基本等高距。由于地表形态复杂多样，按基本等高距描绘的等高线往往不能充分显示地貌特征。为了更好地显示地貌特征以便于用图，地形图上采用了如下四种等高线：

（1）首曲线。又称为基本等高线。它是从高程基准面起算，按基本等高距用细实线描绘的等高线。

（2）计曲线。为便于计算高程，从高程基准面起算，每隔四条首曲线用粗实线描绘的等高线称为计曲线。一般来说，应在计曲线上适当的位置断开处注记相应高程，且字头朝向高处。

（3）间曲线。为了显示首曲线无法表示的局部地貌特征，按 1/2 基本等高距用长虚线描绘的等高线，称为间曲线，又称为半距等高线。它一般用于平缓的山顶、鞍部、微型地貌及倾斜变化的地段，描绘时可不闭合。

（4）助曲线。为了反映平坦地段地面的微小起伏，按 1/4 基本等高距，用短虚线描绘的等高线，称为助曲线，又称为辅助曲线。助曲线可不闭合。

三、地形图应用的基本内容

（一）图上量算点位坐标、两点间水平距离及直线方向角

1. 量测图上某点的坐标

地形图内图框外注有坐标格网的坐标数字。因此，可利用这一特点求出地形图上某点的坐标。如图 4-54，欲求 P 点坐标，读出该点所在方格的西南角坐标 (x_0, y_0)，过 P 作平行于坐标纵横轴的直线与 P 点所在方格线相交于 a、b 和 c、d，设以比例尺量得 $\Delta x_{量} = 28.3\text{m}$，$\Delta y_{量} = 21.6\text{m}$，则 P 点坐标为

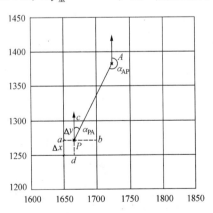

图 4-54　量测图坐标

$$x_P = x_0 + \Delta x_{量} = 1250 + 28.3 = 1278.3 \quad (m)$$

$$y_P = y_0 + \Delta y_{量} = 1650 + 21.6 = 1671.6 \quad (m)$$

为了检查图纸因使用或存放时间较长而可能产生的伸缩并提高量测的精度，可再量取方格的实际纵向与横向边长 l'_x 与 l'_y（方格的理论边长 l 通常为 10cm）对 $\Delta x_{量}$、$\Delta y_{量}$ 加以修正。

$$x_P = x_0 + \Delta x_{量} \frac{l}{l'_x} \tag{4-57}$$

$$y_P = y_0 + \Delta y_{量} \frac{l}{l'_y} \tag{4-58}$$

2. 量测图上线段水平距离

在图上量测两点之间的水平距离是在规划设计中经常用到的。如图 4-54，欲量测 AP 的平距，其方法是用校对过的比例尺（与标准尺比较，分划误差不超过 0.15mm）直接在图上量取 AP 长度。也可在检查图纸的伸缩后算得 A、P 坐标 x_A，y_A 及 x_P，y_P 再依下式计算 AP 平距：

$$D_{AP} = \sqrt{(x_P - x_A)^2 + (y_P - y_A)^2} \tag{4-59}$$

需要指出：当两点不在同一图幅内时，两点间水平距离主要是应用式（4-59）计算得到。

3. 计算直线方位角 α_{AP}

（1）图上量出直线起（x_A，y_A）、终点（x_P，y_P）坐标。

（2）计算 $\Delta x_{AP} = x_P - x_A$；$\Delta y_{AP} = y_P - y_A$。

（3）如 Δx_{AP}（+）Δy_{AP}（+），是 I 象限角，

$$\alpha_{AP} = \text{tg}^{-1} \frac{\Delta y_{AP}}{\Delta x_{AP}} \tag{4-60}$$

如 Δx_{AP}（+）Δy_{AP}（+），是 II 象限角，

$$\alpha_{AP} = \text{tg}^{-1} \frac{\Delta y_{AP}}{\Delta x_{AP}} + 180° \tag{4-61}$$

如 Δx_{AP}（+）Δy_{AP}（+），是 III 象限角，

$$\alpha_{AP} = \text{tg}^{-1} \frac{\Delta y_{AP}}{\Delta x_{AP}} + 180° \tag{4-62}$$

如 Δx_{AP}（ + ）Δy_{AP}（ + ），是Ⅳ象限角，

$$\alpha_{AP} = 360° + tg^{-1}\frac{\Delta y_{AP}}{\Delta x_{Ap}} \qquad (4\text{-}63)$$

（二）图上量算高程和坡度

如某点 E 恰在等高线上（图 4-55a），则该点高程即为该等高线的高程（$H_E = 29m$）。如某点 A 位于两等高线之间，这时，可过 A 点作大致垂直于相邻两等高线的线段 mn，量出 mn 与 mA 之图上距离，设分别为 d 和 d_1，又设等高距为 h，则 A 点高程为：

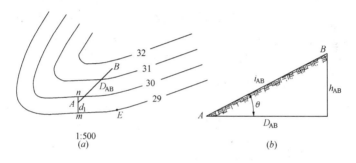

图 4-55　图上量算高程和坡度

$$H_A = H_m + \frac{d_1}{d}h \qquad (4\text{-}64)$$

如图，量得，$\dfrac{mA}{mn} = \dfrac{d_1}{d} = \dfrac{5}{9}$，$h = 1m$，则

$$H_A = 29 + \frac{5}{9} \times 1 = 29.56m$$

直线的坡度是其两端点的高差与其平距之比。确定了 A，B 两点间的高差 h_{AB}，再量测出 AB 间的水平距离 D，则可确定地面上 AB 连线的坡度 i（图 4-55b）：

$$i = tg\theta = \frac{h_{AB}}{D} = \frac{h_{AB}}{dM} \qquad (4\text{-}65)$$

式中，d 为图上 AB 长度，M 为比例尺分母，θ 为 AB 线段的倾斜角。i 一般用百分率或千分率表示。如确定 A、B 点高程分别为 29.56m 和 31.60m。量得图上 AB 长为 25mm，比例尺为 1:500，则

$$i = \frac{h_{AB}}{dM} = \frac{31.60 - 29.56}{0.025 \times 500} = \frac{2.04}{12.5} = 16\% \tag{4-66}$$

（三）利用地形图进行土方量计算

在建筑工程中，除要进行合理的平面布置外，往往还要对建筑场地进行平整，使平整后的场地适合于布置建筑物和进行施工、排水、交通运输和敷设地下管线等。场地平整时要计算填、挖土（石）方量和填、挖（石）方量的平衡以及其他要求等。这项工作可依据地形图进行。现依平整时的不同要求介绍几种土（石）方的计算方法，具体如下：

1. 要求整理成一定高程的水平面

如图 4-56 所示，地形图比例尺为 1:1000。假定要求将原地形平整为 46.5m 的水平面，做法如下：

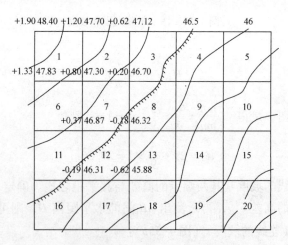

图 4-56　要求整理成一定高程的水平面

198

（1）确定填挖边界线。设计平面的高程定为46.5m，故46.5m的等高线即为填挖边界线，图中加短线标志，在该线上各点不填亦不挖，该线的西北面为挖土地带，东南面为填土地带。

（2）在地形图上绘制方格网，方格大小视地形复杂情况、地形图的比例尺及要求精度而定。根据方格顶点在相邻两等高线间的位置用内插法求出各顶点高程，注于顶点的右上方，如方格1的48.40，47.70，47.30，47.83和方格12的46.87，46.32，45.88，46.31等。

（3）各方格顶点高程减去设计高程即得填挖数值，注于顶点的左上方。如方格1的＋1.90，＋1.20，＋0.80，＋1.33和方格12的＋0.37，－0.18，－0.62，－0.19等，正值表示挖土，负值表示填土。

（4）计算填挖土方量。有些方格为全挖方，如方格1，2，6，有些方格则为全填方，如方格5，9，10，13，14，15，17，…20，而有些方格既有挖方，又有填方，如方格3，4，7，8，11，12，16。取每个方格顶点的填（挖）高度的平均值与其填（挖）面积相乘即得每个方格的填（挖）土方量。求出各个方格之填（挖）土方量后，其和即为总填（挖）方量。例如方格1及方格12之填（挖）土方量计算如下

$$V_{1挖} = \frac{1}{4}（1.9 + 1.2 + 0.8 + 1.33）A_1 = 1.31A_1 （m^3）$$

$$V_{12填} = \frac{1}{5}（-0.18 - 0.62 - 0.19 + 0 + 0）A_{12填}$$

$$= -0.20A_{12填} （m^3）$$

$$V_{12挖} = \frac{1}{3}（+0.37 + 0 + 0）A_{12挖} = 0.12A_{12挖} （m^3）$$

2. 要求整理成地面平均高程的水平面

如图4-57所示，欲将该地区平整成地面平均高程的水平面，做法如下：

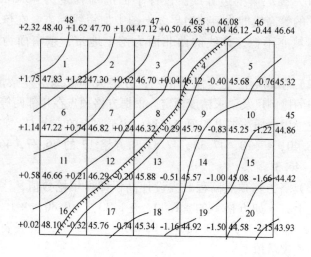

图 4-57 要求整理成地面平均高程的水平面

（1）绘制方格，依据等高线内插各方格顶点高程。

（2）将每一小方格顶点高程加起来除以4，得到每一小方格的平均高程，再将各小方格的平均高程加起来除以方格总数即得设计高程。经计算，本例设计高程为46.08m。按内插法在图上绘出46.08m等高线（图中加短线标志）。即为不填不挖的位置。如把该线在地面用木桩定出来，就是填挖土方的分界线，又称为±0线。

（3）计算填挖高度。有了设计高程就可以计算每一小方格顶点的填挖高度。前已算出设计高程为46.08m，则方格1顶点的填挖高度为 +2.32，+1.62，+1.22，+1.75，方格12顶点的填挖高度为 +0.74，+0.24，-0.20，+0.21。正数为挖深，负数为填高，填挖高度注于小方格顶点左上方。

（4）计算每一小方格的填挖土方量和总的填挖土方量。方法同前。由上述方法计算出的填方总量和挖方总量应基本相等，即土方填挖量取得平衡。

四、GIS（地理信息系统）简介

（一）GIS 的概念

与地理位置有关的信息，就叫地理信息。这样的信息相当广泛，如耕地的分布、林地的分布、城镇的分布、楼房等建筑物的分布、道路、河流、海岸、人口、医院、学校、企事业单位、管线等等，凡是需要用"位置"去描述的东西，都属于"地理信息"。

地理信息系统（Geographical Information System）就是一个专门管理地理信息的计算机软件系统。首先，GIS 是一种计算机系统，它具备一般计算机系统所具有的功能，如采集、管理、分析和表达数据等。其次，GIS 处理的数据与地理信息有着直接或间接的关系。地理信息是有关地理实体的性质、特征、运动状态的表征和一切有用的知识，而地理数据则是各种地理特征和现象间关系的符号化表示，包括空间位置、属性特征（简称属性）及时域特征三部分。空间位置数据描述地物或现象所在位置；属性数据有时又称作非空间数据，是属于一定地物或现象、描述其特征的定性或定量指标；时域特征是指地理数据采集或地理现象发生的时刻或时段。由此，可以简单地定义地理信息系统为用于采集、模拟、处理、检索、分析和表达地理空间数据的计算机信息系统。地理信息系统是有关空间数据管理和空间信息分析的计算机系统。依照其应用领域，地理信息系统可分为土地信息系统、资源管理信息系统、地学信息系统等；根据其使用的数据模型，可分为矢量、栅格和混合型信息系统；根据其服务对象，可分为专题信息系统和区域信息系统等等。

与一般的管理信息系统相比，地理信息系统具有以下特征：①地理信息系统在分析处理问题中使用了空间数据与属性数据，并通过数据库管理系统将两者联系在一起共同管理、分析和应用，从而提供了认识地理现象的一种新的思维方法；而管理信息系统则只有属性数据库的管理，即使存储了图形，也往往以文件等机械形式存储，不能进行有关空间数据的操作，如空间查询、检索、相邻分析等，更无法进行复杂的空间分析。②地理信息系统强调空间分析，通过利用空间解析式模型来分析空间数据，地理信息系统的成功应用依赖于空间分析模型的研究与设计。

综上所述，地理信息系统可定义为：由计算机系统、地理数据和用户组成的，通过对地理数据的集成、存储、检索、操作和分析，生成并输出各种地理信息，从而为土地利用、资源管理、环境监测、交通运输、经济建设、城市规划以及政府各部门行政管理提供新的知识，为工程设计和规划、管理决策服务。

（二）地理信息系统与地图学及电子地图

地图作为记录地理信息的一种图形语言形式，最为古老，久负盛誉。从历史发展看，地理信息系统脱胎于地图，并成为地图信息的又一种新的载体形式，它具有存储、分析、显示和传输的功能，尤其是计算机制图为地图特征的数字表示、操作和显示提供了成套方法，为地理信息系统的图形输出设计提供了技术支持；同时，地图仍是目前地理信息系统的重要数据来源之一。但两者间有着一定的差别：地图强调的是数据分析、符号化与显示，而地理信息系统则注重于信息分析。同时，地图学理论与方法对地理信息系统的影响很大，并成为地理信息系统发展的根源之一。

从系统组成和功能上，一个地理信息系统拥有机助制图系统的所有组成和功能，并且地理信息系统还有数据处理的功能。但随着电子制图系统（Electronic Manning System，EMS）的出现和发展，出现了电子图集。与传统地图集相比，电子地图集有许多新的特征：①声、图文和数据多媒体集成，把图形的直观性、数字的准确性、声音的引导性和亲切感相结合，充分利用了读者的各种感官；②查询检索和分析决策功能，能够支持从地图图形到属性数据和从属性数据到图形的双向检索；③图形动态变化功能，从开窗缩放、创览阅读等基本功能到地图动画功能、多维动画图形模拟等；④具有良好的用户界面，使读者介入地图的生成过程；⑤多级比例尺之间的相互转换，由于计算机屏幕幅面的限制和计算机潜在的计算功能和巨大的存贮能力，要求具有多级比例尺不同程度的制图综合功能。与地理信息系统相比，由于电子制图系统具有电子地图图集的功能，因此它所拥有的表达与显示空间信息的功能更强。好的电子制图系统应具有地理信息系统的所有功能，并且具有在电子媒体上应用各种不同的格式来创建、存贮和表达资料信息的能力。

第七节 施工测设的基本工作

一、施工测设概述

各种在工程施工阶段所进的测量工作，称为施工测量。主要包括：施工控制网的建立，施工测设，工程竣工后测绘各种建筑物或构筑物建成后的实际情况的竣工测量，以及在施工期间测定建筑物在平面和高程方面产生的位移和沉降的变形观测等。

其中施工测设（放样）的实质，是将图纸上的建筑物的一些轮廓点或特征点的平面位置和高程标定于实地上。也就是利用测量仪器将图纸或设计资料上的点位关系通过水平角度、水平距离和高（差）的测设表示于实地。

测设这三个基本要素以确定点的空间位置，就是施工放样的基本工作。

二、测设的基本工作

（一）水平距离测设

如图 4-58，根据一已知点 A，沿一定方向，测设出另一点 B，使 AB 的水平距离等于设计长度，称为距离放样，其

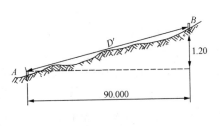

图 4-58 水平距离测设

程序与丈量距离正好相反。

对于一般精度要求的距离，可用普通钢卷尺测设，测设时按给定的方向，量出所给定的长度值，即可将线段的另一端点测设出来。为了校核，对测设的距离应往返丈量，若其差值在限差内，可取其平均值作为最后结果，并对 B 点位置作适当改正。当测设精度要求较高时，则要结合现场情况，预先进行钢尺的尺长、温度、倾斜等改正。若设计的水平距离为 D，则在实地上应放出的距离 D' 为

$$D' = D - \frac{\Delta l}{l}D - \alpha\ (t - t_0)\ D + \frac{h^2}{2D} \tag{4-67}$$

式中　Δl——尺长改正；

　　t——测设时的温度；

　　h——线段两端点间的高差，可用水准仪测得。

当用电磁波测距仪进行已知距离的测设时，则更加方便。测设时，可在 A 点安置测距仪，指挥立镜员在 AB 方向 B 点的位置前后方向附近设置反光镜，测出距离后与已知距离比较，并将差值 ΔD 通知立镜员，由立镜员在视线方向上用小钢尺准确量出 ΔD 值，即可放出 B 点位置。然后在 B 点安置反光镜再实测 AB 的距离，若与 D 的差值在限差以内时，AB 即为测设结果。

（二）水平角测设

根据一个已知方向和已知的角值，将角度的另一个方向测设到地面上称水平角测设。对于一般精度要求的水平角，可采用盘左、盘右的方法测设，如图 4-59 所示。设在地面上已有方向线 OA，要在 O 点测设另一方向 OB，使 $\angle AOB = \beta$。为此，置经纬仪与 O 点，盘左照准点 A 并读数，然后转动照准部，使度盘读数增加 β 值、在视线方向上定出 B' 点。倒镜变盘右，重复上述步

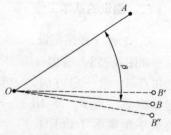

图 4-59　水平角测设

骤，各地面上定出 B'' 点。取 B' 和 B'' 的中点 B，$\angle AOB \approx \beta$。

当测设精度要求较高的水平
角时，如图 4-60 所示，置经纬
仪于 O 点，先盘左按上述方法测
设出 B' 点，然后用经纬仪对
$\angle AOB'$ 观测若干测回，测回数可
根据精度要求而定，取平均值得
$\angle AOB = \beta_1$。设比应测设角 β 小
（大）$\Delta\beta$，可根据 OB' 的长度和
$\Delta\beta$ 算出距离 $B'B$ 为：

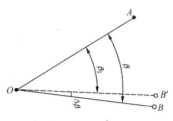

图 4-60　高精度水平角测设

$$B'B = OB' \mathrm{tg} \Delta\beta \qquad (4-68)$$

从 B' 点沿 OB' 的垂线方向向外（内）量出 $B'B$，即可定出 B
点，则 $\angle AOB = \beta$ 就是要测设的 β 角。

（三）高程测设

点的高程测设通常是根据附近的水准点，用水准测量的方法
进行测设。如道路工程路中心设计标高的测设；建筑工程中室内
地坪的设计高程（假定为 ±0）的测设等均属此项工作。如图 4-
61 所示，水准点 BM_A 的高程为 249.053m，今要求测设 B 点，使
其等于设计高程 250.585m。为此在 BM_A 和 B 点间安置水准仪，
后视 BM_1，得读数为 2.316m，则视线高程为

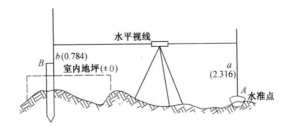

图 4-61　高程测设

$$H_i = 249.053 + 2.316 = 251.369 \ (\text{m})$$

根据视线高程和 B 点设计高程可算出 B 点尺上的应读前视读数为

$$H_i - H_A = 251.369 - 250.585 = 0.784 \ (\text{m})$$

测设时，先在 B 点打一木桩并在桩顶立尺读数，逐渐向下打桩，直至立在桩顶上水准尺的读数为 0.784m，此时桩顶的高程即为 B 点的设计高程。也可将水准尺沿木桩的侧面上下移动，直至尺上读数为 0.784m 时，沿尺底在木桩上画一水平线或钉一小钉，即为 B 点的设计高程。

三、测设点平面位置的方法

测设点的平面位置，可根据控制点分布的情况、地形及现场条件等，选用直角坐标法、极坐标法、角度交会法和距离交会法等。

（一）直角坐标法

当建筑物已设有主轴线或在施工场地上已布置建筑方格网时，可用直角坐标法来测设点位。如图 4-62 所示，设计图中已给出建筑物四个角点的坐标，如 A 点的坐标为 (x_A, y_A)，先在建筑方格网的 O 点上安置经纬仪，瞄准 y 方向测设距离 y_A 得 E 点；然后搬仪器至 E 点，仍瞄准 y 方向，向左测设 $90°$ 角，沿此方向测设距离 x_A，即得 A 点位置，并沿此方向测设出 B 点。C、D 点的测设方法相同，最后应检查建筑物的边长是否等于设计长度，误差在限差之内即可。直角坐标法计算简单、施测方便、精度较高，但要求场地平坦，有建筑方格网可用。

（二）极坐标法

根据一个极角和一段极距测

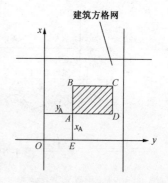

图 4-62　直角坐标法

设点的平面位置，称为极坐标法。如图 4-63 所示，P 点的位置可由控制点 AB 与 AP 的夹角 β 和 AP 的距离 D_{AP} 来确定。极角 β 与极距 D_{AP} 可由坐标反算求得（参见第六节中反算坐标方位角部分）。设 P 点的设计坐标为 (x_P, y_P)，则：

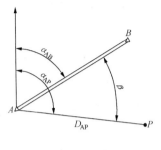

图 4-63　极坐标法

$$\beta = \alpha_{AP} - \alpha_{AB} \qquad (4-69)$$

$$D_{AP} = \sqrt{(x_P - x_A)^2 + (y_P - y_A)^2}$$

$$(4-70)$$

实地测设时，可置经纬仪于控制点 A 上，后视 B 点放出 β 角，然后沿线方向测设距离 D_{AP} 即得 P 点位置。此法较灵活，当使用测距仪或全站仪放样时，应用极坐标法，其优越性是显而易见的。

（三）角度交会法

根据两个或两个以上的已知角度的方向交会出的平面位置，称为角度交会法。当待测点较远或不可到达时，如桥墩定位、水坝定位等，常用此法。

如图 4-64 所示，P 为待测点，坐标已知，根据控制点 A、B 的坐标可算出交会角 β_1 和 β_2，然后用两台经纬仪在 A、B 点上分别拔出交会角，两方向的交点即得 P 点位置。

（四）距离交会法

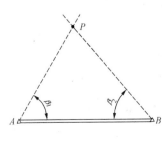

图 4-64　角度交会法

根据两段已知距离交会出点的平面位置，称为距离交会法。如图 4-65 所示，P 为待测点，可用坐标反算或在设计图上求得 P 点至控制点 A、B 的水平距离 D_1 和 D_2，然后在 A、B 点上分别量取 D_1 和 D_2，其交点即为 A 点的位置。在施工中放样细部场地平坦，距离不超过一尺段时，用此法比较适宜。

四、已知坡度直线的测设

在道路、渠道、给水排水工程中经常要测设指定的坡度线，又称放坡。如图 4-66 所示，要求由 A 点沿山坡测设一条坡度为 5% 的坡度线可先算出该坡度线的倾斜角为

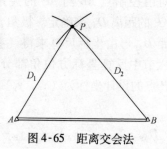

图 4-65　距离交会法

$$\alpha = -0.025 \times \frac{180°}{\pi} = -1°25'57''$$

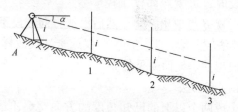

图 4-66　放坡

然后安置经纬仪于 A 点，设置倾斜角 α，此时视线既为要测设的坡度线。在视线方向上，按一定间距定出 1、2、3 等其余点，使各点桩顶所立标尺或标杆的读数正好为仪高 i 时，则各桩顶连线即为设计的坡度线。在坡度比较平缓时，也可以用水准仪测设。

第八节　GPS（卫星定位系统）与全站仪简介

一、GPS（卫星定位系统）测量的特点

（一）卫星定位历史、展望

GPS 是全球定位系统（Navigation Satellite Timimg and Ranging/Global Positioning System，NAVSTAR/GPS）的英文缩写，它的含义是利用卫星的测时和测距进行导航，以构成全球定位系统

（图4-67为GPS卫星接收天线）。现在国际上公认，将这一全球
定位系统简称为GPS，它是美
国国防部主要为满足军事部门
对海上、陆地和空中设施进行
高精度导航和定位的要求而建
立的，该系统自1973年开始
设计、研制，历时20年，于
1993年全部建成。

GPS是目前世界上最先
进、最完善的卫星导航系统与
定位系统，它不仅具有全球
性、全天候、实时高精度，三维导航与定位能力，而且具有良好
的抗干扰和保密性。因此引起世界各国军事部门和广大民用部门
的普遍关注，由于GPS定位技术的高度自动化，其所达到的高
精度和具大潜力也引起测绘界的高度重视，特别是近几年来，
GPS定位技术在应用基础的研究、新应用领域的开拓、软件和硬
件的开发等方面都取得了迅速的发展，广泛的科学实验活动也为
这一新技术的应用展现极为广阔的前景。

目前，GPS精密定位技术已广泛地渗透到经济建设和科学技
术的许多领域，尤其是在大地测量学及相关学科领域，如地球动
力学、海洋大地测量学、地球物理勘探、资源勘察、航空与卫星
遥感、工程测量学等方面的广泛应用，充分显示了卫星定位技术
的高精度和高效益。

近年来，GPS精密定位技术已在我国得到广泛的应用，在大
地测量中、工程测量与变形监测、资源勘察及地壳动力监测等方
面取得了良好的效果和成功经验，充分证明了GPS精密定位技
术优越性和巨大潜力。在新的世纪里，GPS导航与定位技术将会
获得进一步的发展，应用将更为广泛，效益会更为显著，将为我
国经济建设的发展和科学技术的进步发挥更大的作用。

（二）卫星定位特点

图4-67　GPS卫星接收天线

GPS 卫星定位技术与常规测量相比，具有以下优点：

1. GPS 点之间不要求相互通视，对 GPS 网的几何图形也没有严格的要求，因而使 GPS 点位的选择更为灵活，可以自由布设。

2. 定位精度高。目前采用载波相位进行相对一位，精度可达 1×10^{-6}。

3. 观测速度快。目前，利用静态定位方法，完成一条基线的相对定位所需要的，根据要观测的精度不同，一般约为 1～3h。如果采用快速静态相对定位技术，观测时间可缩短到数分钟。

4. 功能齐全。GPS 测量可同时测定测点的平面位置和高程，采用实时动态测量可进行施工放样。

5. 操作简便。GPS 测量的自动化程度很高，作业员在观测时只需要安置和开启、关闭仪器，量取天线高度，监视仪器的工作状态及采集环境的气象数据，而其他如捕获、跟踪观测卫星和记录观测数据等一系列测量工作均由仪器自动完成。

6. 全天候、全球性作业。由于 GPS 卫星有 24 颗而且分布合理，在地球任何地点、任何时间均可连续同步观测到 4 颗以上的卫星，因此在任何地点、任何时间均可进行 GPS 测量。GPS 测量一般不受天气情况的影响。

二、GPS（卫星定位系统）测量的原理

（一）GPS 系统的组成

GPS 系统由三部分组成，即空间部分、地面监控部分和用户设备部分。

1. 空间部分

GPS 系统的空间部分是指 GPS 工作卫星星座。GPS 工作卫星星座由 24 颗卫星组成，其中 21 颗工作卫星和 3 颗备用卫星，均匀分布在 6 个轨道上。卫星轨道平面相对地球赤道的倾角为 55°，各个轨道平面之间交角为 60°。轨道平均高度 20200km，卫星运行周期为 11h58min，同一轨道上各卫星之间的交角为 90°，GPS 卫星的上述时空配置，保证了地球上任意地点，在任何时刻均至少可以

同时观测到 4 颗卫星，因而满足精密导航和定位的需要。

GPS 卫星的基本功能是：

（1）执行地面监控站的控制指令，接收和储存由地面监控站发来的导航信息；

（2）向 GPS 用户发送导航电文，年代导航和定位信息；

（3）通过高精度原子钟（铷钟和铯钟）向用户提供精密的时间标准；GPS 卫星上设有微处理机，可进行必要的数据处理工作，并可根据地面监控站指令，调整卫星姿态、启动备用卫星。

2. 地面监控部分

GPS 地面监控部分目前由 5 个地面站组成，包括主控站、信息注入站和监测站，主控站设在美国本土科罗拉多（Colorado Springs）的联合空间执行中心 CSOC，主控站除协调、管理所有的地面监控系统的工作外，其主要任务还有：

（1）根据各监测站提供的观测资料推算编制各颗卫星的星历，卫星钟差和大气层修正参数等，并把这数据传送到注入站。

（2）提供全球定位系统的时间监测站和 GPS 卫星的原子钟，均应与主控站的原子钟同步，或观测出其间的钟差，并将钟差信息编入导航电文送到注入站。

（3）调整偏离轨道的卫星，使之沿预定的轨道运行。

（4）启用备用卫星以取代失效的工作卫星。

注入站现有 3 个，分别设在印度洋的迭哥加西亚（Diego Garcia）南在大西洋的阿松森岛（Ascencion）的南太平洋的卡瓦加兰（Kwajalein）。注入站的主要任务是在主控站的控制下，将主控站推算出和编制的卫星星历、钟差、导航电文和其他控制指令等注入到相应卫星的存储系统，并监测注入信息的正确性。

监测站的主要任务是为主控站编算导航电文提供观测数据，监测站现有 5 个，一控站、注入站兼做监测站，另外一个设在夏威夷。每个监测站均设有 GPS 接收机，对每颗可见卫星进行连续观测，并采集气象要素等数据。

整个 GPS 地面监控部分，除主控站外均无人值守。各站间用现代化的通讯系统联系起来，在原子钟和计算机的驱动和精确控制下，各项工作实现了高度的自动化和标准化。

3. 用户设备部分

GPS 系统的用户设备部分由 GPS 接收机硬件和相应的数据处理软件以及微处理机及其终端设备组成，GPS 接收机硬件包括接收机主机、天线和电源，它的主要功能是接收 GPS 卫星发射的信号，以获得必要的导航和定位信息及观测量，并经简单数据处理而实现实时导航和定位。GPS 软件是指各种后处理软件包，它通常由厂家提供，其主要作用是对观测数据进行精加工，以便获得精密定位结果。

GPS 接收机的类型，一般可分为导航型、测量型和授时型三类，测量单位使用的 GPS 接收机一般为测量型。

（二）定位原理与模式

1. 定位原理（图 4-68）

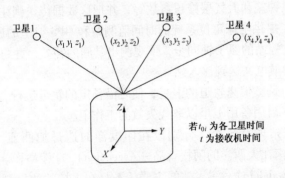

$$(x_1-x)^2+(y_1-y)^2+(z_1-z)^2+c^2\cdot(t-t_{01})=d_1^2$$
$$(x_2-x)^2+(y_2-y)^2+(z_2-z)^2+c^2\cdot(t-t_{02})=d_2^2$$
$$(x_3-x)^2+(y_3-y)^2+(z_3-z)^2+c^2\cdot(t-t_{03})=d_3^2$$
$$(x_4-x)^2+(y_4-y)^2+(z_4-z)^2+c^2\cdot(t-t_{04})=d_4^2$$

求解未知数
$(x,y,z,\ t)$
定位　定时

图 4-68　定位原理

GPS 的基本定位原理是：卫星不间断地发送自身的星历参数和时间信息，用户接收到这些信息后，经过计算求出接收机的三维位置，三维方向以及运动速度和时间信息。

2. 定位模式

按定位方式，GPS 定位分为单点定位和相对定位（差分定位）。单点定位就是根据一台接收机的观测数据来确定接收机位置的方式，只可用于车船等的概略导航定位。相对定位（差分定位）是根据两台以上接收机的观测数据来确定观测点之间的相对位置的方法，大地测量或工程测量均采用相对定位。

在定位观测时，若接收机相对于地球表面运动，则称为动态定位，如用于车船等概略导航定位的精度为 30 ~ 100m 的伪距单点定位，或用于城市车辆导航定位的米级精度的伪距差分定位，或用于测量放样等的厘米级的相位差分定位（RTK），实时差分定位需要数据链将两个或多个站的观测数据实时传输到一起计算。在定位观测时，若接收机相对于地球表面静止，则称为静态定位，在进行控制网观测时，一般均采用这种方式由几台接收机同时观测，它能最大限度地发挥 GPS 的定位精度，专用于这种目的的接收机被称为大地型接收机，是接收机中性能最好的一类。目前，GPS 已经能够达到地壳形变观测的精度要求，IGS 的常年观测台站已经能构成毫米级的全球坐标框架。

三、全站仪及测量机器人的构造特点

（一）电子全站仪

全站仪，即全站型电子速测仪（Electronic Total Station）。全站型电子速测仪是由电子测角、电子测距、电子计算和数据存储单元等组成的三维坐标测量系统，测量结果能自动显示，并能与外围设备交换信息的多功能测量仪器。由于全站型电子速测仪较完善地实现了测量和处理过程的电子化和一体化，所以人们也通常称之为全站型电子速测仪或简称全站仪（图 4-69 为全站仪主机，图 4-70 为反射棱镜）。

4-69 全站仪主机

图 4-70 全站仪反射棱镜

全站仪本身就是一个带有特殊功能的计算机控制系统。从总体上看，全站仪由下列两大部分组成：

1. 为采集数据而设置的专用设备：主要有电子测角系统、电子测距系统、数据存储系统，还有自动补偿设备等。

2. 过程控制机：主要用于有序地实现上述每一专用设备的功能。过程控制机包括与测量数据相联接的外围设备及进行计算、产生指令的微处理机。只有上面两大部分有机结合，才能真正地体现"全站"功能，即既要自动完成数据采集，又要自动处理数据和控制整个测量过程。

各单元间相互关系如下：

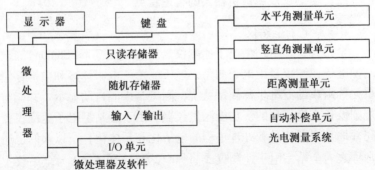

（二）测量机器人

测量机器人由自动跟踪全站仪和计算机组成。在计算机的指挥下，全站仪发射红外光束，并利用自准直原理和 CCD 图像处理功能，无论在白天还是黑夜，都能实现目标的自动识别、照准与跟踪。自动目标识别和照准可分为三个过程：目标搜索过程、目标照准过程和测量过程。启动 ATR 测量时，全站仪中的 CCD 相机视场内如果没有棱镜，则先启动电动马达旋转照准部与望远镜进行目标搜索；一旦在视场内出现棱镜，即刻进入目标照准过程；达到照准允许精度后，启动距离和角度的测量，进行数据的自动采集、记录和计算（见图 4 - 72、图4 - 73）。

图 4 - 71　徕卡 TCA2003

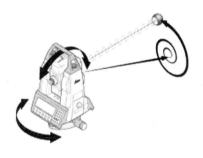

图 4 - 72　测量过程

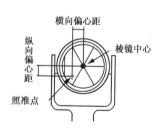

图 4 - 73　照准测量

典型机型：徕卡 TCA2003（图 4 - 71）

测角精度：±0.5″（水平角，竖直角）

测距精度：±（1 + 1ppm）mm

自动照准（ATR）测程：1000m（中等能见度）

徕卡的 TPS 系列的测量机器人技术相对成熟，采用模块化的部件，硬件与软件的扩展性好，其中 TCA2003 更是目前所有同类型仪器中精度最高的。用户可自编应用程序进行二次开发，以完成特定的工程任务。已开发的应用领域有：

1. 变形监测系统：对大坝、滑坡体、地铁、隧道、桥梁、超高层建筑进行大范围的、无人值班的、全天候、全方位的自动监测。

2. 自动引导系统：地下开挖、路桥等工程施工的引导，控制工程施工机械的按照设计要求作业等。

3. 工业测量系统：飞机、轮船等的外形质量控制等方面。

上海市市政二公司采用 TPS1100 型测量机器人自主开发了"雄鹰顶管系统"，解决了长距离曲线顶管工程中的测量问题，获得巨大的经济和社会效益。而 TCA2003 则是上海磁悬浮列车轨道梁的精确定位时所用的惟一一种仪器。

测量机器人是新世纪先进生产工具的代表，高速度、高精度、智能化的特点使其成为监测领域的利器，将在土木工程测量中得到越来越广泛的应用。

四、全站仪施测定位的一般方法

传统的测量定位需测定三个要素，即水平角、水平距离和高差，且以上个要素分别用三种不同的仪器或工具测定，经纬仪测角、钢尺量距、水准仪测高差。而全站仪所测定的要素则有所不同，为如下三要素：水平角、竖直角（或天顶距 Z）与斜距 S。全站仪就是利用这三个要素并配合微处理器与相关软件完成各种复杂的测量任务。现介绍其中常用的几种：

（一）坐标测量(图 4-74)

照准后视点，输入测站点坐标、仪器高、目标高和后视坐标方位角。然后照准待测点

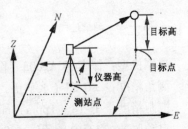

图 4-74　坐标测量

即可用坐标测量功能测定目标点的三维坐标（N、E、Z），也就是（X、Y、H）。

（二）施工放样（图4-75）

在输入测站点坐标、仪器高、目标高和后视坐标方位角，以及输入待放样点坐标（或角度、距离）后，仪器自动计算出放样的角度与距离值，即可进行目标点两维或三维坐标的施工放样。

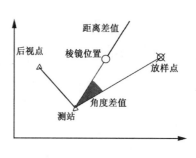

图4-75　施工放样

（三）悬高测量（图4-76）

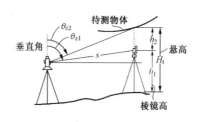

图4-76　悬高测量

悬高测量功能用于无法在其上设置棱镜的物体，如高压输电线、悬空电缆、桥梁等高度的测量。输入棱镜高度 h_1 后，测出斜距 S 和两个垂直角 θ_{z1}，θ_{z2}，全站仪处理器利用下式计算：

$$H_t = h_1 + h_2 \qquad (4-71)$$

$$h_2 = S\sin\theta_{z1} \times \cot\theta_{z2} - S\cos\theta_{z1} \qquad (4-72)$$

H_t 即为悬高（目标点到地表面的高度）。

（四）后方交会（图4-77）

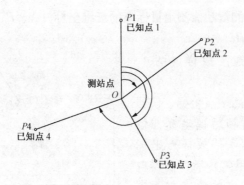

图 4-77　后方交会

后方交会测量用于对多个已知点的观测从而定出测站点的坐标。预先输入内存中的坐标数据可作为已知数据调用。

输入已知点 1，2，…，n 的坐标，仪器自动观测记录水平角观测值、垂直角观测值、距离观测值，计算出测站点三维坐标。3～10 个已知点可不必测距，如已知点数仅有 2 个则必须测距离。

五、全站仪使用中的注意事项

（一）工程实际使用中的注意点

1. 地球表面两点间的距离实质为一段弧线，而用全站仪或测距仪测定距离都是直线距离，因此当测段长度较大时必须进行曲率改正。

2. 由于测量方式（三角高程法）的局限，尽量避免用全站仪测高程。如用全站仪测高程时应采用对向观测并尽量同步观测时间以消除球气差。

3. 不同厂家的仪器配件的常数不尽相同（如棱镜常数），因此尽量避免混用以免造成隐患。

4. 一般市政工程对测距精度要求为厘米级，因此大气常数、温度和湿度等可不输入。但是当测量精度要求达到毫米级时，就必须考虑环境的常数改正，需配备温度、湿度以及气压计等辅助设备以读出这些环境常数并输入仪器。

5. 一般来说，仪器越精密就越敏感。特别是补偿器在打开状态下，外界稍有风吹草动，仪器的读数就会跳动。这对习惯于光学经纬仪读数的人来说，可能很不适应。不过这并不代表仪器故障或精度不够，观测环境较恶劣时如周围振动或风速很大等情况下可将补偿器关闭。

（二）维护保养

1. 仪器装箱前要先关闭电源并卸出电池。至少 3 个月为电池充放电一次，以防止电池因自放电导致电量过低而造成不可逆损坏。推荐将电池存储于 0 ~ +20℃ 的干燥环境中。

2. 观测过程中，养成良好习惯。勿用手指触摸仪器镜头。擦拭镜头要用专用的绒布或镜头纸，或用棉花蘸有机溶剂如丙酮等擦拭，但不可用有机溶剂擦拭面板、按钮等塑胶部件。

3. 仪器应做好防尘、防潮的工作。平时应保存于恒温干燥的环境之中，如要搬移至温差较大的环境中去，应打开电池盖，放置一段时间以使仪器内外温度一致。

4. 仪器如不得已要迎着日光工作，应套上滤色镜。

5. 不可将仪器主机直接放置于地面，以免连接螺孔进砂，损坏仪器。

6. 应定期检校仪器。

第五章　城市道路工程

第一节　城市道路基础知识

一、城市道路的组成和特点

（一）城市道路的组成

1. 车行道：供各种车辆行驶的路面部分。可分为机动车道和非机动车道。供带有动力装置的车辆（大小汽车、电车、摩托车等）行驶的为机动车道，供无动力装置的车辆（自行车、三轮车等）行驶的为非机动车道。

2. 人行道：人群步行的道路。包括地下人行通道和人行天桥。

3. 分隔带（隔离带）：是安全防护的隔离设施。防止车辆越道逆行的分隔带设在道路中线位置，将左右或上下行车道分开，称为中央分隔带。

4. 排水设施：包括用于收集路面雨水的平式或立式雨水口（进水口）、支管、窨井等。

5. 交通辅助性设施：为组织指挥交通和保障维护交通安全而设置的辅助性设施。如：信号灯、标志牌、安全岛、道口花坛、护拦、人行横道线（斑马线）、分车道线及临时停车场和公共交通车辆停靠站等。

6. 街面设施：为城市公用事业服务的照明灯柱、架空电线杆、消防栓、邮政信箱、清洁箱等。

7. 地下设施：为城市公用事业服务的给水管、污水管、煤气管、通讯电缆、电力电缆等。

（二）城市道路特点

与公路比较，城市道路具有以下特点：

1. 功能多样、组成复杂、艺术要求高；

2. 车辆多、类型混杂、车速差异大；

3. 道路交叉口多，易发生交通阻滞和交通事故；

4. 城市道路需要大量附属设施和交通管理设施；

5. 城市道路规划、设计和施工的影响因素多；

6. 行人交通量大，交通吸引点多，使得车辆和行人交通错综复杂，机、非相互干涉严重；

7. 城市道路规划、设计政策性强，必须贯彻有关的方针和政策。

二、道路的分类与技术标准

（一）道路的分类

道路的功能主要是为各种车辆和行人服务。道路因其所处位置、交通性质及功能特点不同，主要可分为公路和城市道路两大类。

1. 公路

公路是联系城、镇和工矿基地、港口及集散地等，主要供汽车行驶，具备一定技术和设施的道路。我国公路根据其使用任务、性质和适应的交通量，按 2003 年交通部颁发的《公路工程技术标准》（JTGB01—2003）（以下简称《标准》）中规定，把公路分为高速公路、一级公路、二级公路、三级公路和四级公路五个等级。高速公路为具有特别重要的政治、经济意义，专供汽车分向、分车道行驶并全部控制出入的干线公路。公路等级的选用，应根据公路网的规划，从全局出发，按照公路的使用任务、功能和远景交通量综合确定。

2. 城市道路

城市道路是指城市内部，供车辆和行人通行的具备一定技术条件和设施的道路。它是城市组织生产、安排生活、搞活经济、物质流通所必须具备的条件，是连接城市各个功能分区和对外交通的纽带。城市道路也为城市通风、采光以及保持城市生活环境提供所需要的空间，并为城市防火、绿化提供通道和场地。

我国城市道路根据其在道路系统中的地位、交通功能以及对沿线建筑物的服务功能及车辆、行人进出频度，国家建设部在1991年颁发的行业标准《城市道路设计规范》（CJJ 37—90），把城市道路分为四类十级。

（1）快速路

在特大或大城市中设置，主要为城市中大量、长距离的快速交通服务；是联系城市各主要功能分区及为过境交通服务。快速路由于车速高、流量大，故采用分向、分车道，全立交、快速路两侧不应设置吸引大量车流、人流的公共建筑物的进出口，两侧一般建筑物的进出口应加以控制。

（2）主干路

是联系城市中各功能分区（如工业区、生活区、文化区等）的干路，以交通功能为主，负担城市的主要客、货运交通，是城市内部交通的大动脉。

（3）次干路

是城市中数量较多的一般交通道路。它与主干路组合成道路网，起集散交通的作用，兼有服务功能。

（4）支路

是城市中数量较多的一般交通道路。支路应为次干路与街坊路的连接线，解决局部地区交通，以服务功能为主。

（二）城市道路分级

上述分类，除快速路外，每类道路按照所在城市的规模、设计交通量、地形等分为Ⅰ、Ⅱ、Ⅲ级。大城市应采用各类道路中的Ⅰ级标准；中等城市应采用Ⅱ级标准；小城市应采用Ⅲ级标准。

城市道路按道路的横向布置可分为四类，见表5-1。城市道路的主要技术指标汇总表 5-2。

按道路的横向布置分类　　　　　　　　　　表 5-1

道路类别	车辆行驶情况	适 用 范 围
单幅路	机动车与非机动车混合行驶	用于交通量不大的次干路、支路
双幅路	分流向，机、非混合行驶	机动车交通量较大，非机动车交通量较少的主干路、次干路
三幅路	机动车与非机动车分道行驶	机动车与非机动车交通量均较大的主干路、次干路
四幅路	机动车与非机动车分流向分道行驶	机动车交通量大，车速高；非机动车多的快速路、主干路

城市道路的主要技术指标汇总缆　　　　　　表 5-2

	快速路		主干路			次干路			支路		
			I	II	III	I	II	III	I	II	III
设计车速（km/h）	80	60	60 50	50 40	40 30	50 40	40 30	30 20	40 30	30 20	20 20
最小半径（m）	250	150	150 100	100 70	40	100	40	20	40 30	20	
推荐半径（m）	400	300	300	200	150	200	85		85	40	
不设超高半径（m）	1000	600	600	400	300	400	150	70	150	70	
平曲线最小长度（m）	140	100	100	85	70	85	50	40	50	40	
圆曲线最小长度（m）	70	50	50	40	35	40	25	20	25	20	
缓和曲线最小长度（m）	70	50	50	45	35	45	25	20	25	20	
最大超高横坡（%）	6	4	4			4	2		2		
停车视距（m）	110	70	70	60	40	60	30	20	30		
最大纵坡（%）	6	7	7	8	9	7	9	9	9	9	
合成纵坡（%）	7	6.5	6.5	6.5	7	6.5	7	8	7		
纵坡限制长度（m）	400	300	300	200	300						
纵坡最小长度（m）	290	170	170	140	110	140	85	60	85	60	
凸型竖曲线最小半径（m）	3000	1200	1200	900	400	900	250	100	250	100	
凹型竖曲线最小半径（m）	1800	1000	1000	700	450	700	250	100	250	100	
竖曲线最小长度（m）	70	50	50	40	35	40	25	20	25	20	

（三）路面的分类与分级

道路路面是供车辆直接行驶的部分，是整条道路的一个很重要的组成内容，它直接影响道路的行车速度、运输成本、行车安全和舒适程度。路面工程在整个道路造价中占有相当的比重，因此，合理安排好路面建设，讲究科学，对延长道路的使用年限、降低运输成本、发挥投资效益具有十分重要的意义。

1. 路面分类

（1）路面按力学特性通常分为下列两种类型

1）柔性路面。主要包括用各种基层（水泥混凝土除外）和各类沥青面层、碎（砾）石面层、块料面层所组成的路面结构。柔性路面在荷载作用下所产生的弯沉变形较大，路面结构本身抗弯拉强度较低，车轮荷载通过各结构层向下传递到土基，使土基受到较大的单位压力，因而土基的强度、刚度和稳定性对路面结构整体强度有较大影响。

2）刚性路面。主要指用水泥混凝土作面层或基层的路面结构。水泥混凝土的强度，比其他各种路面材料要高得多，它的弹性模量也较其他各种路面材料大，故呈现较大的刚性。水泥混凝土路面板在车轮荷载作用下的垂直变形极小，荷载通过混凝土板体的扩散分布作用，传递到地基上的单位压力要较柔性路面小得多。

（2）路面按材料和施工方法可分为五大类

1）碎（砾）石类。用碎（砾）石按嵌挤原理或最佳级配原理配料铺压而成的路面。一般用作面层、基层。

2）结合料稳定类。掺加各种结合料，使各种土、碎（砾）石混合料或工业废渣的工程性质改善，成为具有较高强度和稳定性的材料，经铺压而成的路面。可用作基层、垫层。

3）沥青类。在矿质材料中，以各种方式掺入沥青材料修筑而成的路面。可用作面层或基层。

4）水泥混凝土类。以水泥与水合成水泥浆为结合料、碎（砾）石为骨料、砂为填充料，经拌合、摊铺、振捣和养护而成的路面，通常用作面层，也可作基层。

5）块料类。用整齐、半整齐块石或预制水泥混凝土块铺砌，并用砂嵌缝后辗压而成的路面，用作面层。

2. 路面分级

路面的技术等级主要是按面层的使用品质来划分的，并与道路的等级、交通量相适应，目前我国的路面分为四个等级：

（1）高级路面。它包括由沥青混凝土、水泥混凝土、厂拌沥青碎石、整齐石或条石等材料所组成的路面。这类路面的结构强度高，使用寿命长，适应的交通量大，平整无尘，能保证行车的平稳和较高的车速；路面建成后，养护费用较省，运输成本低。目前，我国城市道路和高等级道路一般都采用高级路面形式。

（2）次高级路面。它包括由沥青灌入式、路拌沥青碎（砾）石、沥青表面处治和半整齐块石等材料所组成的路面，与高级路面相比，其使用品质稍差，使用寿命较短，造价较低。

（3）中级路面。它包括泥结或级配碎砾石、不整齐块石和其他粒料等材料所组成的路面，它的强度低，使用期限短，平整度差，易扬尘，行车速度不高，适应的交通量较小，且维修工作量大，运输成本也较高。

（4）低级路面。它包括由各种粒料或当地材料将土稍加改善后所形成的路面，如煤渣土砾石土、砂砾土等。它的强度低，水稳定性和平整度均较差，易扬尘，交通量小，车速低，行车条件差，养护工作量大，运输成本很高。

三、城市道路网的基本知识

城市道路网在平面上的表现形式为平面几何图形，是城市总平面的骨架，各条道路彼此互相配合，把城市的各部分有机地联系起来。我国现有城市道路网的形式是在一定的历史条件下，结合当时的自然地形环境，适应当时的政治、经济、文化发展与交通运输需要逐步演变过来的。目前现有的道路系统结构形式主要有四种类型：方格网式、环形放射式、自由式和混合式。

（一）方格网式道路网

又称棋盘式道路系统。是道路网中最常见的一种。其干道相互平行，间距约为 800 ~ 1000m，平行干道之间布置次要道路，将用地分为大小合适的街坊。多适用于地势平坦的中小城市或大城市的局部地区。我国一些古城的道路系统，多采用这种轴线对称的方格网形。如北京旧城、西安、洛阳、太原、开封、福州、苏州等均属于方格网式道路网。

方格网式道路系统的优点是布局整齐，有利于建筑布置和方向识别；道路定线方便；交通组织简便、灵活，不易造成市中心交通压力过重。其缺点是对角线交通不方便，非直线系数（即两点间经过道路的实际距离与空间直线距离的比值，又称交通曲度系数）较大（1.27 ~ 1.4），使市内两点间的行程增加，交通工具的使用效能降低。

（二）环型放射式道路网

环形放射式是由市中心向外辐射路线，四周以环路沟通。多为旧城市向外发展而成，有利于市中心对外交通联系。多适用于大城市和特大城市。

环形放射式道路系统的优点是中心区与各区以及市区与郊区都有短捷的交通联系，非直线系数小（1.1 ~ 1.2）。缺点是交通组织不如方格网灵活，街道划分不规则，很容易造成市中心交通压力过重、交通集中。为消除这些缺点，分散市中心交通，可以布置两个或两个以上的市中心，也可根据交通情况，将某些放射干道置于二环路或三环路，以减轻对市中心的负担。

（三）自由式道路网

自由式道路系统多以结合地形为主，路线布置依据城市地形起伏而无一定的几何图形。我国很多山丘城市地形起伏大，道路选线时为减小纵坡，常沿山麓或河岸布设。

自由式道路系统的优点是能充分结合自然地形，适当节约工程造价，线形流畅，自然活泼；缺点是城市中不规则街坊多，建筑用地分散、非直线系数大。适用于自然地形条件复杂的区域和小城市。

（四）混合式道路系统

混合式道路系统也称为综合式道路系统，是以上三种形式的组合。所以，要合理规划，充分吸引其各式的优点，组合成一种较合理的形式。目前我国大多数大城市采用方格网式或环形放射式的混合式。如北京、上海、南京、合肥等城市在保留原有旧城方格网式的基础上，为减少市中心的交通压力而设置了环路或辐射路。

四、行车对道路的影响

行车对路面的作用可分为：

1. 车辆荷载作用于路面的垂直力；

2. 由于车辆的制动、加速、转向等形成的水平力 f；

3. 由于路面高低不平、汽车的振动而形成的冲击力和振动力。

车辆通过车轮传递给路面的垂直力是根据车辆的总重和车轮轮轴所分担的重量而确定的，汽车前轴为被动轮，后轴为驱动轮。在荷载分布上前轴一般为全部车重的 $1/4 \sim 1/3$，后轴为 $2/3 \sim 3/4$。车轮传递给路面单位垂直压力大致与汽车轮胎内压相等，一般为 $0.4 \sim 0.7$MPa。垂直力的大小由汽车类型和荷载决定，它的主要作用是使路面产生垂直变形使路面结构层产生弯曲变形。在路面强度不足时会造成路面的断裂，而结构层的抗弯、抗拉强度不足时，则会使底部拉裂而破坏。

汽车对路面的作用力可分为静力和动力两大类，停驶状态作用力可视为静力，其余状态皆可视为动力。动力作用具有瞬时性，即在瞬时内，作用力还来不及传递到更深的位置就消失了，与静力作用相比其值很小，而路面由于不平整导致汽车颠簸所产生的冲击力与动力作用产生的影响力正好抵消，故在沥青路面设计中，冲击力与瞬时动力这两个因素均不考虑。

第二节 城市道路线形组合

城市道路的线形设计是指路线立体形状及其相关诸因素的综合设计。它通过道路的横断面设计、道路的平面设计、道路的纵断面设计三个方面把设计成果反映出来，即通常称为道路平、纵、横设计，三者既相互制约，又相辅相成。在道路的线形设计中，横断面设计是矛盾的主要方面。所以，一般都是先做横断面设计，然后再做平面和纵断面设计。

一、道路横断面基本知识

道路横断面，在直线段上是垂直于道路中心线方向的断面，而在平曲线段上则是通过切点并垂直于其切线方向的断面。城市道路的横断面设计必须在城市总体规划中确定的规划红线范围内进行。红线之间的宽度即道路用地范围，亦称道路的总宽度或称规划路幅。道路红线是一个法定边线，它是道路工程的设计依据，也是城市公用设施各项管线工程的用地依据。

城市道路的横断面由车行道、人行道、绿化带和分车带等部分组成。公路的横断面由车行道、路肩、边沟、边坡、分隔带等部分组成。根据道路功能和红线宽度的不同，它们之间可有各种不同形式的组合。

横断面设计应根据道路等级、道路性质和红线宽度以及有关交通资料，确定道路各组成部分的宽度，并给予合理布置。首先要保证车辆和行人的交通安全与畅通；其次必须满足路面排水及绿化、地面杆线、地下管线等公用设施布置的工程技术要求；第三，横断面的布置应与道路功能、沿街建筑物性质、沿线地形相协调；第四，应做到节约用地、降低造价，多方案比较，并考虑近远期规划与建设的结合、过渡。

横断面设计要根据路线在平面、立面上的特点，从实际出发，综合考虑。在设计中，规划红线宽度、道路功能、交通组织方式和交通资料的调查与分析，是城市道路横断设计的主要依据。

（一）标准横断面图

标准横断面图是从横断面的角度，反映出道路设计各组成部分的位置、宽度和相互关系，也反映出与道路建设有关的地面和地下公用设施布置的情况。它包括道路总宽度（建筑红线宽度）、机动车道、非机动车道、分隔带和人行道等组成部分的位置和宽度，并表明地面上有照明灯和地下管道布置的位置、间距、管径等基本情况。公路的横断面应包括车行道、路肩宽度、边沟、边坡、分隔带等的位置和宽度以及边坡的大小等。

横断面图冠以"标准"两字，其含义是它只具备"共性"，而不表示"个性"问题，要了解横断面变化及每个里程桩号横断面的具体情况必须查找施工横断面图。

标准横断面图一般采用 1:100 或 1:200 的比例尺。在该图上应绘出各个组成部分的宽度和位置以及排水方向、路拱横坡等。城市道路横断面设计见图 2-19 所示。

（二）施工横断面图

施工横断面图是在现状横断面图的基础上，根据道路纵断面设计里程桩号、设计标高，以相同的比例尺，把标准横断面图套上去，用以表明各桩号的填或挖的情况和形状，是用来计算土石方工程量和施工放样的工程图。一般常采用 1:100 或 1:200 的比例尺。地面线一般用细实线，设计线为粗实线。在图的下方都标注出桩号、中心填或挖的高度（m）和填或挖的数量（m²）。根据填挖情况可将路基横断面分为三种类型：全填式（路堤式）、全挖式（路堑式）和半填半挖式，分别如图 5-1 所示。

二、道路平面基本知识

（一）概述

道路的平面线型，通常指的是道路中线的平面投影，主要由直线和圆曲线两部分组成。对于等级较高的路线，在直线和圆曲

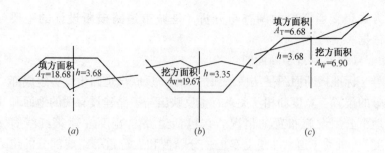

图 5-1　路基横断面图

(a) 路堤式；(b) 路堑式；(c) 半填半挖式

线间还要插入缓和曲线，此时，该平面线型则由直线、圆曲线和缓和曲线三部分组成。这种线形比起前者，对行车更为平顺有利，对于城市主干道的弯道设计，宜尽可能设置缓和曲线。

在道路平面线型中，直线是最简单，最常用的线型。它的前进方向明确，里程最短，测设和施工最方便，行车迅速通畅。圆曲线是使用最多的基本线形，圆曲线在现场容易设置，可以自然地表明方向的变化。采用平缓而适当的圆曲线，既可引起驾驶员的注意，又常常促使他们紧握方向盘，而且可以正面看到路侧的景观，起到诱导视线的作用。从行车的要求来说，道路线型首先要求顺直，不可弯弯曲曲，二是车辆能以平稳的车速行驶。

道路平面设计必须遵循保证行车安全、迅速、经济以及舒适的线形设计的总原则，并符合设计规范、技术标准等有关规定和要求。综合考虑平、纵、横三个断面的相互关系，平面线形确定后，将会影响交通组织和沿街建筑物的布置、地上地下管线网布置以及绿化、照明等设施的布置，所以平面定线时须综合分析有关因素的影响，作出适当的处理。

（二）道路平面图

道路平面图又称为线路平面图，道路平面设计图比例可根据具体需要而定，一般为 1:500 或 1:1000。它是将道路建设范围所有与道路有关连的固定物体，投影在水平投影面上的正投影图。

通常的城市道路平面图是由道路现状和道路设计平面两部分组成，并用同样比例画在一张图上。

1. 道路现状平面图。简称地形图。通常采用的比例是 1:500 或 1:1000 或更大，它用等高线和图例的方法绘制成图，作为道路平面设计的依据。通常它应包括：地面上已有的固定物体，例如房屋、桥梁（立交桥、平交桥、高架桥）、河流、池塘、田地、道路街坊、电杆以及其他地面设施等；地面下已有的固定物体，例如给水排水、电力电讯、煤气热力、地铁人防以及其他地下设施等。地形图由实测获得。

2. 道路设计施工平面图简称平面图，是设计者表明道路平面布置的情况并提供施工的图纸。在平面图上标明了道路红线范围，机动车道、非机动车道、人行道、花坛、分隔带、桥涵、排水沟、挡土墙、倒虹吸、立交桥、台阶、雨水口和检查井等地面建筑或构筑物的设计平面位置，以及地下各种管线等设计平面位置。主要包括下列基本内容：

（1）道路设计中心线：简称中线，这是表示道路走向的轴线，常用细点画线绘制。中线是丈量道路的长度、路基和路面的宽度以及平曲线半径等的基准线。

由于城市道路并不完全都是按道路规划的标准横断面一次建成。因此，在平面图中，常可见到的一条细双点画线，这就是规划中心线。

（2）里程桩号：是表示道路总长和分段长的数字标注。通常在中线上从起点到终点沿道路前进方向左侧标注的数字表示千米数，右侧数字则表示不足 1km 的余数，两数之间用符号"＋"连接，表示的符号是英文字母"K"，单独写桩号时，必须写上千米符号，在平面图上则可不写，例如 4＋405.98（亦可写成 K4＋405.98），口语则念成"K4 加 405 点 98"。它表示该处位置距离道路起点距离为 4405.98m。

一般城市道路采用每 20m 设桩的方法（公路为 50m），在平面图中看到非 20 整倍数的桩号，称为加桩或碎桩。设置加桩的原因很多，例如地形起伏变化、平曲线起止位置、桥涵或其他构筑物位置等。通常在平面图中书写桩号都是采用垂直于中线的方式。

（3）道路建筑红线：简称红线，它是表示道路建设范围的边界线，在红线内的一切不符合设计要求或妨碍设计修建的建筑物、构筑物、地下管线和其他设施，都应拆除。在平面图中常用粗实线绘制。

（4）横断面布置：道路横断面组成有机动车道、非机动车道、人行道、分隔带、花坛和树穴等。图中均用粗或中实线于相应的平面位置绘制。

（5）平曲线：当道路转折时，为使相交两条折线能平滑地衔接，以满足车辆行驶的要求而设置的曲线段，也称为"弯道"。在平面图中，除绘制出曲线段外，还要标注出曲线要素。曲线要素是给定的道路中线的技术条件和制约。图 5-2 是圆曲线要素的几何图及其符号。

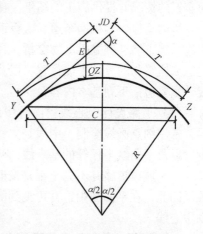

图 5-2　圆曲线要素示意图

根据上图，按照几何关系可算出 T、L、E 等圆曲线要素：

切线长：
$$T = R \cdot \text{tg}\alpha/2 \tag{5-1}$$

曲线长：
$$L = \pi/180 \cdot R \cdot \alpha \tag{5-2}$$

外距长：
$$E = R \cdot (\sec\alpha/2 - 1) \tag{5-3}$$

各符号的含义是：

JD——表示道路转折处的交点，用桩号表示；

α——表示转折角，以度计；

R——表示圆曲线半径，以 m 计；

232

T——表示切线长度，以 m 计；

E——表示外距（矢矩），即指交点到曲线顶点（中点）的
　　　距离，以 m 计；

L——表示曲线长度，以 m 计；

C——表示曲线的弦长，以 m 计；

ZY——表示圆曲线起点（进弯点），用桩号表示；

QZ——表示曲线中点，用桩号表示；

TZ——表示圆曲线止点（出弯点），用桩号表示。

在平面图中，曲线起点、中点和止点的位置都用桩号标注。当转折点太多，为方便识图也可采用曲线表的方式，集中反映道路全线的曲线元素。

（6）坐标：是表示某一点在平面上的位置。平面图上道路起点和转折点通常是采用国家规定的北京坐标系的坐标来表示。

（7）水准点：在平面图上常是沿线设置，并且标出它的编号、高程数和平面的相对位置。如在平面图上标出 $\dfrac{BM_5 5.653}{2+218.75\ 右侧约\ 15m\ 距离的电线杆}$ 这就是表示 5 号水准点（BM 是水准点中心符号）设置在 2 + 218.75 右侧约 15m 距离的电线杆上，它的高程为 5.653m。

（8）图例表示：电力、电讯、电缆、给水排水、煤气、热力管道等地下管网和其他构筑物，需要与道路同步建设的项目等，在平面图中常采用图例绘制出它们的平面位置和走向。

道路平面设计见图 2-16 所示。

三、道路纵断面基本知识

道路在平面定线时，一般已考虑了道路纵断面的有关因素。一般来说，沿道路中心线的竖向剖面即为道路的纵断面，它表示了道路在纵向的起伏变化状况。在纵断面图上表示原地面的标高线称为地面线（又称黑线），地面线上各点的标高称为地面标

高，沿道路中心线所设计的纵坡线称为纵断面设计线（又称红线），纵断面设计线上的各高程称为设计标高。路线任一横断面上的设计标高与地面标高之差值称为施工高度，它表示该横断面是填方还是挖方，当设计线高出地面线时为填土，即为填方路段，反之则为挖方路段，设计线与地面线重合则为没有填挖。在设计路基的填挖高度时，需要加减路面结构层厚度。确定道路中线在立面上相对于地面的位置和起伏关系的工作，称为道路的纵断面设计。

在城市道路设计时，一般均以车行道中线的立面线形作为基本纵断面。

城市道路纵断面设计线根据地形的起伏，有时上坡，有时下坡，在纵坡变化点处常用线把直线坡段连接起来，这就组成了道路的纵断面线形，见图 5-3 所示。在平原地区的城市道路上，当纵坡小于最小纵坡时，应在道路两侧作锯齿形街沟设计。

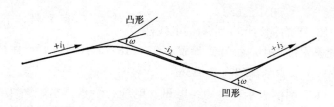

图 5-3　道路纵断面线型

道路纵断面设计是根据所设计道路的等级、性质以及水文、地质、土质和气候等自然条件下，在完成道路平面定线及野外测量的基础上进行的。主要完成下面几项工作：

1. 依据控制标高来确定设计线的适当标高；
2. 确定设计沿线各路段的坡长及纵坡度；
3. 设置竖曲线及计算竖曲线各要素，见图 5-4 所示；

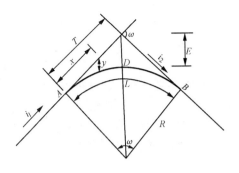

图 5-4 竖曲线要素计算图

竖曲线各要素可用下列近似公式计算：

转坡角： $$\omega = i_1 - i_2 \qquad (5\text{-}4)$$

曲线长： $$L = \omega R \qquad (5\text{-}5)$$

切线长： $$T = L/2 \qquad (5\text{-}6)$$

外距： $$E = T^2/2R \qquad (5\text{-}7)$$

纵距： $$y = x^2/2R \qquad (5\text{-}8)$$

式中 i_1、i_2——分别为相交坡度线的坡度值，上坡为"＋"，下坡为"－"；

ω——凸形竖曲线为"＋"，凹形竖曲线为"－"；

x——竖曲线上任一点距切线起（终）的水平距离；

y——竖曲线上任一点距切线的垂直高度。

4. 计算各桩号的设计标高；

对凸形竖曲线：设计标高 = 切线标高 – y

对凹形竖曲线：设计标高 = 切线标高 + y

5. 计算各桩号的施工高度；

施工高度 = 设计标高 – 地面标高，计算值"＋"为填方，"－"为挖方；

6. 若道路纵坡小于排水要求的纵坡度，应进行锯齿形街沟设计；

7. 标注交叉口、桥涵以及有关构筑物的位置及高程，完成纵断面图的绘制工作。

纵断面设计合理与否，对工程造价将产生很大的影响，对车辆的行车安全亦至关重要。因此，纵断面设计时首先应保证行车的顺畅、安全和有较高的车速，在较大的转坡角处宜用较大半径的竖曲线来连接，并且满足行车视距的要求；其次应与相交道路、街坊、广场和沿街建筑出入口有平顺的衔接；第三，为了减少工程填挖方数量，降低工程造价，力求路基的稳定，在纵断面设计中，应使设计线与地面线相接近，设计时应做到陡坡宜短、缓坡宜长，满足最大纵坡和最小纵坡的要求，一般来说，考虑到自行车和其他非机动车的爬坡能力，最大纵坡宜取小些，一般不大于 2.5%，否则应限制坡长，最小纵坡应满足纵向排水的要求，一般应不小于 0.3% ~ 0.5%，否则应做锯齿形街沟设计；第四，道路纵断面设计标高应保证管线的最小覆土深度，管顶最小覆土深度一般不小于 0.7m。另外应考虑路基的适当高度，应注意与平面线形的配合，特别是平曲线与竖曲线的协调。

道路纵断面图由图样和资料表两部分组成。图样画在图纸的上部，其下方则为资料表。

道路纵断面见图 2-18 所示。

四、城市道路交叉口的基本知识

（一）概述

当一条道路和另一条道路相交时即成交叉口，它是城市道路系统中的重要组成部分，是道路交通的咽喉，相交道路的各种车辆和行人都要在交叉口处汇集、通过，并进行转向，因此在交叉口处易引起交通的阻塞，并直接影响到整条道路的通行能力，而且，根据调查资料统计说明，约有半数以上的交通事故发生在交叉口，在所有交通事故中居首位。所以，正确、合理地进行交叉口的设计，对减少并消除交叉口的交通事故是非常重要的。

交叉口有直行和转弯（左转和右转）行驶的车辆，来自不同行驶方向的车辆以较大的角度相互交叉的地点，称为冲突点，亦称交叉点；来自不同行驶方向的车辆以较小的角度向同一方向汇合的地点，称为汇合点，亦称合流点；同一行驶方向的车辆向不同方向分开的地点，称为分叉点，亦称分流点。

上述不同类型的交错点，都存在着碰撞的危险，但其中以左转与直行车辆和直行与直行车辆所产生的冲突点对交通的影响最大，其次是汇合点，再其次是分叉点。因此，在交叉口设计中要尽量设法减少和消灭冲突点，其次是汇合点和分叉点。

在交叉口处，如果机动车和非机动车同时通过，则产生的冲突点更多。

在规划和设计交叉口时，应尽量避免五条以上道路的相交，使交通简化。为了减少交叉口上的冲突点，保证交叉口的交通安全，可以采取一些措施，通常减少或消除冲突点的方法有三种：进行交通管制、实行渠化交通（合理地布置交通岛，如方向岛等，组织车流分道行驶，分别设置左转、直行和右转车道，并将冲突点转变为交织点，减少车辆行驶时的相互干扰）、作立体交叉（将互相冲突的车辆分别布置在两个不同平面的车行道上，各行其道，互不干扰）。

平面交叉口的基本要求有两个方面：一是保证相交道路上所有车辆和行人的安全和畅通，在安全的前提下，尽量减少交叉口的等候时间，提高交叉口的通行能力；二是保证交叉口范围内的地面水迅速排除，进行合理的交叉口竖向设计，保证左转弯车辆的安全。除了这两点以外，还应考虑交叉口范围内的地下管线布置、交叉口范围内的雨水口布置、绿化、照明及与周围建筑物的协调等。

立体交叉是两条道路在不同高程上交叉，两条道路上的车流互不干扰，各自保持原有车速通过交叉口。与平面交叉相比较，立体交叉技术复杂，占地面积大，造价高。城市中只有当有特殊需要时才采用立体交叉。

（二）交叉口竖向设计图

交叉口竖向设计的目的是合理地设计交叉口的标高，以利行车和排水。常采用等高线设计法。见图5-5所示。

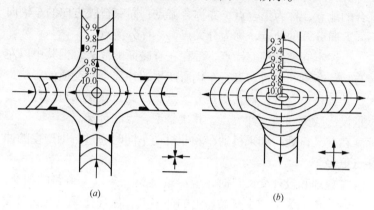

（a）   （b）

图5-5　交叉口等高线立面图
（a）凹形地形交叉口立面设计；（b）凸形地形交叉口立面设计

第三节　道路路基路面工程

一、道路路基的一般要求和基本知识

道路路基不仅是道路的重要组成部分，同时又是路面的基础。路基的施工质量直接关系到整个道路工程的质量，没有坚固稳定的路基，就没有稳固的路面。路基的强度和稳定性，是保证路面强度和稳定性的先决条件。具有良好强度和稳定性的路基，可以减薄路面的厚度，提高路面的使用品质，延长其使用寿命，降低工程费用。反之，路基施工质量低劣，必然导致路面破坏或加速路面的破坏。路基的各种病害还关系到养护费用增加，以致影响交通运输的畅通与安全，因此，路基建筑往往成为整个道路施工进展的关键。

（一）路基基本构造

路基由宽度、高度和边坡坡度等所构成。

1. 路基宽度

为满足车辆及行人在公路上正常通行，路基需有一定的宽度。公路路基宽度是指在一个横断面上两路缘之间的宽度，如图5-6所示。

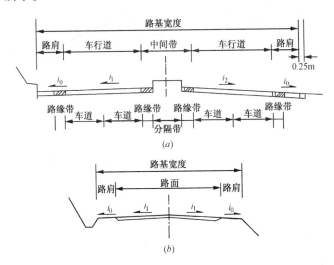

图5-6　公路路基宽度图

（a）高速公路和一级公路；（b）二、三、四级公路

行车道宽度主要取决于车道数和每一车道的宽度。目前采用的一个车道宽度一般为3.5～3.75m。

路肩是指行车道外缘到路基边缘的带状部分。设中间带的高速公路和一级公路，行车道左侧不设路肩。

2. 路基高度

路基高度是指路基设计标高与路中线原地面标高之差，称为路基填挖高度或施工高度。

路基高度是影响路基稳定性的重要因素。它也直接影响到路面的强度和稳定性、路面厚度和结构、工程造价。为此，在路线纵坡设计时，应尽量满足最小填土高度要求，使路基处于干燥或中湿状态，尤其是路线穿越农田、冻害严重而又缺乏砂石的地区。在取土困难或用地受到限制，不能满足要求时，则应采取相应的处治措施，如路基两侧加深加宽边沟、换土或填石、设置隔离层等，以减少或防止地面积水和地下水危害路基。

3. 路基边坡

为保证路基稳定，路基两侧需做成具有一定坡度的坡面。路基边坡坡度是以边坡的高度 H 与宽度 b 之比来表示，见图 5-7 所示。为方便起见，习惯将高度定为 1，相应的宽度是 b/H，一般写成 1:m。

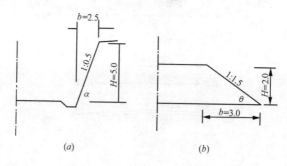

图 5-7 路基边坡坡度示意图
(a) 路堑；(b) 路堤

$m = b/H$ 称为坡率，如 1:0.5，1:1.5。m 值愈大，边坡愈缓，稳定性愈好，但工程数量增大，且边坡过缓而暴露面积过大，易受雨、雪侵蚀，反而不利。可见，路基边坡坡度对路基稳定起着重要的作用。如何恰当地设计边坡坡度，既使路基稳定，又节省造价，这在路基横断面设计中是极为重要的，尤其在深路堑及工程地质复杂的地区。

（二）对路基的基本要求

道路路基位于路面结构的最下部，路基应满足下列基本要求：

1. 路基横断面形式及尺寸应符合交通部标准《公路工程技术标准》（JTGB01—2003）有关的规定和要求；

2. 具有足够的整体稳定性；

3. 具有足够的强度；

4. 具有足够的水温稳定性。

二、道路路面的一般要求和基本知识

（一）路面结构层的划分及其作用

路面是由各种材料铺筑而成的，通常由一层或几层组成，由于行车荷载和自然因素对路面的作用，随着路面深度的增大而逐渐减弱，因而对路面材料的强度、刚度和稳定性的要求也随着深度而逐渐降低。为适应这一特点，绝大部分路面做成多层次的，按照使用要求、受力状况、土基支承条件和自然因素影响程度的不同，在路基顶面分别铺设垫层、基层和面层等结构层。

1. 面层：面层是直接承受车辆荷载及自然因素的作用，并将荷载传递到基层的路面结构层。由于面层受行车荷载的垂直力、水平力和冲击力以及温度和湿度变化的影响最大，因此，应具备较高的结构强度、耐磨、不透水和温度稳定性，并且其表面还应具有良好的平整度和粗糙度，同时还应满足抗滑性、耐久性、扬尘少、降低噪声等特点。面层可由一层或数层组成，高等级路面的面层可以包括磨耗层、面层上层和面层下层等。

2. 基层：基层分上基层和下基层，主要承受由面层传来的车辆荷载垂直力，并把它扩散到垫层和土层中，故基层应有足够的强度和良好的稳定性，同时应具有良好的扩散应力的性能，这些基本的要求是保证路面强度与稳定的基本条件，提高路基的强度与稳定性，可以减少路面厚度、降低路面造价。

3. 垫层：在土基与基层之间设置垫层，其功能是改善土基的湿度和温度状况，以保证面层和基层的强度和稳定性不受冻胀翻浆的作用。垫层通常设在排水不良和有冰冻翻浆路段，在地下水位较高地区铺设的垫层称为隔离层，能起隔水作用；在冻深较大的地区铺设的垫层称为防冻层，能起防冻作用。此外，垫层还能扩散由面层和基层传来的车辆荷载垂直作用力，以减小土基的应力和变形；而且它也能阻止路基土挤入基层中，影响基层结构性能。

（二）路面结构组合要求

路面面层必须具有足够的强度和抗变形能力，在其下各层的强度和抗变形能力自上而下逐渐减小。也就是各结构层应按强度和刚度自上而下递减的规律安排，以使各结构层材料的效能得到充分的发挥。按这规律，结构层的层数愈多愈能体现强度和刚度沿深度递减的规律。但就施工工艺和材料规格而言，层数又不宜过多，不能使结构层的厚度过小。适宜的结构层厚度需结合材料供应、施工工艺并按相关规定确定，从强度要求和造价考虑，自上而下由薄到厚。

（三）路面结构图

1. 沥青混凝土路面结构见图 2-20 所示。

2. 水泥混凝土路面结构见图 2-21 所示（接缝部分）。

三、路基施工工艺和施工方法

（一）路基施工准备工作：包括组织准备、物质准备、技术准备和外部协作准备。

（二）测量放样：路基开工前，应在现场恢复和固定路线，把设计路线上的主要特征点从设计文件上移到地面上，并将其位置固定，并提出改进设计的具体意见。

（三）路基放样：路基开工前，应根据路线中桩、路基横断面图或路基设计表进行放样工作。

（四）场地准备：施工前，应进行道路用地测量，并绘制用地平面图及用地划界表，送交有关单位办理拆迁及占用土地手续；对路基范围内的既有垃圾堆、有机杂质、软土、池塘等均应妥善处理；对路基施工范围内妨碍视线、影响行车的树木、灌木丛，均应在施工前进行砍伐或移植清理。施工场地应疏干、排除场地上所积地面水，保持场地干燥，为施工提供正常条件。

（五）临时工程：为了维护施工期间的场内外交通，保证机具、材料、人员和给养的运送，必须在开工前修筑临时道路，并应保持行驶安全。

此外，为保证筑路员工的生活、物质器材的存放以及木工、钢筋工在室内作业，要修建临时的房屋和工棚。为了保证工程用水和生活用水的需要，还要修建临时的给水设施。

（六）路基施工要点

1. 土质路基施工——填筑路堤

为了保证路堤的强度和稳定性，在填筑路堤时，要处理好基底，保证必须的压实度并正确选择填筑方案。

1）路堤基底的处理

路堤基底是指土石填料与原地面的接触部分。为使两者结合紧密，防止路堤沿基底发生滑动，或路堤填筑后产生过大的沉陷变形，则可根据基底的土质、水文、坡度和植被情况及填土高度采取相应的处理措施。

2）填筑方案

根据地形和施工要求的不同，填筑方法可分为水平分层填筑法、纵坡分层填筑法、竖向填筑法和混合填筑法。

对不同性质的土填筑路堤时，应分层填筑，层数应尽量减少，每层总厚度不小于 0.5m，不得混杂乱填。不因潮湿及冻融而变更其体积的优良土应填在上层，强度（形变模量）较小的土应填在下层。

填石路堤主要考虑石料性质、石块大小、填筑高度和边坡坡度，应逐层水平填筑，不必夯压。

土石混合填筑路堤时，如土石易于分清时，易分开分段填筑；如不易分清时，应按施工程序施工，不得乱抛乱填。

桥涵填土时，为保证桥头路堤稳定，台背填土除设计文件另有规定外，一般应用砂性土或其他渗水性土填筑，并满足填土长度和填土高度的有关要求。填土应分层夯实到要求的压实度，每层的松铺厚度不得超过20cm。桥台背后填土应与锥坡填土同时进行。

2. 土质路基施工——开挖路堑

开挖路堑前应首先处理好排水，并根据断面的土层分布、地形条件、施工方法，以及土方的利用和废弃情况综合考虑，力求做到运距短、占地少。

根据地形及施工要求的不同，路堑开挖可分为横挖法、纵挖法和混合式开挖法。

不论采用何种方法开挖，均应保证开挖过程中及竣工后能顺利排水；路堑挖出的土方，除应尽量利用于填方外，余土按弃土堆规定办理；边坡应保持稳定，必要时设置支挡工程；路堑与路堤交界处，其基底的树根、杂草等，应予清除，如遇土质不良须更换透水好的土。

3. 土基压实

没有经过人工压实的路基上是不能铺筑路面的，这是由于未经压实的路基，在自然因素和行车荷载的作用下，必然要产生较大的变形或破坏。土基压实就是用某种工具或机械增加土体单位体积内固体颗粒的数量，减少孔隙率，从而提高土基的强度和稳定性，使土基的塑性变形明显减少，使土的透水性降低，毛细上升高度减小。

影响土基压实的因素包括内因及外因两个方面。内在因素主要是土的含水量及土的性质，外在因素主要有击实、压实工具和方法等。

为便于检查和控制压实质量，土基的压实标准常用压实度来表示。压实施工应首先确定压实度。

路基压实度依填挖类型及土层深度规定如表5-3。路基施工时，应按此表规定的不同深度取土样试验，并记录其结果作为交工验收文件内容之一。

路 基 压 实 度 表

填挖类别		路面底面以下深度（cm）	压实度（%）	
			高速公路、一级公路	其他公路
路堤	上路床	0~30	≥95	≥93
	下路床	30~80	≥95	≥93
	上路堤	80~150	≥93	≥90
	下路堤	>150	≥90	≥90
零填及路堑路床		0~30	≥95	≥93

注：1. 表列压实度系按交通部现行《公路土工实验规程》重型击实试验法求得
的最大干密度的压实度系数。对于铺筑中级或低级路面的三、四级公路
路基，允许采用轻型击实试验法求得的最大干密度的压实度系数；

2. 特殊干旱或特殊潮湿地区，表内压实度数值可减小 2%~3%。

4. 石质路基施工

石质路基是山区公路常见的路基形式，石质路基施工难度要比土质路基大得多。

爆破是石质路基施工最有效的施工方法，亦可用以爆松冻土，炸除软土、淤泥，开采石料等。山区公路路基石方工程量大，而且集中，据统计一般约占土石方总量的 45%~75%，采用爆破法施工，不但大大提高工效、缩短工期、节约劳动力，而且可以改善线形，提高公路使用质量。

四、砂砾垫层施工要点

（一）准备工作：对路基进行高程、宽度及压实度等相关工作的验收，使其达到表面平整、密实，满足路基的设计和施工规范要求。

（二）备料：按每次计划施工的路段长度计算所需的砂砾石材料进行备料（应按虚方考虑）。

（三）铺料：将天然砂砾石均匀摊铺于预定宽度上，摊铺时要考虑松铺系数。

（四）碾压：先用轻型压路机稳压 4～6 遍，然后洒水用中型压路机，边压边洒水，反复碾压直到无明显轮迹。

五、基层施工要点

基层应有足够的强度和刚度、平整的表面，并保证面层厚度均匀，基层结构有足够的水稳性。

常用基层形式可分为：石灰稳定土基层、水泥稳定土基层、石灰工业废渣基层、沥青稳定土基层和粒料类基层等。

（一）碎石基层的施工

1. 碎石基层的材料要求

粗、细碎石骨料和石屑各占一定比例的混合料，当其颗粒组成符合密实级配要求时，称级配碎石。级配碎石用作基层时，在高速公路、城市快速路和一级公路上，碎石的最大粒径不应超过 30mm（其他公路不应超过 40mm）；用作底基层时，碎石的最大粒径不应超过 50mm。级配碎石所用石料的骨料压碎值应不大于 25%～35%，级配碎石基层的颗粒组成和塑性指数应满足规定要求。

2. 路拌法施工程序

（1）准备工作

准备工作包括：准备下承层（底基层及其以下部分）、测量（在下承层上恢复中线）、计算材料用量、准备摊铺、拌合机械和压实等机械。

（2）运输和摊铺骨料

（3）拌合及整形

（4）碾压

3. 中心站集中拌合（厂拌）法施工程序

级配碎石混合料除上面介绍的路拌法外，还可以在中心站用多种机械进行集中拌合。其施工程序为：材料准备→按预定配合比在拌合机内拌制级配碎石混合料→摊铺→用振动压路机、三轮压路机进行碾压。

（二）石灰工业废渣基层的施工

1. 石灰工业废渣基层材料要求

（1）结合料：可以是石灰或石灰下脚料。在工业废渣基层的施工中，除要保证石灰下脚料有一定的活性氧化钙含量外，还要注意充分消解，否则路面成形后，未消解的生石灰小块要逐步消解崩裂，造成路面松散损坏。

（2）骨料：干石灰稳定工业废渣中还可掺入一些骨料，包括细粒土、中粒土和粗粒土，高炉重矿渣、钢渣及性质坚韧、稳定、不再分解的其他废渣等。

石灰工业废渣混合料中宜掺入适量的粗骨料，主要目的是提高这类混合料的初期承载能力，因此对于需要早期开放重车的交通道路，和在冬季、雨季施工时，均宜掺加粗骨料。

2. 路拌法施工程序

（1）施工准备

1）准备下承层：当石灰工业废渣用做基层时，要准备底基层；当石灰工业废渣用做底基层时，要准备土基。对下承层总的要求是：平整、坚实，具有规定的路拱，没有任何松散的材料和软弱地点。

2）测量：测量的主要内容是在底基层或土基上恢复中线。

3）备料：包括粉煤灰、土或粒料、石灰和其他材料的准备。

（2）运输和摊铺骨料

（3）拌合及洒水

（4）整形与碾压

3. 中心站集中拌合（厂拌）法施工

石灰工业废渣混合料可以在中心站用多种机械进行集中拌合，例如，强制式拌合机、双转轴浆叶式拌合机等。也可以用路拌机械或人工在场地上进行分批集中拌合。集中拌合时，必须掌握下列各个要点：土块、粉煤灰块要粉碎；配料要准确；含水量要略大于最佳值，使其运到现场、摊铺后碾压时的含水量能接近最佳值；拌合要均匀。

六、沥青混凝土面层的概念和施工要点

沥青混合料是经人工合理选择级配组成的矿质混合料（如碎石、石屑、砂等）与适量沥青在一定温度下经拌合而成的高级路面材料。沥青混合料包括沥青混凝土和沥青碎石混合料。它们经摊铺、碾压成型，即成为沥青混凝土路面和沥青碎石路面。

沥青混凝土面层是适合现代高速汽车行驶的一种优质高级柔性面层，铺在坚实基层上的优质沥青混凝土面层可以使用 20～25 年。国内外的重要交通道路和高等级公路，主要采用沥青混凝土做面层。

就材料组成和制备及铺筑工艺而言，沥青混凝土与沥青碎石（混合料）有很多相似之处，只是沥青混凝土对矿料的级配要求很严格，粒径 5mm（圆孔筛）或 4.75mm（方孔筛）以上的碎石含量较沥青碎石少，同时必须采用矿粉。

（一）沥青混合料分类

1. 按矿料最大粒径分类

我国直接用矿料的最大粒径区分沥青混凝土混合料，可分为粗粒式沥青混凝土、中粒式沥青混凝土和细粒式沥青混凝土三种。在最大粒径之前冠以字母 LH 表示圆孔筛，冠以字母 AC 表示方孔筛。如 LH-30，表示最大粒径为圆孔筛 30mm 的沥青混凝土混合料，同时将同一最大粒径的混合料分为 I 型和 II 型两种。I 型表示密实沥青混凝土，其孔隙率为 3%～6%；II 型表示孔隙沥青混凝土，其孔隙率为 6%～10%。

粗粒式沥青混凝土通常用于铺筑面层的下层，它的粗糙表面使它与上层粘结良好，也可用于铺筑基层，从提高沥青面层的抗弯拉疲劳寿命出发，采用粗粒式沥青混凝土做底面层明显优于采用沥青碎石。

中粒式沥青混凝土主要用于铺筑面层的上层，或用于铺筑单层面层。II 型中粒式沥青混凝土，虽能使面层表面有较大的粗糙

度，在环境不良路段可保证汽车轮胎与面层有适当的附着力，或在高速行车时可使面层表面的摩擦系数降低的幅度小，有利于行车安全，但其空隙率较大和透水性较大，因此耐久性较差，不是用作表面层的理想材料。Ⅰ型中粒式沥青混凝土可具有良好的摩擦系数，但表面构造深度常达不到要求。

对于面层的上层，在城市道路上使用最广的是细粒式沥青混凝土。与中粒式和粗粒式沥青混凝土相比，细粒式沥青混凝土的均匀性较好，并有较高的抗腐蚀稳定性。只要矿料的级配组成合适，并满足其他技术要求，细粒式沥青混凝土具有足够的抗剪切稳定性，可以防止产生推挤、波浪和其他剪切形变。但细粒式沥青混凝土的表面构造深度通常达不到要求。

2. 按施工工艺或温度分类

可分为热拌热铺沥青混合料和冷拌冷铺沥青混合料。

3. 按矿料级配中混合料压实度分类

可分为连续级配和间断级配两种。连续级配是指由砂、石和矿粉组成的混合料，其颗粒粒径具有连续性，其配合比具有良好的级配并符合规定的级配要求剩余空隙率为3%～6%称为Ⅰ型混合料，6%～10%的称为Ⅱ型混合料，常统称为沥青混凝土。间断级配是指连续级配中缺少一个或两个挡次粒径的矿料，使粒径不具备连续性，级配欠佳，混合料空隙率超过15%，常称为黑色碎石混合料。

沥青混合料具有许多优点：良好的力学性能，施工方便，施工完成后可以及时通车，具有良好的平整度，吸收噪声性好，具有良好的抗滑性能，便于对旧路的加厚补强等；其缺点是：沥青材料易老化，感温性差等。

（二）热拌沥青混合料路面施工

热拌沥青混合料路面采用厂拌法施工，骨料和沥青均在拌合机内进行加热与拌合，并在热的状态下摊铺碾压成型。施工按下列顺序进行：

1. 施工准备：准备工作主要包括原材料的质量检查、施工机械的选型和配套、拌合厂选址与备料、下承层准备、试验路铺筑等工作。

2. 沥青混合料拌合：热拌沥青混合料必须在沥青拌合厂（场、站）采用专用拌合机拌合。

3. 沥青混合料运输：热拌沥青混合料宜采用吨位较大的自卸汽车运输。

4. 沥青混合料摊铺

（1）摊铺前的准备工作：包括下承层准备、施工测量及摊铺机检查等工作；

（2）调整、确定摊铺机的参数；

（3）摊铺作业：摊铺机的各种参数确定后，即可进行沥青混合料路面的摊铺作业。

5. 沥青混合料的压实

碾压是热拌沥青混合料路面施工的最后一道工序，压实的目的是提高沥青混合料的密实度，从而提高沥青路面的强度、高温抗车辙能力及抗疲劳特性等路用性能，是形成高质量沥青混凝土路面的又一关键工序。

碾压工作包括碾压机械的选型与组合，碾压温度、碾压速度的控制，碾压遍数、碾压方式及压实质量检查等。沥青混合料各层的碾压成型分为初压、复压、终压三个阶段。一般初压温度在130～140℃左右。开始复压温度应在100℃左右，通过复压达到或超过规定的压实度。终压主要是消除压实中产生的轮迹，使表面平整度达到或超过要求值，碾压终了温度应不低于70℃。

6. 接缝处理：整幅摊铺无纵向接缝，只要认真处理好横向接缝，就能保证沥青上面层有较高的平整度。

七、水泥混凝土面层的概念和施工要点

水泥混凝土路面俗称白色路面，通常是以水泥与水拌合成的水泥浆为结合料，以碎（砾）石、砂为集料，再添加适当的外加剂，有时掺加掺合料拌制成的混凝土铺筑面层的刚性路面。由

于具有强度高、刚度大、使用耐久及养护工作量小等优点，水泥混凝土路面常用于城市道路、机场跑道、大件车道，在公路上也有使用。

由于水泥混凝土路面上横缝（胀缝及缩缝）及纵缝多的原因，故行车舒适性不如沥青路面，抗滑移性、吸收噪声能力也不如沥青路面，由于混凝土养护原因，开放交通时间比沥青路面晚，路面反光性强于沥青路面。

水泥混凝土路面大量采用素混凝土路面，而素混凝土抗弯抗拉强度大大低于抗压强度，因而基层以下部分如果发生沉陷则将引起混凝土路面沉陷、断裂，所以水泥混凝土路面施工之前从土基、垫层到基层的各工序必须要确保压实度，弯沉等技术指标检验合格，此外还必须作好排水设施，北方地区作好防冻层。

（一）水泥混凝土路面结构

水泥混凝土路面基本结构由面层、基层、垫层和排水设施等组成。

1. 面层

水泥混凝土面层暴露在大气中，直接承受行车荷载的作用和环境因素的影响，应具有足够的弯拉强度、疲劳强度、抗压强度和耐久性。此外，为保证行车的安全、舒适和经济性，面层还应具有良好的抗滑、耐磨、平整等表面特性。

水泥混凝土面层通常采用普通素混凝土铺筑而成，并设接缝，这是目前应用最为广泛的面层类型。当面层板的尺寸较大或形状不规则，路面结构下埋有地下设施，高填方、软土地基、填挖交界段的路基有可能产生不均匀沉降时，可采用设置接缝的钢筋混凝土面层。行车舒适性和使用耐久性要求高的高速公路，可视需要选用连续配筋混凝土面层，及沥青上面层与连续配筋混凝土或横缝设传力杆的普通混凝土下面层组成的复合式面层。在标高受限制路段、收费站等处及桥面铺装和混凝土加铺层可选用钢纤维混凝土。碾压混凝土因其表面平整度差和接缝处难以设置传力杆，可用于一般二级及二级以下公路的面层。

2. 基层

水泥混凝土面层具有较大的刚度和承载能力，因而其基层往往不起主要承载作用。但是基层应具有足够的抗冲刷能力和一定的刚度。不耐冲刷的基层，在渗入基层的水和荷载的共同作用下，会使混凝土路面产生积泥、板底脱空和错台等病害，导致承载力降低和行车不舒适，并加速和加剧板的断裂。此外，提高基层的刚度，有利于改善接缝的传荷能力。基层类型主要有：贫混凝土和碾压混凝土；无机结合料（水泥、石灰-粉煤灰）、稳定粒料（碎石或砾石）和土；沥青稳定碎石；碎石、砾石等。

3. 垫层

垫层是为了解决地下水、冰冻、热融对路面基层以上结构层带来的损害而在特殊路段设置的路基结构层。明确垫层不属于路面基层，而属于路基补强结构层，其位置应在路床标高以下，厚度和标高均不占用基层或底基层的位置。

垫层可以选用粒料（砂砾）、结合料（水泥、石灰-粉煤灰）或稳定材料（粒料或土）。对于排水基层下的垫层，须采用符合反滤要求的密级配粒料。防冻垫层和排水垫层宜用砂、砂砾等颗粒材料。半刚性垫层可采用低剂量无机结合料稳定粒料和土，也可直接使用半刚性底基层材料。

垫层所需的厚度，应按路基的水稳定性、刚度、施工及使用期间交通的繁重程度确定；在季节性冰冻地区，则要考虑最小防冻厚度的要求。垫层的宽度应与路基同宽，其最小厚度为150mm。一般采用的厚度范围150～300mm。防冻垫层最厚，排水与补强垫层有150～250mm已足够。

4. 水泥混凝土路面面板形式

水泥混凝土面层板应具有较高的强度、表面平整且粗糙、耐磨的要求。板的横断面一般采用等厚式，其厚度应按行车产生的荷载应力不超过水泥混凝土在设计年限末期的疲劳强度并验算温度翘曲应力后确定。一般混凝土路面板的最小厚度应不小于碎石最大粒径的4倍并不小于180mm。

5. 水泥混凝土路面板的平面尺寸

为了减少水泥混凝土的伸缩变形和翘曲变形受到约束而产生的应力，并满足施工的需要，常把混凝土路面划分成一定尺寸的矩形板。纵向和横向接缝应垂直相交，纵缝两侧的横缝不得互相错位。混凝土板长度（横缝间距）应通过验算混凝土板的温度翘曲应力后确定，可采用 4.5~5.5m，最大应不超过 6m。

混凝土板的纵缝必须与道路中线平行。纵缝间距按车道宽度选用，可采用 3.5m、3.75m、最大为 4.0m。纵缝间距超过 4.0m 时，应在板中线上设纵向缩缝。碾压混凝土、钢纤维混凝土面层在全幅摊铺时，可不设纵向缩缝。

6. 水泥混凝土路面接缝

混凝土面层由一定厚度的混凝土板组成，它具有热胀冷缩的性质。为避免这些缺陷，混凝土路面在纵横两个方向建造许多接缝，将整个路面分割成为许多板块如图 5-8 所示。

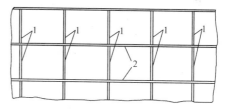

图 5-8　板的分块与接缝
1—横缝；2—纵缝

为了减小由于胀缩和翘曲变形所引起的应力，或者由于施工的需要，水泥混凝土面层需要设置缩缝、胀缝和施工缝等各种形式的接缝，这些接缝可以沿路面纵向或横向布设。其中缩缝保证面层因温度和湿度的降低而收缩，从而避免产生不规则裂缝。胀缝保证面层在温度升高时能自由膨胀，从而避免在热天产生拱胀和折断破坏，同时胀缝也能起到缩缝的作用。此外，混凝土路面每天完工以及因雨天或其他原因不能继续施工时，需做施工缝。施工缝应尽量做到胀缝处，在胀缝处其构造与胀缝相同，如有困难，也应做至缩缝处。横向施工缝在缩缝处采用平缝加传力杆型。

不同形式的接缝，对于减小或消除面层内的温度胀缩及翘曲应力具有不同的作用，各种接缝的设置条件和构造要求也各不相同。但是，在任何形式的接缝处，板体都不可能是连续的，其传递荷载的能力会有所降低，而且任何形式的接缝都不免要漏水。因此，对各种形式的接缝，都必须为其提供相应的传荷及防水构造。目前，接缝主要通过骨料嵌锁作用、传力杆或拉杆及其他附设机械装置传递荷载。此外，为防止水分及其他杂物进入接缝内部，各类接缝的槽口需用不同类型的接缝板或填缝料予以填封。

（二）水泥混凝土路面施工准备工作

水泥混凝土路面施工准备工作包括施工组织、施工现场布置、混凝土材料准备、测量放样、土基与基层的检查与整修和机械设备等其他准备工作。

（三）水泥混凝土路面施工要点

1. 工艺流程

水泥混凝土路面施工工艺流程见图5-9。

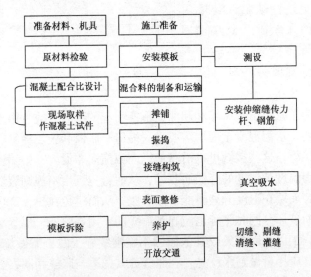

图5-9 水泥混凝土路面施工工艺

2. 水泥混凝土路面施工程序

254

水泥混凝土施工目前分为人工加小型机具施工的常规施工方法以及机械化施工方法两大类。根据目前大部分施工单位技术水平、技术力量、机械装备以及经济性而言，目前大都在采用常规施工方法（见表5-4）。

水泥混凝土路面施工方法及其特点　　　　表5-4

施工方式		施工方法	特　点	适用场合
人工加小型机具		人工摊铺，其他工序辅助配备一些小型机具，如插入式振捣器，平板振捣器，桥式振捣器，真空吸水设备，切缝机等	优点：（1）设备投资较小，操作、使用较简单 （2）方便灵活，在狭小部位或异形部分均可施工 缺点：（1）工程质量不稳定，平整度较差 （2）施工进度慢	中、小型工程或一般道路
机械化施工	固定模板式施工	用轨道式摊铺机摊铺和振实，辅以其他配套机械，各工序由一种或几种机械按相应的工艺要求进行操作	优点：（1）工程进度快 （2）容易满足路面各项技术要求，并且质量稳定 缺点：（1）初期机械购置费较高 （2）机械操作有一定的难度，对工程单位管理水平、技术素质要求高	大型工程或等级较高的道路
	滑动模板式施工	滑模式摊铺机将铺筑路面的各道工序：铺料、振捣、挤压、找平、拉毛、设传力杆等一气呵成，采用软土切缝机跟进切缝	优点：（1）不需设置模块、工程进度更快 （2）能很好地满足路面各项技术指标，工程质量稳定，特别是可避免混凝土早期裂缝 缺点：（1）初期机械购置费很高 （2）机械调试、维修更为复杂，对工程单位管理水平、技术素质要求高	大型工程或高等级道路，特别是高速公路

目前水泥混凝土路面常规施工方法的施工程序为：基层找平验收→安装模板→安装传力杆及拉杆→混凝土拌合运输→混凝土面层浇筑→振捣→收水抹面→养护混凝土路面→脱模板→切缝及灌缝→开放交通。

第四节　道路附属工程

一、道路排水系统

城市道路排水系统，主要指污水和雨水管道，排水管道的作用就是收集并输送污水和雨水。一条完好的道路，必定要有一个完好的排水设施配合，才能保证其正常的使用寿命。

雨水口又称进水口，是雨水管道或合流管道系统上收集雨水的构筑物，地面上的雨水经过雨水口和连接管流入雨水管道。

（一）雨水口的形式

雨水口的形式有落底和不落底两种，落底雨水口具有截流冲入雨水口的污秽垃圾和粗重物体的作用，但必须勤于清捞。不落底雨水口指雨水进入雨水口后，直接流入沟管，不停滞在雨水口中，这样不影响流速，而污泥和截流的水，不致在雨水口中腐化和发臭。雨水口的形式见图 5-10 所示。

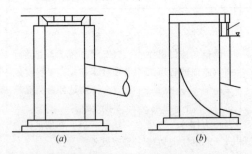

图 5-10　雨水口的形式
（a）落底雨水口；（b）不落底雨水口

（二）雨水口的进水方式

雨水口的进水方式有平箅式、立式和联合式等。

平箅式雨水口有缘石平箅式和地面平箅式。缘石平箅式雨水口适用于有缘石的道路，地面平箅式适用于无缘石的路面、广场、地面低洼聚水处等。

立式雨水口有立孔式和立箅式，适用于有缘石的道路。其中立孔式适用于箅隙容易被杂物堵塞的地方。

联合式雨水口是平箅式与立式的综合形式，适用于路面较宽、有缘石、径流量较集中且有杂物处。

（三）雨水口的布置

为解决路面排水，雨水口需设置在能最有效地收集雨水的地方，一般应设在道路汇水点、人行横道线上游能截住来水的地方、沿街单位出入口上游、靠地面径流的街坊或庭院的出水口等处，道路低洼和易积水地段应根据需要适当增加雨水。

雨水口的间距宜为 25～50m，其位置应与检查井的位置协调，连接管与干管的夹角宜接近 90°，斜交时连接管应布置成与干管的水流顺向。雨水口的连接管最小管径为 200mm，连接管坡度应大于或等于 10%，长度小于或等于 25m，覆土厚度大于或等于 0.7m。

平面交叉口应按竖向设计布设雨水口，并应采取措施，防止路段的雨水流入交叉口。

（四）雨水管的布设要求

1. 雨水管道应按规定平行于道路中心线或规划红线，通常布置在靠近人行道或绿带一侧的车道下，同一管线不应从道路的一侧转到另一侧，以免多占位置并增加管线间的交叉。

2. 快速路机动车车行道下不宜布置任何管线，在主干路、次干路路侧带及非机动车道下面布置管线有困难时，可在机动车道下面埋设雨水管、污水管。在支路下面可埋设各种管线。

3. 雨水和污水管道因埋深较大，施工时相邻管线的影响较大，所以应设必要的间距。雨水管因有窨井等构筑物，以合理布置管线的要求来看，所有管线均应在井外通过。规范规定的最小间距为：下水道距电缆不小于 1.0m，下水道距其他管线不小于 2.0m。

4. 雨污水管道的埋设深度与结构强度应满足道路施工荷载与路面行车荷载的要求，否则应采取加固措施。

二、侧平石和人行道

（一）侧平石

侧平石是设在路面边缘的界石，也称为道牙或缘石（见图 5-11）。它在路面上是区分车行道、人行道、绿地、隔离带和道路其他部分的界线，起到保障行人、车辆交通安全和保证路面边缘齐整的作用。侧平石可分为侧石、平石、平缘石三种。侧石又叫立缘石，顶面高出路面的侧平石，有标定车行道范围和纵向引导排除路面水的作用；平缘石是顶面与路面平齐的平石，有标定路面范围、整齐路容、保护路面边缘的作用。采用两侧明沟排水时，常设置平缘石，以利排水，也方便施工中的碾压作业；平石是铺筑在路面与立缘石之间的平缘石，常与侧石联合设置，是城市道路最常见的设置方式。为准确地保证锯齿形边沟的坡度变动，使其充分发挥其作用，并有利于路面施工或使路面边缘能够被机械充分压实，应采用立石与平石结合铺设，特别是设置锯齿形边沟的路段。

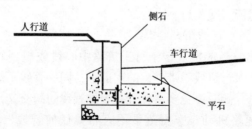

图 5-11　城市道路侧平石

一般：侧平石排砌在车行道与人行道，路肩或绿化带的分界处。

侧石平均高出车行道边缘 15cm，对人行道等起侧向支撑作用。平石排砌在侧石车行道之间，起排水街沟和保护路边的作用。在郊区公路上，一般只排砌平石。水泥混凝土路面只排砌侧石，不排砌平石。

要求：预制水泥混凝土侧平石外形尺寸（长，宽）允许偏差 $\not> \pm 5mm$，厚度允许偏差 $\not> 3mm$，外露面平整度偏差 $\not> 3mm$，混凝土抗压强度平均值不小于 30MPa，见图 5-12。

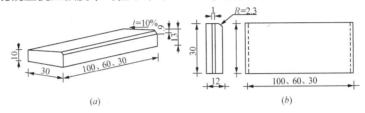

图 5-12　侧平石规格示意图（单位：cm）

（a）平石；（b）侧石

1. 侧石：$100 \times 300 \times L$

2. 平石：$100 \times 120 \times L$

　　L：1m，0.6m，0.3m

侧平石可用不同的材料制作，有水泥混凝土、条石、块石等。缘石外形有直的、弯弧形和曲线形。应根据要求和条件选用。常用的几种侧平石材质和适用范围见表 5-5。

侧平石材质和适用范围　　　　　　　表 5-5

序　号	种类名称	材　质	试用范围
1	立道牙（缘石）	≥30MPa 混凝土	安于路面两侧，区分人行（慢车道）和车行道或绿化带，一般高出路面 15cm
2	平石	≥30MPa 混凝土	平石和立道牙组合成边沟
3	平道牙	≥25MPa 混凝土 10MPa 红机砖	

序　号	种类名称	材　　质	试用范围
4	转弯道牙	≥30MPa 混凝土	
5	路口道牙	30MPa 混凝土	
6	反光道牙	30MPa 混凝土	
7	立交桥道牙	30MPa 混凝土	

（二）人行道

人行道设置在城市道路的两侧，起到保障行人交通安全和保证人车分流的作用。人行道面常用预制人行道板块铺筑而成，这是一种最常见的铺筑形式。一般由人工挂线铺砌，常在车行道铺筑完毕后进行。人行道基层多采用石灰粉煤灰稳定碎石或水泥稳定碎石半刚性基层混合料，其上用黄砂、水泥砂浆或石屑作为整平层，然后用水泥混凝土预制板（块）铺面。这就要求基层具有良好的平整度，以保证人行道的铺砌质量。当然，也有现浇水泥混凝土人行道施工的铺筑形式。

人行道工程一般有以下的特点：

1. 结构层较薄，地面障碍物多，不易机械施工；

2. 没有进一步压密实的条件；

3. 有较多的公用事业专用设施，检查井及绿化；

4. 有些地段易受屋檐水及落水管水冲刷；

5. 单向排水，横坡一般为2%～3%；

6. 常用的预制块规格和适用范围见表5-6。

预制水泥混凝土大方砖常用规格与适用范围表　　　表5-6

品　　种	规　　格		混凝土（MPa）	用　　途
	长×宽×厚（cm）			
大方砖	40×40×10		≥30	广场与路面
	40×40×7.5			庭院、广场、路面
	49.5×49.5×10			庭院、广场、路面

三、交通标志和标线

（一）交通标志

道路交通标志是用图案、符号和文字传递特定信息（对交通进行导向、限制或警告），用以管理交通的安全设施。一般设置在路侧或道路上方。交通标志要使交通参与者在很短的时间内就能看到、认识并完全明白它的共同含义，而采取正确的措施。为此，它就必须要有较高的显示性和良好的易读性（能很快的视认并完全理解）以及广泛的公认性（各方面人士都能看懂）。为了取得这样的效果，很多国家进行了大量的研究和实践，对其形状图案、颜色、尺寸的制作和位置的选择都作了相应的规定。

1. 交通标志三要素

交通标志必须在极短的时间内使司机能看清并识别，这就是交通标志的视认性，决定视认性的要素，就是交通标志三要素，即色彩、形状和符号。

2. 交通标志种类

我国道路交通管理条例规定，道路交通标志分为主标志和辅助标志两大类计 100 种共 152 个图式。主标志可分为下列四类：

（1）警告标志。警告车辆、行人注意危险地点的标志。共 20 种，33 个图式。形状为顶角朝上的等边三角形，颜色为黄底、黑边、黑色图案。

（2）禁令标志。禁止或限制车辆、行人交通行为的标志。共 35 种，35 个图式。形状分为圆形和顶角朝下的等边三角形，颜色多为白底、红圈、黑图案。

（3）指示标志。指示车辆、行人行进的标志。共有 17 种，25 个图式。形状分为圆形、长方形和正方形，颜色为蓝底、白色图案。

（4）指路标志。传递道路前进方向、地点、距离信息的标志。共 20 种，50 个图式。形状多为正方形、长方形，一般多为蓝色底、白色图案，高速公路则为绿色底，白色图案。

辅助标志是辅设在主标志下，起辅助说明作用的标志。它不能单独设置与使用。按用途不同分为表示时间、车辆种类、区域或距离、警告与禁令理由及组合辅助标志等五种。形状为长方形，颜色为白底、黑字、黑边框。常安装在主标志下面，紧靠主标志下缘。

（二）交通标线

道路交通标线是由各种路面标线、箭头、文字、立面标记，突起路标和路边线轮廓标等所构成的交通安全设施。它的作用是管制和引导交通，可以和标志配合使用，也可单独使用。是道路交通法规的组成部分之一，具有强制性、服务性和诱导性。对高速公路、一级公路、二级公路和城市快速路、主干路，均应按国家标准规定设置交通标线。

道路交通标线有 17 种，57 个图式。

路面标线应根据道路断面形式、路宽以及交通管理的需要画定。路面标线的形式有车行道中心线、车行道边缘线、车道分界线、停止线、人行横道线、导向车道线、导向箭头以及路面文字或图形标记等（图 5-13）。

突起路标是固定于路面上突起的标记块，一般应和路面标线配合使用。可起辅助和加强标线的作用。一般作成定向反射型。一般路段反光玻璃球为白色，危险路段为红色或黄色。

立面标记是提醒驾驶人员注意，在行车道内或近旁有高出路面的构造物，以防止发生碰撞的标记。大多设在跨线桥、渡槽等的墩柱或侧墙端面上，以及隧道洞口和人行横道上的安全岛等的壁面上。

四、道路绿化和照明

（一）城市道路绿化

城市道路绿化是整个城市绿化的主要组成部分。它包括路侧带、中间分隔带、两侧分隔带、交叉口、广场、停车场以及道路

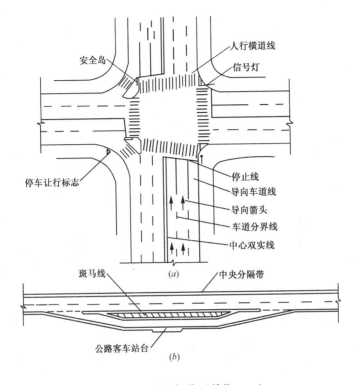

图5-13 交通标线（单位：cm）

（a）路面标线；（b）港湾式停靠站标线

用地范围内的边角空地等处的绿化，是城市道路的重要组成部分。道路绿化是沿道路纵向形成的一条"线"状绿化带，将城市各种绿地连成一个系统，是城市园林化建设的重要组成部分。

城市道路绿化的主要作用：

1. 美化街景，协调空间；

2. 保护环境、净化空气，能起到吸尘、减噪的过滤作用；

3. 调节温度、湿度、改善小气候、为行人抵御日晒，还可延长路面使用寿命；

4. 分隔交通、保障行车安全，又可起备用地的作用，还可利用其敷设地下管线；

5. 防止水土流失和保护路基边坡等作用。

随着城市建设和现代交通的发展，许多国家认识道路绿化的重要性。美国、日本等国家在道路设计规范中都作了详细的道路绿化规定。道路绿化要求也逐步提高。

城市道路绿化布置应乔木与灌木、落叶与常绿、树木与花卉、草皮相结合，以使色彩和谐、层次分明、四季景色不同。绿化布置一般可分为人行道绿化、在道路上设置绿化分隔带、林荫道等形式。

绿化布置应选择能适应当地自然条件和城市复杂环境的乡土树种。要选择树干挺直、树形美观、夏日遮阳、耐修剪、抗虫害的树种；分隔带与路侧带上的行道树和枝叶不得侵入道路限界；保护古树名木。

（二）城市道路照明

城市道路照明是城市道路交通设施的组成部分。道路照明能为驾驶员和行人创造良好的观看环境，从而达到减少交通事故，提高运输效率、防止犯罪活动和美化城市环境的效果。

城市道路照明的设计原则：确保路面具有符合标准要求的照明数量和质量，照明设备安全可靠、经济合理、节省能源、维修方便、技术先进。

为保证道路照明质量，达到辨认可靠和视觉舒适的基本要求，道路照明应满足照明水平、亮度（照度）均匀度和眩光限制三项指标。

照明系统的平面布置方式，一般是按道路的性质、横断面的组成形式和不同宽度，以及车辆和行人交通量的大小来决定。在路段上的照明布置可分为：

1. 沿道路两侧对称布置：适于宽度超过 20m 的车辆及行人交通量大的全市性主要街道，此种形式照明效果好，反光影响小；

2. 沿道路两侧交错布置：此种形式可使路面得到较高的照

264

度和较好的均匀度，适于宽度超过 20m 的道路；

3. 沿道路中线布置：适用于宽度小于 20m 的次要街道。这种形式照度均匀，且可解决照明与行道树的干扰；其缺点是路面的反光正对车辆前进方向，易产生眩目；

4. 沿道路单侧布置：仅用于宽度较小的次要道路或街坊内道路上，这种形式照度低，不均匀。

第五节 城市道路的检测与养护、维修

一、城市道路路面技术状况的鉴定

路面技术状况鉴定的目的是通过路面调查（运用各种仪器设备对路面状况各种指标进行检测），以了解当时的路面状况，作为制定养护处治方案的依据，并为建立路面管理系统积累数据，以便进行科学的管理。

城市道路路面技术状况鉴定主要针对沥青路面和水泥路面的机动车道和非机动车道进行。城市快速路、主干路、次干路路面的鉴定，应每年进行一次，其余城市道路可根据需要进行。鉴定以其单元鉴定值或平均值表示该路路面技术状况，每条道路至少选择一个单元。

（一）单元的划分

为便于系统掌握路面状况的变化规律，历次鉴定的单元应相对固定。鉴定单元按如下规定划分：

1. 道路长度在 200~500m 之间，并依据路面宽度确定；

2. 水泥混凝土路面面积不超过 5000m^2。

（二）沥青路面使用性能评价

沥青路面使用性能评价内容：路面行驶质量评价、路面破损状况评价、路面结构强度评价、路面抗滑能力评价。其相应的评价指标分别为：路面行驶质量指数（RQI）、路面状况指数（PCI）、路面结构强度系数（SSI）和摆值（BPN）。

沥青路面评价体系如图5-14所示。

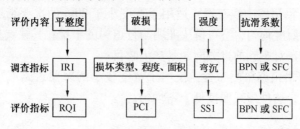

图5-14　沥青路面评价体系

路面行驶质量的评价指标是行驶质量指数（RQI），数值范围为0～5。如出现负值，则RQI取为0。路面的行驶质量分为好、中、差三个等级，相应的评价标准见城市道路养护技术规程有关规定。

沥青路面的损坏可分为裂缝、变形、松散和其他四大类。路面损坏状况评价指标是路面状况指数（PCI），数值范围为0～100。如出现负值，则PCI取为0；根据路面状况指数，路面的损坏状况分为优、良、及格和不及格四个等级。评价标准见城市道路养护技术规程有关规定。

沥青路面采用结构强度系数（SSI）作为评价路面结构强度的指标。根据路面结构性能在重复荷载作用下的衰变规律，将路面结构强度分为三个等级：足够、临界、不足。评价标准见城市道路养护技术规程有关规定。

路面的抗滑能力以摆值（BPN）或横向力系数（SFC）表示。抗滑能力评价标准分为好、中、差三个等级，相应的评价标准见城市道路养护技术规程有关规定。

（三）水泥路面使用性能评价

水泥路面使用性能评价的内容：路面损坏状况评价、路面平整度评价、路面抗滑能力评价。相应的评价指标为：路面状况指数（PCI）、路面平整度均方差（δ）和摆值（BPN）。

水泥路面的损坏可分为裂缝类、变形类、接缝类和其他四大类。路面损坏状况评价指标是路面状况指数（PCI），数值范围为 0～100。如出现负值，则 PCI 取为 0。根据路面损坏状况指数，将路面的损坏状况分为优、良、及格和不及格四个等级，评价标准见城市道路养护技术规程有关规定。

水泥路面的平整度以连续式平整度仪测得的数据为标准，抗滑系数以摆式仪测得的数据为标准。根据实测的平整度均方差（δ）和摆值（BPN），可将路面的使用状况分为好、中、差三个等级。平整度和抗滑系数的评价标准见城市道路养护技术规程有关规定。

二、城市道路的养护、维修

城市道路养护是城市道路管理的重要环节。道路养护质量的优劣，直接影响着交通安全、行车顺畅和运输效率，还涉及到道路的使用年限，以及城市的市容环境。

道路养护应始终坚持"预防为主，防治结合"的原则。遵循"建养并重，协调发展；深化改革，强化管理；提高质量，保障畅通"的指导方针。把建设与养护提到同等重要的位置。

（一）道路养护的主要目的和基本任务

1. 坚持日常保养，经常保持道路的完好状态，及时修复损坏部分，使道路及其沿线附属设施的各部分保持完好、整洁、美观，保障行车安全、舒适、畅通，以提高社会经济效益；

2. 采取正确的技术措施，提高养护工作质量，延长公路的使用寿命，以节省资金；

3. 对原有技术标准过低的路线和构造物以及沿线设施进行分期改建和增建，逐渐提高道路的使用质量服务年限。

（二）养护的范围及工程分类

城市道路养护范围是指城市规划区域内的市区道路设施。主要包括车行道、人行道、地下排水设施、桥涵、人行地道、交叉口设施、道路标志、交通标志、市政服务设施、广场、护栏、道路绿地以及相应的配套设施的养护等。

按照道路在道路系统中的地位、交通功能对沿线建筑的服务功能等，将道路分为快速路、主干路、次干路、支路。按照各类道路在城市中的重要性，本着保证重点、养好一般的原则，将道路养护工程分为小修保养、中修工程、大修工程和重点养护工程四类。

道路养护应结合城市的养护技术水平，要经常保持道路各部位技术状况良好，加强小修保养，及时处理破损，提高道路设施的完好率，确定合理的养护周期。城市道路养护作业应采用定型的维护机械，不断提高技术装备率和功力设备率，养护修理要做到快速优质。

（三）沥青路面养护与维修

沥青路面在铺筑完成后，受到各种自然因素和行车荷载的不断作用，以及设计水平、施工技术和材料稳定性的影响，不可避免的出现不同程度的变形和损坏等病害。因而，在使用过程中必须随时掌握沥青路面的使用状况，及时进行小修保养、以保持路面经常处于完好状态。消除病害、保障行车安全和畅通。充分发挥其经济效益。

1. 对 PCI 评价为优、良、及格，RQI 评价为好、中的路段应以日常养护为主，并对局部路面破损进行小修保养。对主干道的中等路段，应进行中修封层、罩面等。

2. 对 PCI 为不及格，RQI 评价为差的路段，如果强度满足要求，宜安排中修；如果强度不满足要求，则应进行大修补强。

3. 当快速路的路面平整度、损坏状况和强度均满足要求，但抗滑能力不足（SFC < 0.4 或 BPN < 37）的路段，应加铺抗滑层。对于主次干道路面的抗滑能力不足（SFC < 0.3 或 BPN < 30）的事故多发路段，宜进行抗滑处理。

（四）水泥混凝土路面养护与维修

水泥混凝土路面是以水泥混凝土板作为主要承受结构层，而板下的基（垫）层和路基起支承作用。这种路面刚度高、脆性大，又需设置接缝，因而路面的损坏形态及其原因也就不同，其养护维修的内容与要求亦各异。

水泥路面养护，必须做好预防性，经常性养护，通过经常的巡视观察，及早发现缺陷、查清原因，不失时机的采取措施，以保持路面状况的完好。

1. 对 PCI 评定为优、良，宜以日常养护为主，局部修补一些对行车安全有影响的板。

2. 对 PCI 评定为及格，除按正常的程序进行保养维修外，宜安排中修。

3. 对 PCI 评定为不及格，必须进行大修。

第六章　城市桥梁工程

第一节　城市桥梁基础知识

桥梁作为基础设施建设的一个组成部分，有着非常重要的作用。近几年，现代高等级公路和城市高架道路正以迅猛的速度发展，而在道路的建设中，为了跨越河流、沟谷、铁路、其他道路等障碍物，必须修建桥梁。桥梁工程不仅规模相当巨大，而且往往也是保证全线早日通车的关键。

一、城市桥梁的基本概念和组成

（一）基本概念

城市桥梁是跨越河流、铁路、其他道路及人工建筑物等障碍的人工构筑物。为了确保桥梁的正常使用，桥梁的建设必须满足两个要求：一方面要保证桥上的车辆运行，另一方面还要保证桥下水流的宣泄、船只的通航或车辆的运行。

（二）组成

一座桥梁一般可分成上部结构、下部结构、附属结构三个组成部分，图6-1所示为梁桥的基本组成。

上部结构又称桥跨结构，是桥梁位于支座以上的部分，它包括承重结构和桥面系。其中承重结构是桥梁中跨越障碍，并直接承受桥上交通荷载的主要结构部分；桥面系是指承重结构以上的部分，包括桥面铺装、人行道、栏杆、排水和防水系统、伸宿缝等。上部结构的作用是承受车辆等荷载，并通过支座传给墩台。

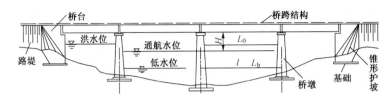

图 6-1　梁桥的基本组成

下部结构是桥梁位于支座以下的部分,它由桥墩、桥台以及它们的基础组成。桥墩是指多跨桥梁的中间结构物,而桥台是将桥梁与路堤衔接的构筑物。下部结构的作用是支承上部结构,并将结构重力等传递给地基;桥台还与路堤连接并抵御路堤土压力,防止路堤滑塌。

附属结构指基本构造以外的附属部分,包括桥头锥形护坡、护岸以及导流结构物等,它的作用是抵御水流的冲刷、防止路堤的坍塌。

(三)桥梁工程专用术语

跨径——跨径表示桥梁的跨越能力,一般地说,跨径是表征桥梁技术水平的主要指标。对多跨桥梁,最大跨径称为主跨,例如:日本的明石海峡大桥,主跨达到 1991m,是目前世界上跨度最大的桥梁。

计算跨径 L ——梁桥为桥跨结构相邻两支撑点之间的距离;拱桥为两拱脚截面形心点之间的水平距离。桥梁结构的分析计算以计算跨径为准。

净跨径 L_0 ——一般为设计洪水位时相邻两个桥墩(台)的净距离,它反映出桥梁排泄洪水的能力。通常把梁桥支承处内边缘之间的净距离,拱桥两拱脚截面最低点间的水平距离称为净跨径。

标准跨径 L_b ——梁桥为相邻桥墩中线之间的距离,或桥墩中线至桥台台背前缘之间的距离。跨径小于或等于 50m 时,宜采用标准跨径(从 0.75 ~ 50m,共 21 级,常用的有 10m、16m、20m、40m)设计。

桥下净空高度 H——上部结构最低边缘至设计洪水位或设计通航水位之间垂直距离；对于跨线桥，则为上部结构最低点至桥下线路路面之间的垂直距离。

二、城市桥梁的分类和设计荷载

（一）分类

桥梁有各种不同的分类方式，每一种分类方式均可反映桥梁在某一方面的特征。

1. 按结构体系分——可分为梁式桥、拱桥、刚架桥、悬索桥和组合体系桥。

梁式桥是一种在竖向荷载作用下无水平反力的结构（图6-2），它的主要承重构件是梁或板，构件受力以受弯为主。

拱桥在竖向荷载作用下除产生竖向反力外，在支座处还产生较大的水平推力（图6-3）。它的主要承重构件是拱圈或拱肋，构件受力以受压为主。

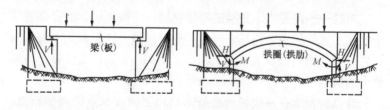

图6-2　梁式桥简图　　　　图6-3　拱桥简图

刚架桥是将上部结构的梁与下部结构的立柱刚性连接的桥梁，在竖向荷载作用下，梁部主要受弯，柱脚则要承受弯矩、轴力和水平推力（图6-4），受力介于梁和拱之间。它的主要承重结构是梁和柱构成的刚架结构，梁柱连接处具有很大的刚性。

悬索桥（吊桥）在竖向荷载作用下，通过吊杆使缆索承受拉力，而塔架除承受竖向力作用外，还要承受很大的水平

272

拉力和弯矩（图6-5），它的主要承重构件是主缆，以受拉为主。

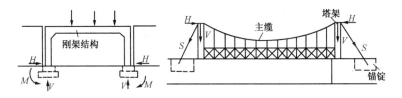

图6-4　刚架桥简图　　　　图6-5　悬索桥简图

　　组合体系桥是指由上述不同体系的结构组合而成的桥梁。系杆拱桥是由梁和拱组合而成的结构体系，竖向荷载作用下，梁以受弯为主，拱以受压为主（图6-6）。斜拉桥是由梁、塔和斜拉索组成的结构体系，在竖向荷载作用下，梁以受弯为主，塔以受压为主，斜索则承受拉力（图6-7）。

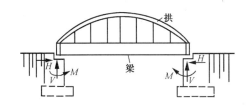

图6-6　系杆拱桥简图

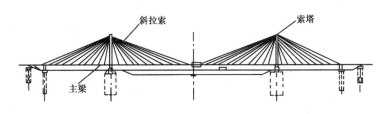

图6-7　斜拉桥简图

2. 按跨径分——可分为特大桥、大桥、中桥、小桥和涵洞，《公路桥涵设计通用规范》（JTG D60—2004）规定的划分标准如表6-1。

桥梁涵洞按跨径分类表　　　　　表6-1

桥涵分类	多孔跨径总长 L（m）	单孔跨径 L_k（m）
特 大 桥	$L > 1000$	$L_k > 150$
大　　桥	$100 \leqslant L \leqslant 1000$	$40 \leqslant L_k \leqslant 100$
中　　桥	$30 < L < 100$	$20 \leqslant L_k < 40$
小　　桥	$8 \leqslant L \leqslant 30$	$5 \leqslant L_k < 20$
涵　　洞	—	$L_k < 5$

注：单孔跨径系指标准跨径；梁式桥、板式桥的多孔跨径总长为多孔标准跨径的总长，拱式桥为两岸桥台内起拱线间的距离，其他形式桥梁为桥面系车道长度；管涵及箱涵不论管径或跨径大小、孔数多少，均称为涵洞。

3. 按材料分——可分为木桥、圬工桥、钢筋混凝土桥、预应力混凝土桥、钢桥等。钢筋混凝土和预应力混凝土是目前应用最广泛的桥梁，钢桥的跨越能力较大，跨度位于各类桥梁之首。

4. 按上部结构的行车道位置分——可分为上承式、下承式和中承式。桥面在主要承重结构之上的为上承式（图6-2、图6-3），桥面在主要承重结构之下的为下承式（图6-5、图6-7），桥面布置在主要承重结构中部的称为中承式。

5. 按跨越障碍的性质分——可分为跨河桥、跨谷桥、跨线桥、地道桥、立交桥等。

（二）设计荷载

桥梁设计采用的作用可分为永久作用、可变作用和偶然作用三类，见表6-2。

作 用 分 类 表

表 6-2

编号	作用分类	作用名称	编号	作用分类	作用名称
1	永久作用	结构重力（包括结构附加重力）	11	作用	人群荷载
2		预加应力	12		风荷载
3		土的重力及土侧压力	13		汽车制动力
4		混凝土收缩及徐变影响力	14		流水压力
5		基础变位作用	15		冰压力
6		水的浮力	16		温度（均匀温度和梯度温度）作用
7	可变	汽车荷载	17		支座摩阻力
8		汽车冲击力	18	偶然作用	地震作用
9		汽车离心力	19		船只或漂流物的撞击作用
10		汽车引起的土侧压力	20		汽车撞击作用

城市桥梁设计汽车荷载分为两个等级，即城 - A 级和城 - B 级［《城市桥梁设计荷载标准》（CJJ 77—98）］。城- A 级车辆标准载重汽车应采用五轴式货车加载，总重 700kN，前后轴距为 18.0m，行车限界横向宽度为 3.0m；城- B 级标准载重汽车应采用三轴式货车加载，总重 300kN，前后轴距为 4.8m，行车限界横向宽度为 3.0m。公路桥涵设计汽车荷载分为公路- Ⅰ 级和公路- Ⅱ 级两个等级（《公路桥涵设计通用规范》JTG D60—2004），汽车荷载由车道荷载和车辆荷载组成。

三、城市桥梁工程的基本要求和工程施工图的内容

城市桥梁要保证行车的通畅、舒适和安全，还需考虑桥下的交通或通航要求，在满足经济的前提下，还应尽可能使桥梁具有优美的外形。

建造一座桥梁需要的图纸很多，但一般可分为桥位平面图、桥位地质纵断面图、总体布置图、构件施工图等几种。

第二节　城市桥梁的构造

一、桥面构造和支座

（一）桥面构造

1. 桥面组成

梁桥的桥面系通常由桥面铺装，防水和排水设施、伸缩缝、安全带、人行道、栏杆、灯柱等构成（图6-8）。

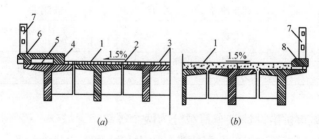

图6-8　桥面系构造

（a）设放水层；（b）不设放水层

1—桥面铺装层；2—防水层；3—三角垫层；4—缘石；5—人行道；

6—人行道铺装层；7—栏杆；8—安全带

2. 桥面铺装及排水防水系统

桥面铺装的作用是防止车轮轮胎直接磨耗行车道板，保护主梁免受雨水浸蚀，分散车轮的集中荷载。梁桥桥面铺装一般采用厚度不小于5cm的沥青混凝土，或厚度不小于8cm的水泥混凝土，混凝土强度等级不应低于C40。为使铺装层具有足够的强度和良好的整体性，一般在混凝土中铺设直径不小于8mm的钢筋网。

桥面排水是借助于纵坡和横坡的作用，使桥面雨水迅速汇向集水碗，并从泄水管排出桥外。桥面横坡一般为 1.5% ~ 2.0%，可采用铺设混凝土三角垫层或在墩台上直接形成横坡。除了通过纵横坡排水外，桥面应设有排水设施。跨越公路、铁路、通航河流的桥梁，桥面排水宜通过设在桥梁墩台处的竖向排水管排入地面排水设施中。

桥面防水是使将渗透过铺装层的雨水挡住并汇集到泄水管排出，防水层的设置可避免或减少钢筋的锈蚀，以保证桥梁结构的质量。一般地区可在桥面上铺 8 ~ 10cm 厚的防水混凝土作为防水层。

3. 桥梁伸缩装置

桥梁伸缩装置的作用除保证梁自由变形外，还应能使车辆在接缝处平顺通过，防止雨水及垃圾泥土等渗入，同时应满足检修和清除缝中污物的要求，一般设在梁与桥台之间、梁与梁之间，伸缩缝附近的栏杆、人行道结构也应断开，以满足自由变形的要求。按照常用伸缩缝的传力方式和构造特点，伸缩缝可分成对接式伸缩缝、钢制支承式伸缩缝、橡胶组合剪切式伸缩缝、模数支承式伸缩缝和无缝式伸缩缝五大类。

4. 人行道、安全带、栏杆、灯柱、安全护栏等

（1）人行道——城市桥梁一般均应设置人行道，可采用装配式人行道板。人行道顶面应做成倾向桥面 1% ~ 1.5% 的排水横坡。

（2）安全带——在快速路、主干路、次干路或行人稀少地区，可不设人行道，而改用安全带。

（3）栏杆——是桥梁的防护设备，同时城市桥梁栏杆应该美观实用，栏杆高度不应小于 1.1m。

（4）灯柱——城市桥梁应设照明设备，照明灯柱可以设在栏杆扶手的位置上，较宽的人行道也可设在靠近缘石处，其高度一般高出车道 8 ~ 12m 左右。

（5）安全护栏——在特大桥和大、中桥梁中，应根据防撞等

级在人行道与车行道之间设置桥梁护栏，常用的有金属护栏和钢筋混凝土护栏。

（6）其他附属设施——特大桥、大桥还应设置检查平台、避雷设施、防火照明和导航设备等。

（二）支座

梁桥支座的作用是将上部结构的荷载传递给墩台，同时保证结构的自由变形，使结构的受力情况与计算简图相一致，因此梁式桥的支座应由固定铰支座和活动铰支座组成。梁桥支座一般按桥梁的跨径、荷载等情况分为：简易垫层支座、弧形钢板支座、钢筋混凝土摆柱、橡胶支座（包括板式、盆式、聚四氟乙烯滑板式、球型支座等类型）。目前，橡胶支座已得到较广泛的使用。

二、钢筋混凝土梁桥上部结构的构造

（一）概述

钢筋混凝土梁是利用抗压性能良好的混凝土和抗拉性能良好的钢筋结合而成的，它具有就地取材、耐久性好、适应性强及整体性好和美观的特点，同时适应于工业化施工，因此当前城市建设中，中小跨径桥梁大多采用钢筋混凝土梁桥。

钢筋混凝土梁桥按承重结构横截面形式分类有板桥、肋梁桥、箱形梁桥。板桥的承重结构是矩形截面的钢筋混凝土或预应力混凝土板。其主要特点是构造简单、施工方便、建筑高度小，适用于小跨径桥梁。肋梁桥承重结构是由肋梁及与肋梁顶部相结合的桥面板组成。由于肋与肋之间处于受拉区的混凝土被挖空，故极大地减轻了结构自重，通常适用于中等跨径以上的梁桥。箱形梁桥承重结构是由一个或几个封闭的薄壁箱梁组成。箱形结构具有较大的抗弯惯性矩，而且有较大的抗扭刚度，因此适用于较大跨径的悬臂梁桥和连续梁桥，由于简支梁桥仅承受正弯矩，故不宜采用箱形截面。

按承重结构的静力体系分类有简支梁桥、悬臂梁桥、连续梁桥。

按施工方法分类有整体浇筑式梁桥、预制装配式梁桥。

（二）钢筋混凝土简支板桥的构造

1. 整体式简支板桥的构造

整体式简支板桥一般做成实体式等厚度的矩形截面，它具有整体性好，横向刚度大，而且易于浇筑成复杂形状等优点，在5.0～10.0 m 跨径桥梁中得到广泛应用。

整体式板桥的钢筋由配置在纵向的受力钢筋和与之垂直的分布钢筋组成，按计算一般不需设置箍筋和斜筋，但习惯上仍在跨径的 1/6～1/4 将一部分主筋按 30°～45°弯起，当桥的板宽较大时，尚应在板的顶部配置适当的横向钢筋。

2. 装配式简支板桥的构造

装配式简支板桥的板宽，为便于构件的运输与安装，通常为1m，预制宽度为 0.99m。它具有形状简单、施工方便、建筑高度小、质量易于保证的优点，按其横截面形式主要有实心板和空心板两种，空心板开口形式见图 6-9。

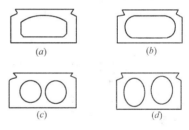

(a)   (b)

(c)   (d)

实心板桥一般适用跨径为4～8m，空心板较同跨径的实心板重量轻，运输安装方便，

图 6-9　空心板截面形式

而建筑高度又较同跨径的 T 形梁小，因此目前使用较多。钢筋混凝土空心板桥适用跨径为 8～13m，板厚为 0.4～0.8m；预应力混凝土空心板适用跨径为 8～16m，板厚为 0.4～0.7m。常用的横向联接方式有企口混凝土铰连接和钢板焊接连接。

（三）钢筋混凝土简支梁桥的构造

1. 整体式简支梁桥的构造

整体式简支 T 形梁桥多数在桥孔支架模板上现场浇筑，个别也有整体预制、整孔架设的情况。它具有整体性好、刚度大，易于做成复杂形状，但是施工速度慢、耗费大量支架与模板。在城市立交桥中，由于平面布置形成斜桥、弯桥，使得整体式梁桥得到了一定应用。

2. 装配式钢筋混凝土简支 T 形梁桥的构造

装配式简支 T 形梁桥由 T 形主梁和垂直于主梁的横隔梁组成，主梁包括主梁梁肋和梁肋顶部的翼缘（也称行车道板）。预制主梁通过设在横隔梁顶部和下部的预埋钢板焊接连接成整体，或用就地浇筑混凝土连接而成的桥跨结构（图 6-10）。

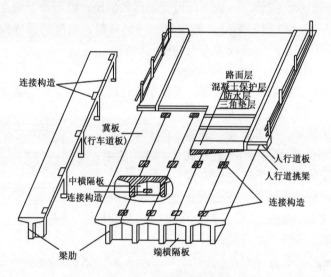

图 6-10　装配式 T 形梁构造

装配式钢筋混凝土简支 T 形梁桥常用跨径为 8～20m，主梁间距一般采用 1.8～2.2m。横隔梁在装配式 T 形梁桥中的作用是保证各根主梁相互连成整体共同受力，横隔梁刚度越大，梁的整体性越好，在荷载作用下各主梁就越能更好地共同受力。一般在跨内设置 3～5 道横隔梁，间距采用 5.0～6.0m 为宜。预制装配式 T 形梁桥主梁钢筋包括纵向受力钢筋（主筋）、弯起钢筋、箍筋、架立钢筋和防收缩钢筋。由于主钢筋的数量多，一般采用多层焊接钢筋骨架。

为保证 T 形梁的整体性，应使 T 形梁的横向连接有足够的强度和刚度，在使用过程中不致因活载反复作用而松动，可采用横隔梁横向连接和桥面板横向连接方式。

3. 装配式预应力混凝土简支 T 形梁桥的构造

装配式预应力混凝土简支 T 形梁桥常用跨径为 25～50m，主梁间距一般采用 1.8～2.5m。横隔梁采用开洞形式，主要除减轻自重外，还便于施工中穿行。装配式预应力混凝土 T 形梁主梁梁肋钢筋由预应力筋和其他非预应力筋组成。其他非预应力筋有受力钢筋、箍筋、防收缩钢筋、定位钢筋、架立钢筋和锚固加强钢筋等。

（四）钢筋混凝土悬臂梁桥的构造

悬臂梁桥可减小跨中弯矩值，因而可适用于较大跨径桥梁，悬臂梁桥分为双悬臂梁和单悬臂梁，此外，将悬臂梁桥的墩柱与梁体固结后便形成了带挂梁和带铰结构的 T 形刚构桥。

（五）预应力混凝土连续桥的构造

连续梁桥的结构刚度大、变形小，跨越能力更大。预应力混凝土连续梁桥分为等截面连续梁桥、变截面连续梁桥、连续刚构桥。

三、梁桥下部结构的构造

（一）概述

桥墩、桥台以及基础是桥梁的下部结构，是桥梁的重要组成部分之一。桥梁墩台的主要作用是承受上部结构传来的荷载，并将荷载传递给地基，桥墩一般系指多跨桥梁的中间支承结构物，它将相邻两孔的桥跨结构连接起来；桥台起着支挡台后路基填土并把桥跨与路基连接起来的作用。桥梁墩台不仅本身应具有足够的强度、刚度和稳定性外，而且对地基的承载能力、沉降及地基与基础之间的摩阻力等都有一定的要求。桥梁墩台的结构形式多样，下部结构的发展方向是轻型、薄壁、注意造型等。

（二）桥墩的类型和构造

桥墩按其构造可分为重力式、空心式、柱式、柔性排架桩式、钢筋混凝土薄壁桥墩等。

1. 重力式桥墩

重力式桥墩由墩帽、墩身组成（图 6-11），主要特点是靠自身重量来平衡外力而保持稳定，适用于地基良好的桥梁。通常使用天然石材或片石混凝土砌筑，基本不用钢筋。优点是承载能力大、就地取材、节约钢筋，其缺点是圬工数量大，自重大。

墩帽设置在桥墩顶部，通过其上的支座承托上部结构的荷载并传递给墩身。墩帽内应设置构造钢筋，设置支座的墩帽处应设置支座垫石，其内设置水平钢筋网。墩帽顶部常做成一定的排水坡，四周应挑出墩身约 5～10cm 作为滴水（檐口）。墩身是桥墩的主体，通常采用料石、块石或混凝土建造。墩身平面形状通常做成圆端形、尖端形、矩形或破冰棱体。

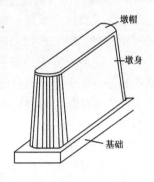

图 6-11　重力式桥墩

2. 空心桥墩

在一些高大的桥墩中，为了减少圬工体积，节约材料，减轻自重，减少软弱地基的负荷，将墩身内部做成空腔体，就是空心桥墩。它在外形上与重力式桥墩无大的差别，只是自重较轻，但抵抗流水冲击和水中夹带的泥砂或冰块冲击力的能力差，所以不宜在有上述情况的河流中采用。

3. 柱式桥墩

柱式桥墩是由基础之上的承台、两根或多根分离的立柱墩身和盖梁所组成，它外形美观，圬工体积少，适用于许多场合和各种地质条件，是目前城市桥梁中广泛采用的桥墩形式之一，特别

282

是在较宽较大的立交桥、高架桥中。常用的形式有单柱式、双柱式和哑铃式以及混合双柱式四种（图6-12）。柱式桥墩的墩身沿横向常有1~4根立柱组成，柱身为0.6~1.5m的大直径圆柱或方形、六角形柱，当墩身高度大于6~7 m时，可设横系梁加强柱身横向联系。

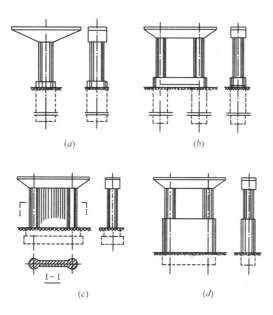

图6-12　柱式桥墩
（a）单柱式；（b）双柱式；（c）哑铃式；（d）混合双柱式

4. 柔性排架桩墩

柔性排架桩墩是将钻孔桩基础向上延伸作为桥墩的墩身，在桩顶浇筑盖梁，由单排或双排钢筋混凝土桩与顶端的钢筋混凝土盖梁连接而成（图6-13）。它是依靠支座摩阻力使桥梁上下部构成一个共同承受外力和变形的整体，通常采用钢筋混凝土结构。柔性排架桩墩具有用料省、施工进度快、修建简便，适合平原地区建桥使用等优点，主要缺点是跨度不宜做得太大，一般小于

13m，有漂流物和流速过大的河道，桩墩易受到冲击和磨损，不宜采用。

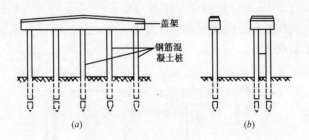

图 6-13　柔性排架桩墩

（a）横向布置；（b）纵向布置

5. 钢筋混凝土薄壁墩

钢筋混凝土薄壁墩墩身采用钢筋混凝土，可做得很薄（30~50cm），构造简单、轻巧、圬工体积少，适用于地基承载力较弱的地区。缺点是钢筋用量多、墩身刚性小，高度不宜大于7m，主要分为钢筋混凝土薄壁墩和双壁墩以及 V 形墩三类（图 6-14）。其共同特点是在横桥向的长度基本和其他形式的墩相同，但是在纵桥向的长度很小。其优点是可以节省材料、减轻桥墩的自重，同时双壁墩可以增加桥墩的刚度，减小主梁支点负弯矩，增加桥梁美观；V 形墩可以间接地减小主梁的跨度，使跨中

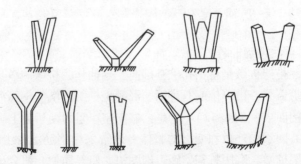

图 6-14　钢筋混凝土薄壁墩

284

弯矩减小，同时又具有拱桥的一些特点，更适合大跨度桥的建造。

（三）桥台的类型和构造

梁桥桥台按构造可分为重力式桥台、轻型桥台、框架式桥台和组合式桥台。

1. 重力式桥台

重力式桥台也称实体式桥台（图6-15），它主要依靠自重来平衡台后土压力。台身多用石砌、片石混凝土或混凝土等圬工材料建造，并采用就地建造施工方法。

重力式桥台的常用类型有U形、埋式、耳墙式。U形重力式桥台是常用的桥台形式，由于台身由前墙和两个侧墙构成的U字形结构，故而得名。U形桥台构造简单，但自重大，对地基要求高，故宜使用在

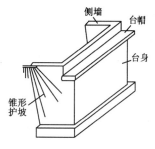

图6-15　重力式桥台

填土高度不大的中、小桥梁中。埋式桥台适用于填土较高时，为减少桥台长度节省圬工，可将桥台前缘后退，使桥台埋入锥体填土中而成的一种桥台形式。耳墙式桥台在台尾上部用两片钢筋混凝土耳墙代替实体台身并与路堤连接，借以节省圬工。

重力式桥台一般由台帽、台身（前墙、背墙和侧墙）组成。桥台的前墙一方面承受上部结构传来的荷载，另一方面承受路堤填土侧压力。前墙应设台帽以安放支座，上部设置挡土的矮锥墙（背墙），背墙临台帽一面一般直立，另一面采用前墙背坡。侧墙与前墙结合成整体，兼有挡土墙和支撑墙的作用。侧墙外露面一般直立，其长度由锥形护坡长度决定，尾端上部直立，下部按一定坡度收缩，侧墙伸入路堤长度不小于0.75m，以保证桥台与路堤有良好的衔接，侧墙内应填透水性良好的砂土或砂砾。桥台两边需设的锥形护坡，以保证路堤坡脚不受水流冲刷。为保证桥与路堤衔接顺适，应在背墙后设搭板。

2. 轻型桥台

轻型桥台的主要特点是利用结构本身的抗弯能力来减少圬工体积而使桥台轻型化、自重小，适用与软土地基，但构造与施工较复杂。大多采用钢筋混凝土材料为主，有薄壁和带支撑梁两种类型。

薄壁轻型桥台是由扶壁式挡土墙和两侧的薄壁侧墙构成，挡土墙由前墙和间距为 2.5 ~ 3.5m 的扶壁组成。台顶由竖直小墙和支于扶壁上的水平板构成，用以支承桥跨结构。两侧的薄壁与前墙垂直的为 U 形薄壁桥台，与前墙斜交的为八字形薄壁桥台。

带支撑梁的桥台是由台身直立的薄壁墙，台身两侧的翼墙，同时在桥台下部设置钢筋混凝土支撑梁，上部结构与桥台通过锚栓连接，于是便构成四铰框架结构系统，并借助两端台后的土压力来保持稳定。

3. 框架式桥台

框架式桥台是一种在横桥向呈框架式结构的桩基础轻型桥台，它所受的土压力较小，适用于地基承载力较低、台身较高、跨径较大的梁桥。其构造形式有双柱式、多柱式、墙式、半重力式和双排架式、板凳式等。

4. 组合式桥台

为使桥台轻型化，桥台本身主要承受桥跨结构传来的竖向力和水平力，而台的土压力由其他结构来承受，形成组合式桥台。组合的方式很多，如桥台与锚定板组合、桥台与挡土墙组合、桥台与梁及挡土墙组合、框架式的组合、桥台与重力式后座组合等。

5. 承拉桥台

主要在斜弯桥中使用，用来承受由于荷载的偏心作用而使支座受到的拉力。

（四）基础的类型和构造

桥梁基础是直接与地基接触的桥梁结构部分，它承受着桥梁的各种荷载，再将荷载传递给下面的地基。为保证桥梁的正常使用和安全，地基和基础必须具有足够的强度和稳定性，还应满足变形要求。

基础按埋置深度分为浅基础和深基础两类，浅置基础埋深一般在5m以内，而当浅层地质不良，需将基础埋置在较深的良好地层上，埋置深度超过5m的基础为深基础。最常用的基础类型有天然地基上的刚性浅基础，深基础有桩及管柱基础、沉井基础、地下连续墙和锁口钢管桩基础。

1. 天然地基上的刚性浅基础

天然地基上的刚性浅基础（又称明挖基础）是直接在墩台位置开挖基坑修建而成的实体基础，具有稳定性好、施工方便、能承受较大荷载的优点，但是它自重大，对地基条件要求高。刚性浅基础的平面形状一般为矩形，立面形状可分为单层或多层台阶扩大形式，扩大部分的襟边最小为20~50cm，台阶高度为50~100cm。常用材料有混凝土、片石混凝土、浆砌片石。

2. 桩基础

桩基础是由若干根桩和承台组成，桩在平面排列上可为一排或几排，所有桩的顶部由承台联成一个整体。在承台上再修筑桥墩或桥台及上部结构，如图6-16所示。桩身可全部或部分埋入地基之中，当桩身外露在地面上较高时，在桩之间应加横系梁以加强各桩的横向联系。

我国桥梁桩基础大多采用钢筋混凝土桩、预应力混凝土桩和钢桩。按传力方式有柱桩和摩擦桩。按施工方法不同有灌注桩和沉入桩。

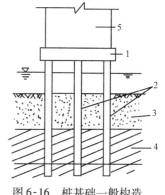

图6-16 桩基础一般构造
1—承台；2—基础；3—松软土层；
4—持力层；5—墩身

3. 管柱基础

管柱基础是一种大直径桩基础，适用于深水、有潮汐影响以及岩面起伏不平的河床。它是将预制的大直径（直径 1.5 ~ 5.8m，壁厚 10 ~ 14cm）钢筋混凝土、预应力混凝土管柱或钢管柱，用大型的振动沉桩锤沿导向结构将桩竖向振动下沉到基岩，然后以管壁作护筒，用水面上的冲击式钻机进行凿岩钻孔，再吊入钢筋笼架并灌注混凝土，将管柱与基岩牢固连接。管柱施工需要有振动沉桩锤、凿岩机、起重设备等大型机具，动力要求也高，一般用于大型桥梁基础。

4. 沉井基础

由开口的井筒构成的地下承重结构物，适用于持力层较深或河床冲刷严重等水文地质条件，具有很高的承载力和抗震性能。这种基础系由井筒、封底混凝土和井盖等组成，其平面形状可以是圆形、矩形或圆端形，立面多为垂直边，井孔为单孔或多孔，井壁为钢筋、木筋或竹筋混凝土，甚至由刚壳中填充混凝土等建成。

5. 地下连续墙基础

用槽壁法施工筑成的地下连续墙体作为土中支撑单元的桥梁基础。它的形式大致可分为两种：一种是采用分散的板墙，平面上根据墩台外形和荷载状态将它们排列成适当形式，墙顶接筑钢筋混凝土承台；另一种是用板墙围成闭合结构，其平面呈四边形或多边形，墙顶接筑钢筋混凝土盖板。后者在大型桥基中使用较多，与其他形式的深基相比，它的用材省，施工速度快，而且具有较大的刚度，是目前发展较快的一种新型基础。

6. 锁口钢管桩基础

由锁口相连的管柱围成的闭合式管柱基础。锁口缝隙灌以水泥砂浆，使管柱围墙形成整体，管内充混凝土，围墙内可填以砂石、混凝土或部分填充混凝土，必要时顶部可连接钢筋混凝土承台。

第三节 城市桥梁下部结构的施工

一、天然地基上浅基础施工要点

在天然土层上直接建造桥梁基础，可采用明挖法，即不用任何支撑的一种开挖方式；当地基土层较软，放坡受施工条件限制时，可采用各种坑壁支撑。

1. 基坑定位放样

为了建筑基础而挖的临时性坑井称为基坑。在基坑开挖之前，要先进行基础的定位放样工作，以便正确地将设计图上的基础位置设置到桥位上来，同时放线划出基坑开挖范围。放样工作系根据桥梁中心线与墩台的纵横轴线，推出基础边线的定位点，再放线画出基坑的开挖范围。

2. 基坑开挖

（1）陆地基坑开挖——基坑大小应满足基础施工要求，一般基底尺寸应比设计平面尺寸各边增宽 0.5 ~ 1.0m。基坑可采用垂直开挖、放坡开挖、支撑加固或其他加固的开挖方法，具体应根据地质条件、基坑深度、施工期限与经验，以及有无地表水或地下水等现场因素来确定。常用的机具有推土机和吊车抓泥斗等。

（2）水中基础的基坑开挖——桥梁墩台基础大多位于地表水位以下，有时水流还比较大，为了在无水状态下进行，须绕基坑用某种材料围成一个挡水墙，称为围堰。围堰的作用主要是防水和围水，有时还起着支撑施工平台和基坑坑壁的作用。围堰通常有土围堰、土袋围堰、竹铁丝笼围堰、钢板桩围堰、钢筋混凝土板桩围堰、套箱围堰、双壁钢围堰等类型。

（3）基坑排水——坑底多位于地下水位以下，故坑内常会有水渗入，为了施工方便，必须采取一定的方法排水。当土质较好、基坑较浅、基础施工工期短时，可采用集水坑排水；当地质条件较差、基坑较深、基底渗水量较多时，一般采用人工降水方法，主要有井点排水法和帷幕法。

3. 基坑验收及处理

（1）基坑验收——基础是隐蔽工程，在基础砌筑之前，应按规定进行检验。其目的在于：确定地基的容许承载力的大小、基坑位置与标高是否与设计文件相符，以确保基础的强度和稳定性，不致发生滑移等病害。

（2）基底处理——天然地基上的基础是直接靠基底土壤来承担荷载的，故基底土壤状态的好坏，对基础、墩台及上部结构的影响极大，不能仅检查土壤名称与容许承载力大小，还应为土壤更有效的承担荷载创造条件，即要进行基底处理工作。

4. 基础砌筑

基础施工分为无水浇筑、排水浇筑和水下浇筑三种情况。水下浇筑混凝土只有在排水困难时采用。基础圬工的水下灌注分为水下封底和水下直接灌筑基础两种。

5. 地基加固

当桥涵位置处于软弱土或不良土土层时，除可采用桩基、沉井等深基础外，也可视具体情况采用相应的地基加固措施，以提高其承载能力，然后在其上修筑扩大基础，以求获得缩短工期、节省投资的效果。对于一般软弱地基土层加固处理方法有换填土法、挤密土法、胶结土法和土工聚合物法。

二、桩基础施工要点

（一）沉入桩

沉入桩所用的基桩主要为预制的钢筋混凝土和预应力混凝土桩。截面形式常用的有实心方形与矩形桩和空心管桩两种。方形与矩形桩断面尺寸一般为 $0.3m \times 0.35m$、$0.4m \times 0.4m$、$0.45m \times 0.45m$ 等几种，桩长一般为 $10 \sim 24m$。管桩一般由工厂以离心成型法制成，目前成品规格有管桩外径 $0.4m$、$0.55m$ 两种，分为上、中、下三节，管壁厚度为 $8 \sim 10cm$，各节长度为 $4m$、$6m$、

8m 不等。近年来发展的 PHC 高强预应力混凝土空心管桩已在工程上广泛应用。

沉桩顺序一般由一端向另一端连续进行，当桩基平面尺寸较大或桩距较小时，宜由中间向两端或四周进行。沉入桩施工时，要注意在初期控制的下沉速度要慢，并随时控制桩位和桩的方向。

沉入桩根据施工方法分为锤击沉桩、振动沉桩、静力压桩、射水沉桩四种。应根据地质条件、设计荷载、施工设备、工期限制及对附近建筑物产生的影响等来选择桩基的施工方法。

（二）钻孔灌注桩

钻孔灌注桩施工应根据土质、桩径大小、入土深度和机具设备等条件选用适当的钻具和钻孔方法，以保证能顺利达到预计孔深，然后清孔、吊放钢筋笼架、灌注水下混凝土。

钻孔灌注桩的钻孔方法有三种：旋转法、冲击法、冲抓法。通常采用的旋转法是利用旋转的钻具切削土体使之钻渣，并使钻渣与泥浆混合后排除掉的成孔方法。当前较普遍采用旋转成孔钻机，按泥浆循环的程序不同分为正循环与反循环两种。

钻孔灌注桩施工步骤为：准备工作（准备场地、埋置护筒和安装钻机）、钻孔、终孔检查与清孔、钢筋笼吊装就位和灌注水下混凝土。

（三）挖孔灌注桩

挖孔灌注桩适用于无水或少水的较密实的各类土层中，桩的直径（或边长）不宜小于 1.4m，孔深一般不宜超过 20m。挖孔桩施工，必须在保证安全的基础上不间断地快速进行，每一道工序都应预先准备好，以便紧密配合。施工步骤为开挖桩孔、护壁和支撑、排水、吊装钢筋骨架及灌注桩身混凝土。

三、墩台施工要点

桥梁墩台按施工方式的不同分为砌筑墩台、装配式墩台、现场浇筑墩台等几种类型。

（一）砌筑墩台

石砌墩台是用片石、块石及粗料石以水泥砂浆砌筑的，具有就地取材和经久耐用等优点，在石料丰富地区建造墩台时，在施工期限允许的条件下，为节约水泥，应优先考虑石砌墩台方案。石砌墩台应采用材质均匀、不易风化、无裂纹的石料。首先应将基础顶面刷洗干净，正确放出墩台中线及其轮廓线，然后砌筑。

（二）装配式墩

装配式墩台施工适用于山谷架桥、跨越平缓无漂流物的河沟、河滩等的桥梁，特别是在干扰因素多、施工场地狭窄、缺水或沙石供应困难地区，其效果更为显著。优点是结构形式轻便，建桥速度快，圬工省，预制构件质量有保证等等。

装配式墩有柱式墩、后张法预应力墩两种形式。装配式柱式墩将桥墩分解成若干轻型部件，在工厂或工地集中预制，再运送到现场装配而成。后张法预应力墩分为基础、实体墩身和装配墩身三大部分。装配墩身由基本构件、隔板、顶板及顶冒四种不同形状的构件组成，用高强钢丝穿入预留的上下贯通的孔道内，张拉锚固而成。

（三）现场浇筑墩台

现场浇筑墩台主要有两个工序：一是制作与安装墩台模板；二是混凝土浇筑。

常用的模板类型有：固定式模板、镶板式模板、滑升式或爬升式模板和翻升式模板。翻升模板近年应用较多。模板安装前应对模板尺寸进行检查；安装时要坚实牢固，以免振捣混凝土时引起跑模漏浆；安装位置要符合结构设计要求。

墩台身混凝土施工前，应将基础顶面冲洗干净，凿除表面浮浆，整修连接钢筋。灌筑混凝土时，应经常检查模板、钢筋及预埋件的位置和保护层的尺寸，确保位置正确，不发生变形。混凝土施工中，应切实保证混凝土的配合比、水灰比和坍落度等技术性能指标满足规范要求。

第四节　梁桥上部结构的施工

一、现浇混凝土梁的施工要点

钢筋混凝土梁桥施工的基本工序——制造（包括模板、钢筋和混凝土）、运输和安装。

（一）模板和支架

模板和支架是浇筑混凝土施工中的临时结构物，对构件的制作十分重要，不仅控制构件尺寸的精度，还直接影响施工进度和混凝土的浇筑质量。

1. 模板的制作和安装

模板按使用材料不同可分为木模、钢模、胶合板模等。木模在桥梁建设中使用最为广泛。它的优点是制作容易，但木材耗损大，成本较高。钢模造价虽高，但由于周转次数多，实际成本低，且结实耐用，接缝严密，能经受强烈振动，浇筑的构件表面光滑，所以目前钢模的采用日益增多。胶合板模节约木材，成本较低，同时具有较大的刚度和稳定性。中小跨径空心板制作时所使用的芯模有木芯模、钢管芯模和充气胶囊芯模。

2. 支架的制作和安装

支架按其构造分为立柱式、梁式和梁-柱式支架，按材料可分为木支架、钢支架、钢木混合结构和万能杆件拼装的支架。支架整体、杆配件、节点、地基、基础和其他支撑物应进行强度和温度验算。支架应预留施工拱度，宜采用标准化、系列化、通用化的构件拼装。无论使用何种材料的支架，均应使用施工图设计，并验算其强度和稳定性。支架应稳定、坚固，应能抵抗在施工过程中有可能的偶然冲撞和振动。

3. 模板、支架的拆除

模板、支架的拆除期限应根据结构物特点、模板部位和混凝土所达到的强度来决定。模板拆除应按设计的顺序进行，设计无规定时，应遵循先支后拆，后支先拆的顺序，拆时严禁抛扔。卸落支架应按拟定的卸落程序进行，分几个循环卸落，卸落量开始宜小，以后逐渐增大。

（二）钢筋

1. 钢筋加工

首先进行钢筋的调直、表面去除污锈，然后根据需要长度进行下料，最后把钢筋弯制成设计的形状。

2. 钢筋的接头

钢筋配料中，当长度不能满足需要时，就需将钢筋接长。接长方法有闪光接触对焊、竖向钢筋电渣压力焊接、电弧焊、螺套及套筒挤压连接和铁丝绑扎5种。钢筋的接头应采用电焊，并以闪光接触对焊为宜。在不能进行闪光接触对焊时，可采用电弧焊。当没有条件采用焊接时，接头可采用铁丝绑扎搭接，但钢筋直径不应超过25mm，搭接长度要满足要求。

3. 钢筋骨架的焊接与安装

钢筋骨架的焊接应采用电弧焊，先焊成单片平面骨架，然后再将平面骨架焊成立体骨架。焊接成形的钢筋骨架，安装比较简单，用起重设备吊入模板内即可。

（三）混凝土

1. 混凝土的拌制

混凝土通常采用机械拌合，对零星工程的塑性混凝土可采用人工拌合。对在施工现场集中搅拌的混凝土，应检查混凝土拌合物的均匀性，还需对坍落度等质量指标进行检查。

2. 混凝土的运输

混凝土的运输能力应适应混凝土凝结速度和浇筑速度的需要，使浇筑工作不间断并使混凝土运到浇筑地点时仍保持均匀性和规定的坍落度。当混凝土拌合物运距较近时，可采用无搅拌器的运输工具运输；当运距较远时，宜采用搅拌运输车运输。混凝土运至浇筑地点后发生离析、严重泌水或坍落度不符合要求时，应进行第二次搅拌。

3. 混凝土的浇筑

混凝土是依照次序逐层浇筑的，每层混凝土的浇筑厚度应根据搅拌能力、运输距离、浇筑速度、气温和振动能力来决定，一般为 15～25cm。混凝土浇筑一般有以下三种方法：水平分层浇筑法、斜层浇筑法和单元浇筑法。混凝土浇筑应一次完成，不得任意中断，并在前层混凝土开始凝结前将次层混凝土浇捣完毕。

4. 混凝土的振捣

混凝土振捣的目的是增加混凝土的密度，防止出现蜂窝空洞等不良现象。振捣方法有两种，一种是人工振捣，另一种是机械振捣，通常采用机械振捣。桥梁工地常采用的振捣器有平板式振捣、附着式振捣、插入式振捣和振捣台等几种。

5. 混凝土的养护及修饰

混凝土浇筑后，若天气干燥，混凝土表面水分蒸发过快，会产生网状的收缩裂缝，破坏混凝土的耐久性，所以对混凝土初期阶段的养护是非常重要的。混凝土强度达到 2.5MPa 前，不得使其承受行人、运输工具、模板、支架及脚手架等荷载。

6. 混凝土的季节性施工

混凝土的季节性施工包括夏季施工、雨期施工和冬季施工。夏季天气炎热，混凝土浇筑完毕后应注意保水。雨季水量较多，混凝土浇筑后应注意防水。冬季施工时，对混凝土浇筑应注意防冻。

二、预制混凝土梁的施工要点

（一）预加应力方法

预应力混凝土是在结构中设法克服混凝土裂缝的基础上发展出来的新型材料，即预先在钢筋混凝土构件中施加预压力，让其工作时抵消受荷载作用产生的拉应力，并用以限制混凝土裂缝。它的预压力是靠张拉（或其他形式）钢筋混凝土中的高强钢筋，钢丝束或钢绞线来实现的。预应力混凝土材料比普通钢筋混凝土要求高，要求混凝土拌和料强度高，收缩率低。预应力钢筋应选用钢绞线、钢丝，只在中、小型构件或竖、横向钢筋中采用精轧螺纹钢筋。混凝土预加应力的方法很多，主要有先张法和后张法。

1. 先张法

先张法是先将预应力筋在台座上按构件设计要求张拉，然后浇筑混凝土，待混凝土达到一定强度后，放松预应力筋。先张法的优点是张拉预应力筋时，只需夹具（夹具设在台座两端，构件制成后能回收重复使用），它的锚固是依靠预应力筋与混凝土的粘结力，自锚于混凝土之中。先张法的缺点是需要专门的张拉台座，基建投资大；构件中预应力筋一般只能采用直线配备，施加的张拉力较小，适用于长度 25m 以内的预制构件。

2. 后张法

后张法是先制作钢筋混凝土构件，在浇筑混凝土之前，按预应力筋的设计位置预留孔道（直线形或曲线形），待混凝土达到设计强度后，将预应力筋穿入孔道，并利用构件本身张拉预应力筋，张拉后用锚具牢固地锚着在构件上．然后进行孔道灌浆，使混凝土得到预加应力。后张法优点是预应力筋可直接在构件上张拉，不需要专门台座；预应力筋可按设计要求配合弯矩和剪力变化布置；施加的张拉力较大，适合于预制或现浇的大型构件。后张法的缺点：每一束或每一根预应力筋两头都需要加设锚具；而锚具在施工中还增加留孔、穿筋、灌浆和封锚等工序，使施工工艺复杂化。

（二）先张法施工工艺

先张法制作预应力混凝土构件，多在预制场的台座上进行。张拉施工程序为预应力钢筋的制作→预应力筋的张拉→混凝土的浇筑→预应力筋的放松。为了减少预应力筋的应力损失，通常采用超张拉的方法，如钢筋张拉时，应力从 0→初应力→$1.05\sigma_{con}$（持荷 2min）→$0.9\sigma_{con}$→σ_{con}（锚固），σ_{con} 为张拉时的控制应力，包括预应力损失值。

（三）后张法施工工艺

后张法制作预应力混凝土构件，一般在施工现场进行，适用于大于 25m 的简支梁或现场浇筑的桥梁上部构造。张拉施工程序为预留孔道→预应力钢丝的制作→预应力筋的张拉→孔道压浆→封端。

三、梁的运输和安装

（一）梁的运输

从工地预制场至桥头处的运输，称为场内运输，通常需要铺设钢轨便道，由预制场地用龙门吊机或木扒杆将预制构件装上平车后，再用绞车牵引运抵桥头。从预制构件厂至施工现场的运输，通常用大型平板车、驳船或火车等运输工具。

（二）梁的安装

梁的安装方法很多，需根据施工现场的条件、所掌握的设备及构件的重量等情况来选择决定。目前常用的方法有自行式吊车架梁、浮吊船架梁、跨墩龙门式吊车架梁、宽穿巷式架桥机架梁和联合架桥机架梁。

（三）悬臂、连续梁桥的施工

悬臂、连续梁桥的施工方法不同与简支梁桥，目前的施工方法有逐孔施工法、悬臂施工法、顶推施工法和转体法，其中悬臂施工法又分为悬臂浇筑法和悬臂拼装法两种。

第五节　其他桥型的构造与施工

一、拱桥的构造和施工要点

（一）概述

1. 拱桥的特点

拱桥是我国公路桥梁上使用较广泛的一种桥型。拱桥与梁桥的区别不仅在于外形不同，更重要的是两者受力性能有较大差别。拱桥的优点是跨越能力大、能充分就地取材、耐久性好，维修养护费用少、外形美观、构造较简单。缺点是自重较大、施工设备费用较高。由于建筑高度较高。在城市立交及平原地区的使用受到一定的限制。

2. 拱桥的分类

按建筑材料分为圬工拱桥、钢筋混凝土拱桥、钢拱桥和钢 – 混凝土组合拱桥。按拱上结构形式分为实腹式拱桥和空腹式拱桥。按主拱圈拱轴线形式分为圆弧拱、悬链线拱和抛物线拱。按主拱圈横截面形式分为板拱桥、肋拱桥、双曲拱桥和箱型拱桥。按照有无水平推力可分为：有推力拱桥、无推力拱桥。按结构受力体系分为三铰拱、无铰拱和两铰拱。

（二）拱桥的构造

1. 上部结构构造

（1）主拱圈构造

主拱圈是拱桥的承重结构，以受压为主，一般可采用抗压性能较好的材料建造。

主拱采用实体矩形截面时，称为板拱。根据主拱所采用的建筑材料的不同，可以分为石板拱、混凝土板拱、钢筋混凝土板拱等。在钢筋混凝土肋形板中，将肋之间的板完全挖去，用两条或多条分离式的平行拱肋来代替拱圈，即为肋拱，肋和肋之间用横系梁连接。肋拱的截面，根据跨度的大小和载重的等级，可以选用矩形，工字形或箱形。双曲拱通常由拱肋、拱波、拱板和横向联系等几部分组成。双曲拱桥的主要特点是将主拱圈以"化整为零"的方法按先后顺序进行施工，再以"集零为整"的组合式整体结构承重。主梁拱圈采用箱形截面的称为箱形拱，常用于大跨径的拱桥。

（2）拱上建筑构造

拱上建筑为拱桥的一部分，通常分为实腹式和空腹式两种。

实腹式拱桥填料较多，恒载较重，一般用于小跨径拱桥，拱上建筑由拱腹填料、侧墙、护拱、变形缝、防水层、泄水管、桥面层组成（图6-17）。拱腹填料具体做法可采用填充和砌筑两种方法，填充是用砾石、碎石、粗砂或卵石夹黏土并加以夯实；砌筑是用干砌圬工或筑贫混凝土作为拱腹填料。侧墙是为了维护拱腹上的散粒填料而采取的措施。护拱一般是用块石或片石砌筑的，用来加强拱脚段的拱圈；同时在多孔拱桥中设置护拱还便于设置防水层和泄水管。

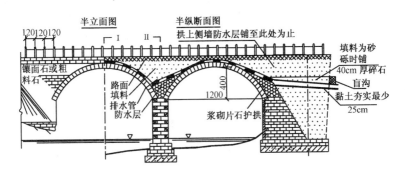

图 6-17　实腹式拱桥构造

空腹式拱桥（图6-18）适用于大、中跨径拱桥，特别是矢高较高的拱桥，拱上建筑除具有实腹式拱上建筑相同的构造外，还具有拱上腹拱、腹拱墩。腹拱是在空腹拱桥桥面以下，主拱圈以上部分采用的小拱，可分为拱式拱上建筑和梁式拱上建筑。一般在圬工拱桥上采用，通常

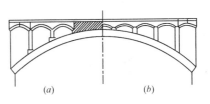

图 6-18　空腹式拱桥构造
（a）带实腹段的空腹拱；（b）全空腹拱

布置成对称的，每边2～5孔，视主拱圈的跨度而定。一座桥上的腹拱常作成等跨度腹拱墩，空腹式拱上建筑中把腹拱上荷载传递给主拱的构件，分为横墙式和立柱式两种，前者为圬工实体墙，后者常为钢筋混凝土排架或刚架式结构。

2. 其他类型拱桥的构造

（1）桁架拱桥

桁架拱桥的承重构件是桁架拱片，用其间的横向联系结成整体，使之共同受力，其上设置桥面而成，桁架拱片由上下弦杆、腹杆和实腹段组成（图6-19）。它进一步减轻了拱桥的自重，增强了桥梁结构的整体性，装配化程度高，施工程序少。桁架拱桥按拱片的形式不同分为斜杆式、竖杆式和三角形式。

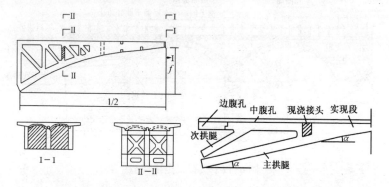

图6-19　桁架拱桥的组成部分　　　图6-20　刚架拱桥的组成部分

（2）刚架拱桥

刚架拱桥的上部结构由刚架拱片、横向连结系和桥面系等部分组成。刚架拱片是主要承重结构，一般由跨中实腹段的主梁、空腹段的次梁、主拱腿、次拱腿等构成（图6-20）。刚架拱桥属于有推力的高次超静定结构，具有构件少、质量轻、刚度大、施工简便、造价低、造型美观等优点，可在软土地基上修建，被广泛用于跨径25～70m的桥梁。

（3）钢管混凝土拱桥

钢管混凝土拱桥一般由钢管混凝土拱肋、立杆或吊杆、横撑和桥面系组成。它结构轻盈，同时具有钢管混凝土的诸多优点，如强度高、塑性好、质量轻等，而且钢管本身在施工阶段可起到劲性钢骨架的作用，可节省脚手架，缩短工期，减少施工用地，降低工程造价等优点。

3. 墩台构造

（1）桥墩构造

1）拱桥重力式桥墩——拱桥桥墩除承受垂直力外，还要承受主拱圈双向的水平推力。一般可分为普通墩和单向推力墩，普通墩不能承受水平推力，单向推力墩又称制动墩，它的作用是当某种原因一侧桥孔遭到毁坏时，能承受单侧拱的水平推力，以保证另一侧的拱桥不致遭到倾坍。单向推力墩比普通墩的墩身尺寸大。拱桥重力式桥墩与梁桥基本相同，见图6-21。拱桥桥墩的拱座相当于梁桥桥墩的墩帽，它是直接支承拱圈的部分，承受较大的压力，应用较高强度的块石、整体式混凝土或混凝土预制块砌筑。

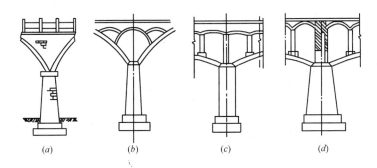

图6-21　拱桥重力式桥墩

（a）实腹式拱桥的平齐式；（b）空腹式拱桥的跨越式；

（c）立柱式；（d）横墙式

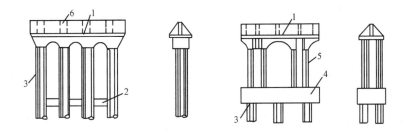

图6-22　拱桥轻型桥墩

1—盖梁；2—横系梁；3—钻孔灌注桩；4—承台；5—墩柱；6—预留孔槽

2）拱桥轻型桥墩——一般为配合钻孔灌注桩基础的桩柱式桥墩，外形上与梁桥的桩柱式桥墩非常相似，主要差别是：在梁桥墩帽上设置支座，而在拱桥墩顶部分则设置拱座（图6-22）。

（2）桥台构造

1）拱桥重力式桥台——由台帽、台身和基础三部分组成（图6-23），U形桥台的台身是由前墙和平行于行车方向的两侧翼墙构成，其水平截面呈U字形。

2）拱桥轻型桥台——常用的轻型桥台有八字形、U形、靠背式框架轻型桥台等。它是利用台后的土产生抗力来平衡拱的推力，从而使桥台尺寸较小，自重减轻。

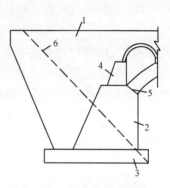

图6-23　拱桥U形桥台
1—侧墙；2—前墙；3—基础；
4—防护墙；5—台座；6—锥坡

3）拱桥组合式桥台——由台身和后座两部分组成，台身基础承受竖向力，拱的水平推力则主要由后座基底的摩阻力及台后的土侧压力来平衡。

4）其他形式桥台——主要有空腹L形桥台、履齿式桥台和屈膝式桥台等几种形式。

（三）拱桥的施工

1．就地浇筑法

就地浇筑法是把拱桥主拱圈混凝土的基本施工工艺流程（立模、扎筋、浇筑混凝土、养护及拆模等）直接在桥孔位置来完成。就地浇筑法分为有支架施工和悬臂浇筑两种方法。

2．预制安装法

预制安装法是把混凝土主拱圈结构划分成若干节段，先预制后，然后运至桥孔下面，利用起吊设备提升就位，进行拼装，逐渐加长直至成拱。常用的起重设备有缆索吊装设备和升臂式起重机。

3. 转体施工法

转体施工法是将主拱圈从拱顶截面分开，把主拱圈混凝土高空浇筑作业改为放在桥孔下面或者两岸进行，并预先设置好旋转装置，待主拱圈混凝土达到设计强度后，再将它就地旋转就位成拱。按照旋转的几何平面可分为平面转体施工和竖向转体施工法。

二、斜拉桥的构造和施工要点

（一）概述

斜拉桥指用锚在塔上的若干斜索吊住梁跨结构的桥，也叫斜张桥。其主要组成部分为主梁、斜拉索和索塔，与一般梁式桥相比，主梁除支承于墩身上外，还支承在由索塔引出的斜拉索上。它具有梁体尺寸小，跨越能力大，受桥下净空和桥面标高限制少，抗风稳定性好等优点，但是设计和构造复杂，施工中高空作业多，施工控制等技术要求严格。

按主梁所用材料，斜拉桥可分为钢斜拉桥、混凝土斜拉桥、钢-混凝土结合梁斜拉桥和混合梁（边跨混凝土梁与主跨钢梁连接）斜拉桥四类。

（二）斜拉桥的构造

（1）斜拉索——沿桥纵向最常用的布置形式有辐射形、竖琴形、扇形和星形（图6-24）。沿桥的横向一般分为单索面、双垂直索面、双斜索面三种。每根斜缆索包括钢索、锚具和过渡段三

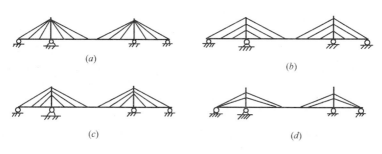

图6-24 斜拉索纵向布置

（a）辐射形；（b）竖琴形；（c）扇形；（d）星形

303

部分。钢索承受拉力，设置在两端的锚具用来传递拉力，过渡段埋设在梁和塔的内部，用于密封穿过梁和塔体内的钢索，且不与混凝土接触。在构造上可分为刚性索和柔性索两大类。

（2）主梁——主梁按结构形式可做成连续梁，带挂孔的单悬臂梁和 T 形刚构。斜拉桥的梁分为钢桁梁、钢实腹梁、混凝土梁、结合梁四大类。结合梁是钢主梁与混凝土或预应力混凝土桥面板结合而成的结构，兼有钢梁和混凝土梁的优点，抗弯刚度较大，而且结构自重可以做得较轻，因此，是近年来出现的斜拉桥主梁形式之一，比较常用。

（3）索塔——索塔一般均为空心断面，用钢结构或钢筋混凝土制作，也可以采用预应力混凝土结构。桥塔的结构应根据斜缆索的布置、桥面宽度以及主梁跨度等因素决定。在横桥向可分为单柱型、双柱型、门型或斜腿门型、倒 V 型或倒 Y 型。

（4）塔梁连接方式——梁塔墩的连结型式有三种：全固结、塔墩固结、梁塔固结。

（三）斜拉桥的施工

一般说来，梁式桥施工中可采用的任一方法，如悬臂法、缆索法、支架法、顶推法和平转法等，都有可能在斜拉桥施工中加以采用，由于斜拉桥梁体尺寸较小，各节段间有斜索，索塔还可以用来架设辅助钢索，因此对各种无支架施工方法更为有利。采用何种施工方法，要根据桥梁的构造特点、施工技术及设备、现场环境条件等因素，由设计与施工部门研究决定。

悬臂施工法是斜拉桥普遍采用的方法，工序可大致为，修建索塔，吊装主梁节段（悬臂拼装法）或现浇混凝土主梁节段（悬臂浇筑法），安装并张拉斜拉索，两者交替进行直至合龙。

三、悬索桥的构造和施工

（一）概述

悬索桥是以受拉缆索为主要承重构件的桥梁结构，它主要由大缆、加劲梁、吊索、桥塔、锚锭和鞍座等组成（图 6-25）。当设计跨径在600m以上时，悬索桥是首选桥型，它具有跨越能力大、受力合理、最能发挥材料强度等特点，同时整体造型流畅美观，施工安全快捷，但是由于悬索是柔性结构，刚度小，易承受较大的扰曲变形，且抗风能力差。

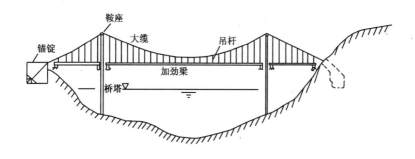

图6-25　悬索桥结构简图

悬索桥按悬吊跨数分类分为单跨悬索桥、三跨悬索桥和多跨悬索桥，其中单跨和三跨最为常用。

（二）悬索桥的构造

1. 大缆——通常由高强度镀锌平行钢丝束组成，大缆在全桥的布置一般是每桥2根，分别布置在加劲梁两侧吊点上。

2. 桥塔——桥塔的作用是支承大缆，在横桥向，常采用刚构式、桁架式或混合式来连结两侧的立柱。一般采用混凝土进行修建。顺桥向按力学性质可分为刚性塔和柔性塔。

3. 锚锭——锚锭结构用以锚固大缆，平衡大缆所受的拉力，并将其传到地基。自锚式悬索桥不需另外设置锚锭结构，而将大缆直接锚固于加劲梁上，地锚式锚锭又分为重力式锚锭和隧道式锚锭两种结构形式。

4. 加劲梁——主要起支承和传递荷载的作用，可分为钢结构和混凝土结构两种，工程上大多采用钢结构。钢加劲梁的截面形式有桁架式和扁平钢箱式。

5. 吊索——吊索是将加劲梁上的竖向荷载向大缆传递的受力构件，通常按等间距和等截面布置。其下端通过锚头与梁体两侧的吊点连接，上端通过索夹与大缆连接。

6. 鞍座——分为主索鞍和散索鞍，主索鞍置于塔顶用以支承大缆并将大缆荷载传递给主塔的装置，散索鞍置于锚锭的前墙处，起支承转向和分散大缆束股使之便于锚固的作用。

（三）悬索桥的施工

悬索桥的基本施工步骤是先修建基础、锚锭、桥塔，然后利用桥塔架设施工便道（猫道），利用猫道来架设大缆，随后安装吊索并拼装加劲梁。施工的重点是大缆和加劲梁的架设，大缆架设分为用空中送丝法架缆和预制平行丝股架缆；加劲梁架设则采用梁段提升法。

四、地道桥的构造和施工要点

（一）概述

地道桥是一种被广泛应用于铁路与公路立交、车站过人通道的桥梁结构形式。它具有上、下部结构连接成整体，受力合理，整体性及抗震性能好，对铁路行车视线无干扰等优点，特别适用于地基承载力小的地区。但是地道桥易形成积水，从而影响交通，需采取排水措施，且维修和加固较麻烦。

（二）地道桥的构造

1. 桥洞——桥洞是地道桥的主体结构，一般采用钢筋混凝土或预应力混凝土的箱形框架，框架的顶板代替了一般桥梁中的梁，其侧墙则代替了桥梁的墩台，而底板作为基础。地道桥的截面形式有单孔、双孔及三孔三种，在市区交通干线上时，一般采用将机动车与非机动车分离的三孔形式，即中孔行驶机动车，边孔行驶非机动车并布置人行道，使有利于车辆的安全行驶。

2. 引道——在箱形框架的桥洞两端修筑引道，用以沟通铁路两侧的道路。引道的路基一般与城市道路的路基做法一样，其路面一般多采用水泥混凝土路面。

3. 附属工程——主要使排水管道和排水泵站，用以排除地道桥洞内的雨季积水，地道范围内的雨水如能接入城市下水道内时，则可不另设泵站。

（三）地道桥的施工

目前，地道桥的施工方法很多，但是大部分地道桥的施工基本上采用顶入法。顶入法施工时在已有铁路线下方修建立交桥涵，系利用人工构筑成的后背抗力，用液压千斤顶的力量，将框架结构顶入铁路线的路基中，形成地道桥。框架在顶进时，其端部应不断挖土，随顶随挖，直至箱形结构物全部顶入路基。此种施工方法的特点是：只要顶力设备充裕、后背修筑等牢靠，则不论桥涵结构与铁路的交角如何，桥的跨度大小及覆土深度等情况如何，都能将结构物顶入。因而在设计上可以根据交通需要，能充分选择桥涵的跨径。

第六节　桥梁的检测与养护

一、桥梁的检测

（一）桥梁质量检测评定的方法和等级标准

1. 桥涵质量等级评定单元的划分

质量检评标准按桥涵工程建设规模大小、结构部位和施工工序将建设项目划分为单位工程、分部工程和分项工程，逐级进行工程质量等级评定。

单位工程是指建设项目中，根据业主下达任务或签定的合同，具有独立施工条件，可以单独作为成本计算对象的工程，如大、中跨径桥梁等可划分为单位工程；单位工程中按结构部位、路段长度和施工特点或施工任务等划分为若干个分部工程；在分部工程中按不同的施工方法、材料、工序及路段长度等划分为若干个分项工程。

2. 工程质量评分方法

施工单位在各分项工程完工后，按照"质量检评标准"所列基本要求、实测项目和外观鉴定进行自检，填写"分项工程质量检验评定表"，提交完整、真实的自检资料，由监理工程师确认；质量监督部门根据抽查资料和确认的施工自检资料进行质量等级评定。工程质量评定的分项工程为基本评定单元，采用百分制进行评分；在分项工程评分的基础上，逐级计算各相应分部工程、单位工程的评分值和建设项目中单位工程的优良率。

（1）分项工程评分方法

分项工程质量检验内容包括：基本要求、实测项目、外观鉴定和质量保证资料四个部分，只有在其使用的材料、半成品及施工工艺符合基本要求的规定且无严重外观缺陷和质量保证资料基本齐全时，才能对分项工程质量进行检验评定。分项工程的实测项目分值之和为 100 分，外观缺陷或资料不全时，须予扣分。

（2）工程质量等级评定方法

工程质量评定分为优良、合格和不合格三个等级，应按分项、分部、单位工程和建设项目逐级评定。

3. 桥梁检测的内容

桥梁工程试验检测的内容随桥梁所处的位置、结构形式和所用材料不同而异，应根据所建桥梁的具体情况按有关标准规范选定试验检测项目，一般常规的主要内容包括：

（1）施工准备阶段的试验检测项目——主要有：桥位放样测量、钢材原材料试验。钢结构连接性能试验、预应力锚具夹具和连接器试验、水泥性能试验、混凝土配合比试验、砌体材料性能试验、台后压实标准试验、其他成品半成品试验检测。

（2）施工过程中的试验检测项目——有地基承载力试验检测、基础位置和尺寸及标高检测、钢筋位置和尺寸及标高检测、钢筋加工检测、混凝土强度抽样试验、砂浆强度抽样试验桩基检测、墩台位置和尺寸及标高检测、上部结构（构件）位置和尺寸检测、预制构件张拉及运输和安装强度控制试验、预应力张拉控制检测、桥梁上部结构标高和变形及内力（应力）检测、支架内力及变形和稳定性监测、钢结构连接加工检测、钢构件防护涂装检测。

（3）施工完成后的试验检测项目——有桥梁总体检测、桥梁荷载试验、桥梁使用性能检测。

二、桥梁的养护

1. 概述

桥梁养护的目的和基本任务可分为三个层次：经常保持桥梁的完好状态，及时修复损坏部分，保证行车安全、舒适、畅通，以提高运输经济效益；采用正确的技术措施，提高桥梁的质量，延长桥梁的使用年限，以节省资金；对原有技术标准过低的桥梁进行分期改善和提高，逐步提高桥梁的使用质量和服务水平。城市桥梁的养护工程宜分为保养、小修；中修工程；大修工程；加固、改扩建工程。

根据城市桥梁在道路系统中的地位，城市桥梁养护类别宜分为以下五类：Ⅰ类养护的城市桥梁——特大桥梁及特殊结构的桥梁；Ⅱ类养护的城市桥梁——城市快速路网上的桥梁；Ⅲ类养护的城市桥梁——城市主干路上的桥梁；Ⅳ类养护的城市桥梁——城市次干路上的桥梁；Ⅴ类养护的城市桥梁——城市支路和街坊路上的桥梁。

根据各类桥梁在城市中的重要性，本着"保证重要，养护一般"的原则，城市桥梁养护等级宜分为Ⅰ等、Ⅱ等、Ⅲ等。

2. 桥梁养护的内容

（1）桥梁的检测评估——对使用中的桥梁必须按照规定进行检测评估，及时掌握桥梁的基本状况，并采取相应的养护措施。检测分为经常性检查、定期检测和特殊检测，具体流程见图6-26。

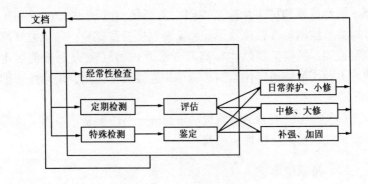

图 6-26　养护流程图

（2）结构的养护——对城市桥梁的上部结构、下部结构以及桥梁的抗震设施进行养护，并符合有关规范的要求。

（3）其他设施的养护——对桥梁的排水设施、防护设施、挡土墙和护坡、人行天桥的附属物、声屏障和灯光装饰、调治构造物和桥头搭板等附属设置进行养护和维修，以保证正常使用。

（4）建立养护档案——桥梁养护应以一座桥梁为单位建立养护档案，内容包括：桥梁主要技术资料，施工竣工资料，养护技术文件，巡检、检测、测试资料，桥梁自振频率，桥上架设管线等技术文件及相关资料。

第七章 市政管道工程

第一节 排水工程的基本知识

一、排水系统的作用

水是人们日常生活和从事一切活动不可缺少的物质，现代化城市就需要建设一整套完善的管渠系统、泵站及处理厂等各种设施，有组织地加以排除和处理，以达到保护环境、变废为宝、保证人们的正常生产和生活的目的工程，这样的工程称为排水工程。

污水按其来源的不同可分为：生活污水、工业废水、城市污水、降水。

1. 生活污水：是指人们日常生活中用过的水。含有大量腐败性的有机物以及各种细菌、病毒等致病菌的微生物，也含有为植物生长所需要的氮、磷、钾等肥分。

2. 工业废水：是指在工业生产中排出的废水，来自工矿企业。按照污染程度不同，可分为生产废水和生产污水两类。

（1）生产废水是指在生产过程中受到轻度污染的污水，或水温有所增高的水。

（2）生产污水是指在生产使用过程中受到严重污染的水。

3. 降水：是指在地面流泄的雨水和冰雪融化的水。降水常称雨水。这类水大部分比较清洁，但径流量大。一般雨水不需处理，可直接就近排入水体。

经过处理后的污水其最后出路有：一是排放水体；二是灌溉

农田；三是重复使用。

二、排水系统的任务

排水系统是由管道系统（排水管网）和污水处理系统（污水处理厂）组成。排水系统的基本任务包括：（1）收集城区各种降水并及时排至各种自然水体中；（2）收集各种污水并及时地将其输送至适当地点；（3）对污水妥善处理后排放或再利用。

排水系统作为国民经济的一个组成部分，对保护环境、促进工农业生产和保障人民的健康，具有巨大的现实意义和深远的影响。作为从事排水工作的工程技术人员，应当充分发挥排水工程在现代化建设中的积极作用，使经济建设、城乡建设与环境建设同步规划、同步实施、同步发展，以实现经济效益、社会效益和环境效益的统一。

三、排水系统的体制及选择

（一）排水系统的体制

城市污水是采用一个管渠系统来排除，或是采用两个或两个以上各自独立的管渠系统来排除，污水的这种不同排除方式所形成的排水系统，称为排水系统的体制（简称排水体制）。一般分为合流制和分流制两种类型。

1. 合流制排水系统：是将生活污水、工业废水和降水在同一个管渠内排除的系统。

（1）直泄式合流制：管渠系统布置就近坡向水体，分若干排出口，混合的污水不经处理直接泄入水体。因此，这种直泄式合流制排水系统目前不宜采用。

（2）全处理合流制：污水、废水、雨水混合汇集后全部输送到污水厂处理后再排放。因此，这种方式在实际情况下也很少采用。

（3）截流式合流制：在街道管渠中合流的生活污水、工业废水和雨水，一起排向沿河的截流干管，在截流干管处设置溢流井，并在干管下游设污水厂（如图7-1所示）。

2. 分流制排水系统：将生活污水、工业废水和雨水分别在两个或两个以上各自独立的管渠系统内排除的排水系统（如图7-2所示）。排除生活污水和工业废水的系统称污水排水系统；排除雨水的系统称雨水排水系统。通常分流制排水系统又分为下列两种：

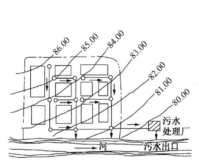

图7-1　截流式合流制排水系统　　　　图7-2　分流制排水系统

1—污水干管；2—污水主干管；3—污水厂；

4—出水口；5—雨水干管

（1）完全分流制：分别设置污水和雨水两个管渠系统，前者用于汇集生活污水和部分工业废水，并输送到污水处理厂，经处理后再排放；后者汇集雨水和部分工业废水，就近直接排入水体。

（2）不完全分流制：城市中只有污水管道系统而没有雨水管渠系统，雨水沿着地面、道路边沟壑明渠泄入天然水体。

（二）排水体制的选择

合理地选择排水体制，关系到整个排水系统是否实用，能否满足环境保护要求，同时也影响排水工程的总投资、初期投资和经营费用。对于目前常用的分流制和合流制的分析比较，可从下列几方面说明：

1. 环境保护方面：合流制排水系统管径大，污水厂规模大，建设费用高。分流制排水系统，将城市污水全部送到污水厂处理，对保护环境十分有利；但初期雨水径流未加处理直接排入水体，是其不足之处。分流制是城市排水系统体制发展的方向。

2. 基建投资方面：据国外有的经验认为合流制排水管道的造价比完全分流制一般要低 20% ~ 40%，可是合流制的泵站和污水厂却比分流制的造价要高。由于管渠造价在排水系统总造价中占 70% ~ 80%，所以合流制的总造价一般还是比完全分流制的低。

3. 维护管理方面：合流制管道晴天时流量小、流速低、易沉积；雨天时流量大、流速快、易冲刷。这样维护管理费用可以降低。但是，进入污水厂的水量变化很大，运行管理复杂。分流制管道流量稳定，可以保持管内的流速，不致发生沉淀，同时，进污水厂的水量和水质比合流制变化小得多，污水厂的运行易于控制。

4. 施工方面：合流制管线单一，减少与其他地下管线、构筑物的交叉，管渠施工较简单。

排水系统体制的选择应根据城镇及工业企业的规划、环境保护的要求、污水利用情况、原有排水设施、水质、水量、地形、气候和水体等条件，从全局出发，在满足环境保护的前提下，通过技术经济比较，综合考虑确定。新建地区排水系统一般应采用分流制。

四、排水系统的主要组成

（一）城市污水排水系统的主要组成

城市污水包括生活污水和工业废水两大部分，将工业废水与生活污水采用同一排水系统就组成了城市污水排水系统。它是由下列几部分组成：

1. 室内管道系统及卫生设备：其作用是收集生活污水并将其送至室外庭院或街坊的污水管中。生活污水经水封管、支管、立管和出户管等室内管道系统排入室外管道系统中去。

2. 室外污水管道系统：指埋设在庭院或街道下，汇集各建筑物或庭院排入的生活污水，并依靠重力流、输送污水至泵站、污水处理厂或水体。

3. 污水泵站及压力管道：污水在管道内流动一般是靠重力流动，为此，管道就必须按一定坡度敷设。当由于地形的关系而受到限制时，需将低处污水向高处提升，就必须设污水提升泵站。设在管道中途的泵站称中途泵站，设在管道终点的泵站称终点泵站。从泵站到高地的压力流管道或污水厂的承压管道，称为压力流管道。

4. 污水厂：供处理、利用污水、污泥所建造的一系列处理构筑物及附属构筑物的综合体称为污水厂。污水厂设在城镇河流的下游地段，以利于最终污水的排放，并要求与建筑群有一定的卫生防护距离。

5. 排出口及事故排出口：污水经妥善处理后，通过污水管（渠）排入水体，是排水工程的终端。在排水系统中易发生故障的部位，设置事故排出口。如在排水总泵站前设置事故排出口，一但泵站发生故障，可通过它直接将污水排入水体。

（二）工业废水排水系统的主要组成

根据企业性质及其行业不同产生废水的性质也不同，当废水所含物质的浓度不超过国家规定的排入城市排水管道的允许值时，可直接排入城市污水管，当浓度超标时必须经收集处理后排入城市污水管或排放水体，也可再利用。

工业废水排水系统主要由以下几部分组成：

1. 车间内部的管道系统和设备：主要用于回收各生产设备排出的工业废水，并将其送到车间外部的厂区管道系统中去。

2. 厂区管道系统：埋设在工厂内，用于收集并输送各车间排出的工业废水的管道系统。工厂内的管道系统，可根据废水的具体情况设置若干个独立的系统，如分质分流、清污分流等。

3. 污水泵站及压力管道：用来输送废水。

4. 废水处理站：主要是处理和利用废水。

5. 出水口。

（三）天然降水排水系统的主要组成

该系统承担排除城镇的雨水、雪水，包括冲洗街道和消防用水。其主要组成部分包括：

1. 房屋雨水管道系统和设备：其作用是收集建筑物屋面的雨雪水，并将其排入室外管渠中去。主要包括建筑物屋面上的天沟、雨水斗和水落管，同时包括雨水室内排水系统。

2. 室外雨水管道系统：包括街坊、庭院或厂区雨水管道系统和街道雨水管道系统。由雨水口检查井和管道组成。

3. 排洪沟：其作用是将可能危害居住区及厂矿的山洪及时拦截并将其引至附近的水体。

4. 雨水泵站。

5. 雨水出水口。

第二节 排水管渠的材料、接口及基础

一、排水管渠的材料

（一）管渠材料的要求

1. 排水管道必须具有足够的强度，以承受外部的荷载和内部的水压。外部荷载包括由土壤重量产生的静荷载，以及由于车辆运行所形成的动荷载。压力管道及倒虹吸管一般要求考虑内部水压。自流管道发生淤塞时或雨水管道系统的检查井内充水时，也可能引起内部水压。此外，为了保证排水管道在运输和施工中不至于破裂，也必须使管道具有足够的强度。

2. 排水管渠应具有抵抗污水中杂质的冲刷和磨损的作用，也应该具有抗腐蚀的性能，以免在污水或地下水的侵蚀作用（酸、碱或其他）下很快损坏。

3. 排水管渠必须不透水，以防止污水渗出或地下水渗入。因为污水从管渠渗出至土壤，将污染地下水或邻近水体；或者破坏管道及附近房屋的基础。地下水渗入管渠，不但降低管渠的排水能力，而且将增大污水泵站及处理构筑物的负荷。

4. 排水管渠的内壁应整齐光滑，使水流阻力尽量减小。

5. 排水管渠应就地取材，并考虑到预制管件及快速施工的可能，以便尽量降低管渠的造价及运输和施工的费用。

总之，对管渠材料的要求应满足排水工程的使用，同时，还要合理地进行选择管渠材料，对降低排水系统的造价影响很大。因此，选择排水管渠材料时应综合考虑技术性、抗破坏性、耐腐蚀性、抗渗性、光滑性、经济性及其他方面的因素。

（二）混凝土管和钢筋混凝土管

混凝土和钢筋混凝土管适用于排除雨水、污水，可在专门的工厂预制，也可在现场浇制。分混凝土管、轻型钢筋混凝土管、重型钢筋混凝土管3种。管口构造通常有承插式、企口式、平口式。如图7-3所示。

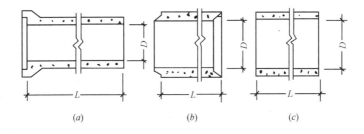

图 7-3　管子接口形式

（a）承插式；（b）企口式；（c）平口式

混凝土管管径一般不超过400mm，长度一般为1m。为了抵抗外压力，直径大于 400mm 时，一般加配钢筋制成钢筋混凝土管，其长度在 1~4m 之间。混凝土管和钢筋混凝土管可以根据抗压的不同要求，制成无压管、低压管、预应力管等。混凝土管和钢筋混凝土管除用作一般自流排水管道外，钢筋混凝土管及预应力钢筋混凝土管亦可用作泵站的压力管及倒虹管。它们的主要缺点是抗酸、碱侵蚀及抗渗性能较差、管节短、接头多、施工复杂。另外大管径钢筋混凝土管的自重大，搬运不便。

（三）陶土管

陶土管是由耐火土经焙烧制成，一般是承插式。陶土管直径一般不超过 500mm，长度一般为 1000mm。带釉的陶土管内外壁光滑，水流阻力小，不透水性好，耐磨损，抗腐蚀。但陶土管质脆易碎，不宜远运，不能受内压，抗弯抗拉强度低，不宜敷设在松土或埋深较大的地方。此外，管节短，需要较多的接口，增加施工费用。常用于排除酸性废水，或管外有侵蚀性地下水的污水管道。

（四）金属管

常用的金属管有铸铁管和钢管，只有在排水管道承受高内压、高外压或对渗漏要求特别高的地方，才使用金属管。金属管质地坚硬、抗压、抗震性强、管节长。但价格较贵，对酸碱的防蚀性较差，在使用时必须涂刷耐腐蚀的涂料并注意绝缘。

（五）其他管材

随着新型市政材料的不断研制，用于制作排水管道的材料也日益增多。如玻璃钢管、强化塑料管、聚氯乙烯管等，具有弹性好、耐腐蚀、重量轻、不漏水、管节长、接口施工方便等特点。在国外，英国生产有玻璃纤维筋混凝土管，美国生产有一种用塑料填充珍珠岩水泥的"构架管"，还有一种加筋的热固性树脂管。

（六）大型排水渠道

大型排水渠道常用的建筑材料有砖、石、混凝土和现浇钢筋混凝土等。常用断面有圆形、拱形、矩形等。如图 7-4 所示。

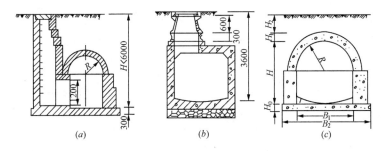

图 7-4　大型排水渠道（单位：mm）

(a) 石砌拱形渠道；(b) 矩形钢筋混凝土渠道；(c) 大型钢筋混凝土渠道

二、排水管道的接口

排水管道的不透水性和耐久性，在很大程度上取决于敷设管道时接口的质量。据统计，排水管道出现的问题，有 70% 以上是管道接口的问题。所以，管道接口应具有足够的强度、不透水、能抵抗污水或地下水的侵蚀，具有一定的弹性，并且施工方便。

（一）接口的形式

1. 柔性接口：柔性接口允许管道纵向轴线交错 3~5mm 或交错一个较小的角度，而不致引起渗漏。柔性接口一般用在地基软硬不一，沿管道轴向沉陷不均匀的无压管道上。柔性接口施工复杂，造价较高，在地震区采用有他独特的优越性。

2. 刚性接口：刚性接口不允许管道有轴向的交错，但施工简单、造价较低，因此采用较广泛。刚性接口抗震性能差，用在地基比较良好，有带形基础的无压管道上。

3. 半柔半刚性接口：介于上述两种接口形式之间，使用条件与柔性接口类似。

（二）接口的方法

1. 水泥砂浆抹带接口：属于刚性接口。在管子接口处用 1:2.5~1:3 水泥砂浆抹成半椭圆形或其他形状的砂浆带，带宽 120~150mm。一般适用于地基土质较好的雨水管道，或用于地下水位以上的污水支线上。企口管、平口管、承插管均可采用此种接口。如图7-5所示。

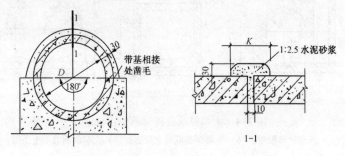

图7-5　水泥砂浆抹带接口（单位：mm）

2. 钢丝网水泥砂浆抹带接口：属于刚性接口。将抹带范围的管外壁凿毛，抹1:2.5水泥砂浆一层厚15mm，中间采用20号10mm×10mm钢丝网一层，两端插入基础混凝土中，上面再抹砂浆一层厚10mm。适用于地基土质较好的带形基础的雨水、污水管道上。如图7-6所示。

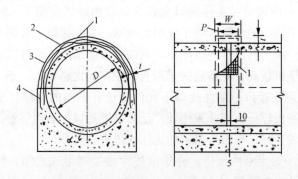

图7-6　钢丝网水泥砂浆抹带接口（单位：mm）
1—钢丝网；2—下层水泥砂浆；3—上层水泥砂浆；
4—插入管座钢丝网；5—水泥砂浆捻口

3. 承插式橡胶圈接口：属柔性接口。在插口处设一凹槽，防止橡胶圈脱落，该种接口的管道有配套的"O"形橡胶圈。此种接口施工方便，适用于地基土质较差，地基硬度不均匀或地震区。

4. 企口式橡胶圈接口：属柔性接口。配有与接口配套的"q"形橡胶圈。该种接口适用于地基土质不好、有不均匀沉降地区，既可用于开槽施工，也可用于顶管施工。

5. 预制套环石棉水泥（或沥青砂）接口：如图7-7所示。属于半柔半刚性接口。石棉水泥重量比为水：石棉：水泥＝1∶3∶7（沥青砂配比为沥青：石棉：砂＝1∶0.67∶0.67）。适用于地基不均匀地段，或地基经过处理后管道可能产生不均匀沉陷且位于地下水位以下，内压低于10m的管道上。

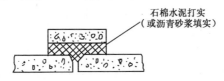

图7-7 预制套环石棉水泥（沥青砂）接口

6. 现浇混凝土套环接口：为刚性接口。适用于加强管道接口的刚度，可根据设计需要选用。

三、排水管道的基础

（一）管道基础和管座

合理设计管道基础，对于排水管道使用寿命和安装质量有较大影响。在实际工程中，有时由于管道基础设计不周，施工质量较差，发生基础断裂、错口等事故。

排水管道基础一般由地基、基础和管座三个部分组成，如图7-8所示。

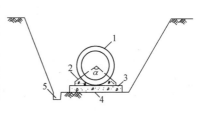

图7-8 管道基础示意图
1—管道；2—管座；3—管基；
4—地基；5—排水沟

地基指沟槽底的土壤部分。常用的有天然地基和人工地基。地基承受管子和基础的重量以及管内水的重量，管上部土的荷载及地面荷载。

基础指管子与地基间的设施，起传力的作用。

管座、管子与基础间的设施，使管子与基础成为一体，以增加管道的刚度。

（二）几种常见的排水管道基础。

1. 弧形素土基础：在原土上挖成弧形管槽，弧度中心角采用60°～90°，管道安装在弧形槽内。它适用于无地下水且原土干燥并能挖成弧形槽，管径为$D150～D1200$，埋深$0.8～3.0m$的污水管线，但当埋深小于$1.5m$，且管线敷设在车行道下，则不宜采用。

2. 砂垫层基础：在沟槽内用带棱角的中砂垫层厚200mm，它适用于无地下水、坚硬岩石地区，管道埋深$1.5～3.0m$，小于$1.5m$时不宜采用。

3. 灰土基础：适用于无地下水且土质较松软的地区，管道直径$D150～D700$，水泥砂浆抹带接口、套管接口及承插接口，弧度中心角常采用60°，灰土配合比为3:7（重量比）。

4. 混凝土基础：混凝土基础分为混凝土带形基础和混凝土枕基两种。混凝土枕基只在管道接口处设置，它适用于干燥土壤雨水管道及污水支管上，管径$D<900mm$的水泥砂浆接口及管径$D<600mm$的承插接口。混凝土带形基础是沿管道全长铺设的基础，按管座的形式不同分90°、135°、180°、360°四种管座基础。这种基础适用于各种潮湿土壤，以及地基软硬不均匀的排水管道，管径为$200～2000mm$，无地下水时在槽底原土上直接浇混凝土基础。有地下水时常在槽底铺$15～20cm$厚的卵石或碎石垫层，然后才在上面浇混凝土基础，一般采用强度等级为C10的混凝土。在地震区，土质特别松软，不均匀沉陷严重地段，最好采用钢筋混凝土带形基础。

第三节　排水管渠的附属构筑物

为了排除雨水、污水，除管渠本身外，还需在管渠系统上设置某些附属构筑物，如检查井、跌水井、雨水口、倒虹管、出水口、溢流井等。泵站是排水系统上常见的构筑物。因此，如何使这些构筑物建造得合理，并能充分发挥其最大作用，是排水管渠系统设计和施工中的重要课题之一。

一、检查井

（一）检查井的作用和设置位置

检查井的作用，一是能顺畅地汇集和转输水流，二是便于养护工作。

检查井通常设在管渠交汇、转向处，管径、坡度、高程改变处，在直线管段上相隔一定距离也必须设置检查井。检查井在直线管段上的最大间距见表7-1。

直线管道上检查井间距 表7-1

管　别	管径或暗渠净高(mm)	最大间距（m）	常用间距（m）
污水管道	≤400	40	20~35
	500~900	50	35~50
	1000~1400	75	50~65
	≥1500	100	65~80
雨水管道和合流管道	≤600	50	25~40
	700~1100	65	40~55
	1200~1600	90	55~70
	≥1800	120	70~85

（二）检查井的构造

检查井主要有圆形、矩形和扇形3种类型，如图7-9所示。从构造上看3种类型检查井基本相似，主要由以下几分部分组成：

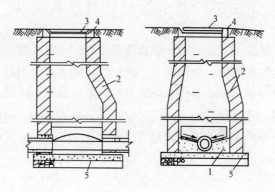

图 7-9   检查井构造图

1—井底；2—井身；3—井盖；4—井盖座；5—井基

1. 井基：包括基础和流槽。根据土壤及水文地质条件，采用灰土、碎砖、碎石或卵石作垫层。上铺混凝土或砌砖基础。基础上部按上下游管道管径大小砌成流槽。检查井底各种流槽平面形式，如图 7-10 所示。

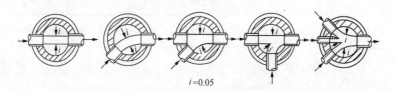

$i=0.05$

图 7-10   检查井底流槽的形式

2. 井身：检查井身的材料可采用砖、石、混凝土或钢筋混凝土。井身在构造上分为工作室、渐缩部分和井筒 3 部分。工作室的平面形状有圆形、矩形和扇形。工作室是养护人员养护时下井进行临时操作的地方，不应过分狭小，其直径不能小于 1m，其高度在埋深许可时一般采用 1.8m。为降低检查井造价，缩小井盖尺寸，井室以上部分做成井筒，井筒直径一般为 0.7m，作为下井工作的出入口。井室和井筒的过渡段叫渐缩部分，圆形井的渐缩部分高度为 0.60~2.8m，对直径较大圆形井及矩形井和扇形井，可以在工作室顶偏向出水管渠一边加钢筋混凝土盖板梁，井筒则砌筑在盖板梁上。为便于上下，井身在偏向进水管渠的一边应保持一壁直立。

3. 井盖、盖座：盖在井筒上面，井盖座在盖座上，井盖和路面、人行道安装平整，防止行人车辆掉入井内和其他物品落入井内。一般用铸铁制作，也有用混凝土制成的。

4. 爬梯：供工作人员上下井用，用铸铁制作，也有用砖砌的脚窝，交错地安装在井壁上。

（三）几种特殊类型的检查井：

1. 浅型检查井：不需要下人的浅井，构造很简单，一般为直壁圆筒形，直径为 0.7m。适用于雨污水支管或庭院内的检查井。

2. 连接井：一般用于雨水管道支管接入时。连接井可不设井筒和井盖，但基础、流槽做法与普通检查井相同，井室高度满足管道连接高程上的要求即可。

3. 带沉泥槽的检查井：即检查井槽底低于进、出水管标高 0.5~1m，使水中挟带泥砂可稍稍沉淀。一般每隔一定距离（200m 左右），检查井底做成落底 0.5~1.0m 的沉泥槽。

4. 水封井：当生产废水能产生引起爆炸或火灾的气体时，其废水管道系统中必须设水封井。水封深度一般采用 0.25m。井上宜设通风管，井底宜设沉泥槽。

5. 跌水井：跌水井是设有消能设施的检查井。当地面坡度太大或受管道水力条件限制，有时须在管线上设跌水井。当落差大于 1m 时，要设跌水井。但管道在转弯处不宜设置跌水井。

跌水井形式：内竖管式跌水井、外竖槽式跌水井、阶梯式跌水井（溢流堰式跌水井）。

6. 溢流井：在截流式合流制排水系统中，晴天的污水全部送往污水处理厂处理。在雨天，则仅有一部分污水送污水处理厂处理，超过截流管道输水能力的那一部分污水（包括雨水在内）不作处理，直接排入水体。

溢流井按其进、出水管根据作用不同分为合流管道、截流管道、溢流管道三种。

截流管道和溢流管道的计算，主要是合理地确定所采用的截流倍数 n_0。截流倍数 n_0 是指雨天时不从溢流井泄出的雨水量是晴天时污水量的指定倍数。即：n_0 = 截流管道设计流量/晴天时污水量。通常，截流倍数 n_0 应根据旱流污水的水质和水量以及总变化系数、水体的卫生要求、水文、气象条件等因素确定。

二、雨水口及出水口

（一）雨水口

1. 作用：雨水口是在雨水管渠或合流管渠上收集雨水的构筑物。街道路面上的雨水首先经雨水口通过连接管道流入排入管渠。

雨水口的设置位置，应能保证迅速有效地收集地面雨水。一般应在交叉路口、路侧边沟的一定距离处以及没有道路边石的低洼地方设置，以防止雨水漫过道路或造成道路及低洼地区积水而妨碍交通。雨水口的形式和数量，通常应按汇水面积所产生的径流量和雨水口的泄水能力确定。一般一个平算雨水口可排泄 $15 \sim 20 L/s$ 的地面径流量。道路上雨水口的间距一般为 $25 \sim 50 m$，在低洼和易积水的地段，应根据需要适当增加雨水口的数量。

2. 构造：雨水口的构造包括进水算、井筒和连接管 3 部分，如图 7-11 所示。

雨水口的形式：有平算式、立算式、联合式。如图 7-11、图 7-12、图 7-13 所示。

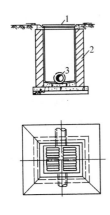

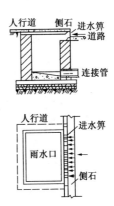

图 7-11 平算式雨水口
1— 进水算；2—井筒；3—连接管

图 7-12 立算式雨
水口示意图

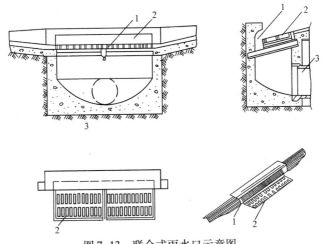

图 7-13 联合式雨水口示意图
1—边石进水算；2—边沟进水算；3—连接管

3. **材料**：雨水口的进水算可用铸铁或钢筋混凝土、石料制成。进水算条的方向与进水能力也有很大关系，算条与水流方向平行比垂直的进水效果好。

雨水口的井筒可用砖砌或用钢筋混凝土预制，雨水口的深度一般在1m左右，便于养护工人清通。雨水口的底部可根据需要做成有沉泥井或无沉泥井的形式，需要经常清除，增加了养护工作量。

4. 施工方法：雨水口以连接管与街道管渠的检查井相连。当排水管道直径大于800mm时，也可在连接管与排水管道连接处不另设检查井，而设连接暗井。连接管的最小管径为200mm，坡度一般为0.01，长度不宜超过25m。雨水口的串联是将几个雨水口用同一连接管相连，串联个数一般不宜超过3个。

（二）出水口

1. 作用：出水口是排水系统的终点构筑物。应根据污水水质、下游用水情况、水体的水位变化幅度、水流方向、波浪情况、地形变迁和主导风向等因素确定。

2. 形式：污水管渠出水口一般采用淹没式。可长距离伸入水体分散出口。雨水管渠出水口可以采用非淹没式，其底标高最好在水体最高水位以上，一般在常水位上。

常用的形式有：淹没式出水口、江心分散式出水口、一字式出水口、八字式出水口。

三、倒虹管

管道遇到河流、山涧、洼地、铁路或地下设施时，有时无法按原有的设计坡度埋设，当障碍物无法搬迁时，管道只能在局部做成下凹的折线从障碍物下通过，这种构筑物称为倒虹管。倒虹管由进水井、下行管、平行管、上行管和出水井等组成。其上下行管与水平线的夹角应小于30°。一般宜采用2~3条。倒虹管的管顶离规划河底一般不小于0.5m。由于倒虹管的清通比一般管道困难得多，因此必须采取各种措施来防止倒虹管内污泥的淤积。污水在倒虹管内的流动原理是依靠上下游管道中的水面高差（进、出水井的水面高差），该高差用以克服污水通过倒虹管时的阻力损失。倒虹管的施工较为复杂，造价很高，应尽可能避免采用。

第四节 室外排水管道开槽法施工

一、施工前准备工作

包括：图纸会审、施工现场核查与工程协调、施工组织设计编制、施工测量、施工沿线排水、施工交底、封堵排水管道头子。

二、沟槽开挖与回填

（一）施工排水

施工现场排水的方法：集水井法排水和人工降低地下水位。

1. 集水井法排水也称明沟排水，其排水系统的组成如图7-14所示。

2. 人工降低地下水位排水就是在含水层中布设井点进行抽水，地下水位下降后形成降落漏斗，使坑（槽）设计底标高位于降落漏斗以上，消除地下水对施工的影响。

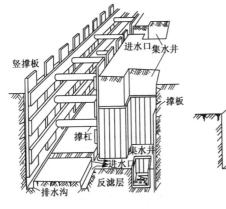

图 7-14 明沟排水系统

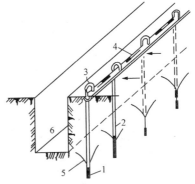

图 7-15 单排井点系统
1—滤水管；2—井管；3—弯联管；
4—总管；5—降水曲线；6—沟槽

方法：轻型井点、喷射井点、电渗井点、深井井点等方法。

轻型井点由滤水管、井管、弯联管、总管和抽水设备组成，如图7-15、图7-16所示。

（二）沟槽开挖

1. 沟槽断面形式：

常见的断面形式有：直槽、梯形槽、混合槽、联合槽。如图7-17所示。

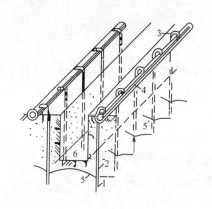

图7-16　双排井点系统
1—滤水管；2—井管；3—弯联管；
4—总管；5—降水曲线；6—沟槽

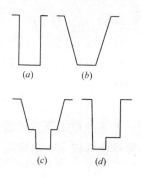

图7-17　沟槽断面种类
（a）直槽；（b）梯形槽；
（c）混合槽；（d）联合槽

沟槽开挖断面形式的确定，应根据地形条件、施工现场大小、土的类别和性质、地下水位情况、附近地面建筑物和地下管线的位置及其完好程度、管道直径与埋设深度、使用支护材料与施工机械设备及施工季节影响等因素，经综合考虑后选择而定。

2. 土方开挖的方法：人工开挖和机械开挖

（三）沟槽支撑

沟槽支撑是防止槽帮土壁坍塌的一种临时性挡土结构。目的为防止施工中土壁坍塌，创造安全的施工条件。常用的支撑种类：

1. 横撑和竖撑：由撑板、横梁或纵梁、横撑组成。如图 7-18、图 7-19 所示。

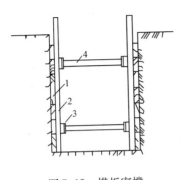

图 7-18　横板密撑
1—撑板；2—纵梁；3—横撑；4—木楔

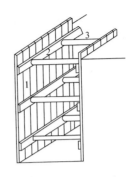

图 7-19　立板密撑
1—撑板；2—横梁；3—横撑

2. 板桩撑：俗称板桩，可分为企口木板桩和钢板桩。

根据工程具体情况、土质及地下水位等条件，可在开槽前或槽挖至 0.5～1.0m 深时，垂直打入地下一定深度，然后继续开挖，但要始终保持板桩在开挖工作面以下一定深度，可防止地下水从槽帮渗入沟槽内，也可阻挡一些流砂。

挖土深度至 1.2m 时，必须撑好头挡板，以后挖土与撑板应交替进行，一次撑板高度宜为 0.6～0.8m，若遇土层松软或天气恶化，应提前撑好挡板。

3. 倒撑：是指在施工过程中，更换立柱和撑杠的位置。例如：当原支撑妨碍下一工序进行、原支撑不稳定、一次拆撑有危险时或因其他原因必须重新安设支撑时，均应倒撑。

（四）沟槽回填

沟槽覆土应在管道隐蔽工程验收合格后进行。覆土前必须将槽底杂物清理干净。

1. 沟槽回填的工作内容

沟槽回填施工包括还土、摊平、夯实、检查、拆板等工序。

331

2. 沟槽回填的方法与要求

拆板与覆土应交替进行。当天拆板应做到当天覆土、当天夯实。板桩应在填土达到要求密实度后方可拔出。板桩宜采用间隔拔除，并及时灌砂，可适当冲水，帮助灌砂下沉；对于建筑物至沟槽边的距离较近以及地下管线密集等环境保护要求较高的地段，拔桩拔除后应及时注浆。

三、管道敷设与附属构筑物施工

（一）管道基础

基础施工前必须先复核高程样板的标高；底层土应人工挖除，修整槽底；宽度满堂铺筑、摊平、拍实；混凝土应用平板振动器及拍板振实、拍平；混凝土基础浇筑完毕后，12h内部的浸水，应进行养护；当混凝土强度达到2.5MPa以上后方可拆模。

（二）管道敷设

1. 下管与稳管

所谓下管就是将管节从沟槽上运到沟槽下的过程。下管可分集中和分散下管。下管的方法有人工下管（贯绳下管法、压绳下管法、塔架下管法）和机械下管两种方法。

排管应从下游排向上游，管节承口应对向上游，插口对向下游。

槽下运管一般由人工完成。推管方法有管道横推法、管道滚杠竖推法。如图7-20、图7-21所示。

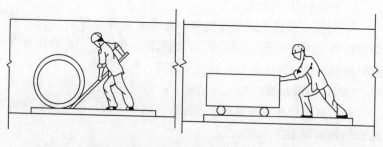

图7-20　管道横推法　　　　图7-21　管道竖推法

稳管是将管道按照设计的高程和平面位置稳固在地基或基础上。其施工程序包括：做基础、铺管、基座混凝土浇筑和管道接口四道工序。管道的安装方法又分为普通稳管法和"四合一"稳管法。

普通稳管法是先浇筑管道基础（平基），待基础混凝土达到强度后，再按铺管、浇筑混凝土管座、管道接口三道工序顺序施工。

"四合一"稳管法是将管道基础（平基）、铺管、浇筑管座混凝土和接口四道工序连续操作，以缩短工期，管道整体性好。

管道位置控制包括管道轴线位置控制（中线法和边线法）及管道高程控制。

2. 接口施工

排水管道的密闭性和耐久性，在很大程度上取决于铺设管道的质量。管道的接口应具有足够的强度和不透水性，能抵抗污水或地下水的侵蚀，并有一定的弹性。根据接口的弹性，将接口分为柔性和刚性两大类。

（三）附属构筑物施工

为保证排水管道系统的正常工作，在管道系统上还需设置一系列构筑物，包括检查井、雨水口、出水口等构筑物。

四、管道质量检验与验收

（一）管道质量检验的方法

1. 闭水试验：污水管道必须逐节（两检查井之间的管道为一节）作闭水（磅水）试验，雨水管道在粉砂地区至少必须每四节抽磅一节，磅水检验合格后才能进行管道坞膀。直径等于或小于 800mm 的管道可采用磅筒磅水；直径等于或大于 1000mm 的管道可采用检查井（窨井）磅水。

2. 闭水试验质量要求

当 q 小于或等于允许渗水量时，即认为是合格。闭水试验允许的渗水量按 $Q = 1.25\sqrt{D}$ 计算。

（二）管道坞膀

坞膀应在磅水检验合格之后进行，无磅水检验要求的管道，应在接缝施工完毕后进行。

混凝土坞膀应符合以下要求：混凝土应密实，与管壁紧密结合，混凝土强度不低于设计要求；钢筋混凝土承插管和企口管采用柔性接口，管道均采用中粗砂坞膀。

五、清场扫尾工作

清场扫尾工作包括：材料机具整理和临时设施拆除。

六、竣工验收资料及验收

（一）竣工资料准备

1. 隐蔽工程验收

排水管道工程在施工完毕后必须经过验收合格后方可投入使用，竣工验收分为初验和终验两个阶段。竣工终验时，应核实竣工验收资料，并进行必要的复验和外观检查，其格式应符合有关规定。

2. 竣工资料的内容

竣工技术资料编制说明及总目录；工程概况；施工合同、施工协议、施工许可证；工程开工、竣工报告；施工组织设计及其审批文件；工程预算；工程地质勘察报告；控制点（含永久性水准点、轴线坐标）及施工测量定位的依据及其放样、复核记录；设计图纸交底及工程技术会议纪要、配合会议纪要；设计变更通知单、施工业务联系单、监理业务联系单、工程质量整改通知单；质量自检记录，分项、分部工程质量检验评定单；隐蔽工程验收单；材料、成品、构件的质量保证书或出厂合格证明书；工程质量事故报告及调查、处理、照片资料及上级部门审批处理记录；各类材料试验报告、质量检验报告；旋喷桩、树根桩、搅拌桩等地基加固处理工艺的施工记录；结构工程施工、验收记录；结构工程、相邻建筑物沉陷、位移定期观测资料；施工总结和新技术、新工艺、大型技术、复杂工程技术总结；监理单位质量评审意见；全套竣工图、初步验收意见单、竣工终验报告单及验收会议纪要；设备运转记录、设备调整记录；工程决算等。

（二）竣工资料归档

给水排水管道工程竣工验收后，建设单位应将有关设计、施工及验收文件和技术资料立卷归档。

第五节　非开挖施工技术

一、非开挖施工技术介绍

（一）非开挖施工技术的特点

非开挖施工技术是相对于开挖技术而言的，是指在不开挖或者少开挖地表的条件下探测、检查、修复、更换和铺设各种地下公用设施的一种技术和方法。非开挖施工技术具有不影响交通、不破坏环境、施工周期短、综合施工成本低、社会效益显著等优点。

现代非开挖技术可以高精度地控制地下管线的铺设方向、埋深，并可使管线绕过地下障碍。在开挖施工无法进行或不允许开挖施工的场合，可采用非开挖技术从其下方穿越铺设，并可将管线设计在工程量最小的地点穿越。

（二）非开挖施工技术的应用

可以广泛用于穿越公路、铁路、建筑物、河流、以及在闹市区、古迹保护区、作物和植被保护区等条件下进行供水、煤气、电力、电讯、石油、天然气等管线的铺设、更新和修复、还可以用在水平降排水工程、隧道工程（管棚）、基础工程（钢板/管桩、微型桩、土钉）、环境治理工程等领域。因而非开挖技术是地下管线铺设和修复的一种全新的方法。

二、顶管法施工

顶管法是将新管用大功率的顶推设备顶进至终点来完成铺设任务的施工方法。即先构筑一个顶进工作井，由该井向另一方向的目的工作井通过顶管机顶进管道，在管道的前端挖掘土层，并向后方运送土渣。在顶进工作井里，施工人员进行管道连接、供电线的运送、顶进方向控制以及和向井外输送土渣等作业。

顶管法按工作面的开挖方式可分为普通顶管（人工开挖）、挤压顶管（挤压土柱）、机械顶管（机械开挖）、水射顶管（水流冲蚀）等。

顶管法所用的顶进管有混凝土管、球墨铸铁管、树脂混凝土管、陶土管、聚氯乙烯管、钢管、强化塑料管等。

（一）顶管施工的准备工作

1. 工作坑的设置：如图7-22所示。

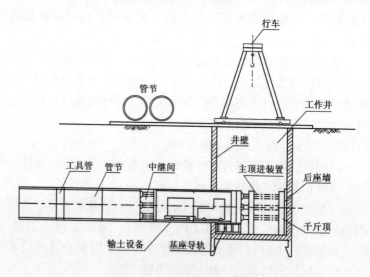

图7-22 顶管法施工示意图

2. 设备安装：工作井（接收井）、主顶进装置、顶铁、后座墙、顶进导轨、管节、工具管、中继间、输土设备、注浆系统。

顶管施工就是正确综合使用上述10部分的设备和系统的全过程，它是一项综合性很强的施工工艺。

（二）普通顶管法施工

1. 施工过程包括：挖土与运土、管道顶进、测量与纠偏等。

2. 长距离顶进的技术措施：中继间顶进、泥浆套顶进（又称触变泥浆法）。

（三）其他顶管法

1. 水力掘进顶管法：水力掘进顶管依靠环形喷嘴射出的高压水，将顶入管内的土冲散，利用中间喷射水枪将工具管内下方的碎土冲成泥浆，经过格网流入真空吸水室，依靠射流原理将泥浆输送至地面储泥场。

2. 挤压掘进顶管法：挤压掘进顶管是在顶管前端安装一挤压切土工作管，被挤入卸土段并装在专用运土小车上，启动卷扬机，拉紧割口处钢丝绳，把进入的土体割下并运出管外。

三、盾构法施工

盾构法是暗挖隧道的专用机械在地面以下建造隧道的一种施工方法，如图7-23所示。盾构是于隧道形状一致的盾构外壳内，装备着推进机构、挡土机构、出土运输机构、安装衬砌机构等部件的隧道开挖专用机械。

（一）盾构的组成

1. 盾构的基本构造：主要分为盾构壳体、推进系统、拼装系统三大部分。

2. 盾构直径：是指盾壳的外径。

3. 盾构长度：盾构总长度由切口环、支承环、盾尾三部分组成。

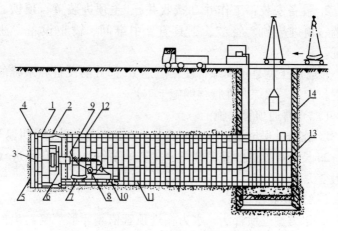

图 7-23　盾构法施工概貌示意图（网格盾构）

1—盾构；2—盾构千斤顶；3—盾构正面网络；4—出土转盘；

5—出土皮带运输机；6—管片拼装机；7—管片；8—压浆机；

9—压浆孔；10—出土机；11—由管片组成的隧道衬砌结构；

12—在盾尾空隙中压浆；13—后盾装置；14—竖井

4. 盾构的推力：总推进力必须大于各种推进阻力的总和，否则盾构无法向前推进。

5. 盾构的分类及其适用范围：按其结构特点和开挖方法来分，主要可分为手掘式盾构（敞开式、正面支撑式、棚式）、挤压式盾构（全挤压、局部挤压、网格）、半机械式盾构（正、反铲、螺旋切削、软岩掘进机）、机械式盾构（开胸大刀盘切削、闭胸式）。

（二）盾构施工

包括施工前准备工作、工作坑的设置及顶进、衬砌与灌浆等内容。

四、其他非开挖技术介绍

非开挖施工技术是相对于开挖技术而言的，是指在不开挖或者少开挖地表的条件下探测、检查、修复、更换和铺设各种地下公用设施的一种技术和方法。相对于传统的管线铺设施工而言，非开挖施工技术具有不影响交通、不破坏环境、施工周期短、综合施工成本低、社会效益显著等优点。可以广泛用于穿越公路、铁路、建筑物、河流，以及在闹市区、古迹保护区、作物和植被保护区等条件下进行供水、煤气、电力、电讯、石油、天然气等管线的铺设、更新和修复，还可以用在水平降排水工程、隧道工程（管棚）、基础工程（钢板/管桩、微型桩、土钉）、环境治理工程等领域。因而非开挖技术是地下管线铺设和修复的一种全新的方法。

非开挖施工技术主要包括了地下管线的探测、检查、修复、更换和铺设几个方面。非开挖施工方法按其用途可分为管线铺设、管线更换和管线修复三大类。各种非开挖施工方法的特点及适用范围见表7-2；适用的土层以及适用的环境见表7-3、表7-4。

非开挖地下管线施工法的分类及应用   表7-2

施工方法	施工技术	典型应用	管材	适用管径（mm）	施工长度（m）
管线铺设	顶管法	各种大口径管道、跨越式	混凝土、钢、铸铁	>900	30~1500
	隧道施工法	各种大口径管径		>900	
	小口径顶管法	小口径管道、管棚、跨越孔	混凝土、钢、铸铁	150~900	30~300
	导向钻进	压力管道、电缆、短跨越孔	钢、塑料	50~350	20~300
	螺旋钻进	钢套管、跨越孔		150~1500	20~130
	顶推钻进	压力管道、钢套管	钢、混凝土	40~200	30~50
	水平钻进	钢套管、跨越孔、水平降水井	钢套管	50~300	20~50
	冲击矛法	压力管道、电缆线、跨越孔	钢、塑料	40~250	20~100
	夯管锤	钢套管、跨越孔、管棚、打入桩	钢套管	50~2000	20~80
	冲击钻进法	跨越孔	钢管、混凝土	100~1250	20~80

施工方法	施工技术	典 型 应 用	管 材	适用管径（mm）	施工长度（m）
管线更换	碎管法	各种重力与压力管道	PE、PP、PVC、GRP	100~600	230
	胀管法	各种重力与压力管道	PE、PP、PVC、GRP	150~900	200
	吃管法	各种重力与压力管道	PE、PP、PVC、GRP	100~900	180
	抽管法				
管线修复	内衬法	各种重力与压力管道	PE、PP、PVC、GRP	100~2500	300
	改进的内衬法	各种重力与压力管道	HDPE、PVC、MDPE	50~600	450
	软衬法	各种重力与压力管道	树脂＋纤维	50~2700	900
	缠绕法	各种重力管道	PE、PP、PVC、PVDF	100~2500	300
	喷涂法	各种重力与压力管道	水泥浆、树脂	75~4500	150
	灌浆法	各种重力与压力管道	水泥浆、树脂	100~600	

注：PE-聚乙烯；PP-聚丙烯；PVC-聚氯乙烯；PVDF-聚偏二氯乙烯；HD/MDPE-高、中密度聚乙烯；GRP-玻璃纤维加强树脂（玻璃钢）。

土层条件及各种非开挖方法的适用性　　　　表 7-3

土层条件	顶管法	小口径顶管法	螺旋钻进法	水平钻进法	气动矛法	夯管法	定向钻进法	导向钻进法	顶推钻进法	中级钻进法
极软到软的黏土层	¤	¤	¤	¤	★	★	★	★	×	×
中硬到硬的黏土层	★	★	★	★	★	★	★	★	★	★
坚硬的黏土层和高密度风化的页岩	★	★	★	★	×	¤	¤	¤	¤	★
松散的砂层	¤	¤	★	×	×	★	★	★	★	×

土层条件	顶管法	小口径顶管法	螺旋钻进法	水平钻进法	气动矛法	夯管法	定向钻进法	导向钻进法	顶推钻进法	中级钻进法
中到致密的砂层（地下水位以上）	★	★	★	★	★	¤	★	★	★	★
中到致密的砂层（地下水位以下）	★	★	★	×	×	¤	★	★	★	★
含卵砾石的地层（φ50～φ100）	★	★	★	★	¤	★	★	¤	¤	★
含卵砾石的地层（φ100～φ150）	★	¤	¤	¤	×	★	★	×	×	★
风化岩层和坚硬的土层	★	★	★	★	×	×	★	¤	×	★
微风化和未风化的岩层	★	★	×	★	×	×	★	×	×	★

注：★—适用；¤—改进后适用；×—不适用。

各种非开挖施工方法的适用　　　表 7-4

施工方法	市区主管线	市区支管线	短跨越孔	长跨越孔
顶管法	★	×	¤	★
小口径顶管	★	★	¤	×
定向钻进	×	×	¤	★
导向钻进	¤	★	★	×
水平螺旋钻进	×	×	★	¤
顶推钻进	¤	★	★	×
水平钻进	×	¤	★	×
冲击矛法	¤	★	★	×
夯管法	×	×	★	×
碎管法（更新）	★	¤	×	×
内衬法（修复）	★	¤	×	×

注：★—极具竞争力；¤—具有竞争力；×—不具有竞争力。

（一）夯管施工技术：是指夯管锤将铺设的钢管沿设计路线直接夯入地层，实现非开挖穿越铺管。夯管锤实质上是一个低频、大冲击功的气动冲击器，它由压缩空气驱动。在夯管施工过程中，夯管锤产生较大的冲击力，这个冲击力直接作用在钢管的后端，通过钢管传递到前端的管鞋上切削土体，并克服土层与管体之间摩擦力使钢管不断进入土层。随着钢管的前进，被切削土芯进入钢管内，待钢管抵达目标后，取下管鞋，钢管留孔内。可用高压气、高压水射流或螺旋钻杆等方法将其排出，有时为了减少管内壁与土的摩擦阻力，在施工过程中夯入一节钢管后，间断地将管内的土排出。由于夯管过程中钢管要承受较大的冲击力，因此夯管锤铺管只能铺设钢管，一般使用无缝钢管，而且壁厚要满足一定的要求，如果夯管距离超过 40m，壁厚应增加 25%。夯管要求壁厚见表 7-5。

<table>
<tr><td colspan="6" align="center">夯管要求的钢管壁厚　　　　　　　　表 7-5</td></tr>
<tr><td>管径（mm）</td><td>≤250</td><td>350~800</td><td>800~1200</td><td>1200~1500</td><td>1500~2000</td></tr>
<tr><td>壁厚（mm）</td><td>>6</td><td>>9</td><td>>12</td><td>>16</td><td>>20</td></tr>
</table>

夯管铺管管径范围较宽，ϕ200~ϕ2000 均可，视地层和夯管锤的不同，一次性铺管长度达 10~80m。

夯管锤铺管对地层适应较强，可以在任何土层中使用，无论是含砾石土层，还是含水土层均能顺利地夯入管道，而且铺管速度较快，一般夯速为 6~8m/h，快时可达 15~20m/h。夯管锤铺管具有对地表的干扰小，铺管精度高，施工成本低，设备简单，投资少，操作、维护方便，铺管直径范围大，对地层的适应能力强等优点。

（二）定向钻进技术：施工时，按设计的钻孔轨迹，采用定向钻进技术先施工一个导向孔，随后在钻杆柱端部换接大直径的扩孔钻头和直径小于扩孔钻头的待铺设管线，在回拉扩孔的同时，将待铺设的管线拉入钻孔，完成铺管作业。按照钻机铺设管线的直径和长度能力，将用于非开挖铺设的定向钻进分为三类，即小型（Mini - HDD）、中型（Midi - HDD）和大型（MaXi - HDD）。各类的设备能力和辅管应用范围见表7-6。

定向钻进（HDD）系统的分类 表7-6

HDD 类型	铺管直径 （mm）	铺管长 度（m）	铺管深 度（m）	扭矩 （kN·m）	推/拉力 （kN）	钻机（包 括车）重 （t）	应用范围
小型	50~250	180	4.5	1~1.3	90	2~9	通讯、电力 电缆、聚乙烯 煤气管
中型	250~600	270	22.5	1.3~9.7	90~450	9~18	穿越河流、 道路和环境敏 感区域
大型	600~1200	1500	60	9.7~110	450~4500	18~30	穿越河流、 高速公路、铁路

导向钻进的成孔方式有两种：干式和湿式。干式钻具由挤压钻头、探头室和冲击锤组成，靠冲击挤压成孔，不排土。湿式钻具由射流钻头和探头室组成，以高压水射流切割土层，有时辅以顶驱式冲击动力头以破碎大块卵石和硬土层，这是目前使用最多的成孔方式。

（三）旧管线更换施工技术：原位更换法是指以待更换的旧管道为导向，在将其切碎或压碎的过程中，将新管道拉入或顶入的换管技术。该技术可用于原位更换相同直径或加大直径的 PE、PVC、铸铁管或陶土管。根据破坏旧管和置入新管的方式不同，将原位更换方法分为爆管法、吃管法和抽管法。

1. 爆管法：爆管法又称碎管法或胀管法，是使用爆管工具从进口坑进入旧管管口，在动力作用下挤碎旧管，并用扩孔器将旧管的碎片挤入旧管周围的土层中，同时牵引等口径或更大口径的新管即时取代旧管的位置，以达到去旧换新的目的。根据地层条件的不同，更换的新管直径最大可为旧管直径的150%。爆管施工法一般分为三个步骤：准备工作、爆管更换和清洗。爆管法更换重力压力管道的扩径能力见表7-7。

爆管法更换重力压力管道的扩径能力　　　表7-7

旧管直径 (mm)	新管外径（mm）													
	90	125	180	200	250	315	355	400	450	500	560	630	710	800
50	√	√												
75	√	√	√											
100		√	√	√										
150			√	√	√	√								
175				√	√	√								
225					√	√	√	√	√					
300						√	√	√	√	√				
375										√				
450								√	√	√				
525										√	√	√		
600												√	√	√

（1）气动爆管法

气动爆管法是利用气动锤的冲击力从旧管的内部将其破碎，并将碎片挤压到周围的土层中，同时将新管拉入由爆管装置形成的孔内。

施工前，先在旧管内穿一条钢丝绳，由钢丝绳牵引气动锤，使它保持在原管的方向上。钢丝绳由恒张力绞车牵引，以保持施工时方向的稳定。气动锤由气动矛改进而成，即在气动矛的前端固定一个锥形爆管头，在后面加上一个扩孔器。由于在铺设的过程中，前面有很大的牵引力，后面又有很强的冲击力，因此，该法适用于普通的旧管更换。但是，要求旧管必须是圆形断面的直线管道，适用于管径为50～1200mm、管线长度一般为200m左右的由脆性材料制成的管道（陶土管、混凝土管、铸铁管、PVC管）的更换，新管可以是PE管、聚丙烯管、陶土管和玻璃管等。适用的地层为可压密的土层。气动锤的冲击作用可能会损坏邻近的管道或引起地表的隆起，因此当邻近的管线距离小于

300mm 或埋管的深度小于 800mm 时，最好不使用该法。

（2）液动爆管法

液动爆管法是使用液动爆管工具将旧管破碎来完成管道的更换。液动爆管工具一般分为三段式结构。前两段为锥形的爆管头，它由若干个胀片组成，胀片在液压动力的作用下以一定的时间间隔不断扩张和收缩，对旧管施加径向的扩胀力而将其破碎，第一段锥体的最大直径略大于旧管的直径，使之能进入旧管道并将其胀碎。第三阶段为扩孔器，它可将碎片压向周围的土层，其直径与新管的直径相匹配。

液动爆管法的工作程序为扩张、收缩和拉管三个工序的重复，直至将整段旧管全部更换为新管时为止。

液动爆管方法是利用液压静力将旧管胀碎的，因此主要适用于管径为 50~600mm，长度一般为 100m 左右的陶土管、混凝土管、铸铁管、石棉水泥管等脆性旧管道的更换。

（3）切割爆管法

切割爆管法工具主要由液压动力机，切削刀片和扩孔器组成。施工时，在动力机强大牵引力的作用下，切削刀片沿着旧管道将其切开，连接在切削刀片后的扩孔器紧接着将切开的旧管道撑开并挤入周围的土层，将连接在扩孔器后的新管拉入旧管所在的位置。

切割爆管法适用于管径为 50~150mm、长度为 150m 左右的钢管、铸铁管等管道。

2. 吃管法：吃管法是使用特殊的隧道掘进机，以旧管为导向，将旧管连同周围的土层一起切削破碎，形成相同直径或更大直径的孔，同时将新管顶入，完成管线的更换。该法是由微型隧道施工法演变而来的，主要用于更换埋深较大（大于 4m）的非加筋污水管道。适用于管径为 100~900mm、管线长度为 200m 左右的陶土管；混凝土管或加筋的混凝土管等的更换。

（四）管线修复施工技术

管道修复技术主要是针对管道内壁存在的腐蚀进行防护，同时改善旧管道的流动性和修复结构的破坏，以延长使用寿命。这种方法既适用于压力管道的修复，也适用于重力管道的修复。归纳起来主要有内衬法、缠绕法、局部修复法等方法。各种非开挖修复方法的应用范围及特点如表7-8。

各种非开挖管线修复方法的比较　　　　　　　　　表7-8

施工方法	适用管径(mm)	最大管长（m）	衬管材料	应用范围
原始固化法				
倒置法	100～2700	900	热固性树脂和编织复合物	重力和压力管线
绞拉法	100～2700	100		
传统内衬法				
连续管	100～1600	300	PE、PP、PVC、EPDM	重力和压力管线
短管法	100～1400	300	PE、PP、PVC、GRP	重力和压力管线
缠绕法	100～2500	300	PE、PVC、PP、PVDF	重力管线
原位更换法				
爆管法	100～600	230	PE、PP、PVC、GRP	重力和压力管线
吃管法	600～900	100	PE、PP、PVC、GRP	重力和压力管线
变形法				
折叠变形	50～600	450	HDPE、PVC	重力和压力管线
热拔变形	75～600	320	HDPE、MDPE	重力和压力管线
冷轧法	75～600	320	HDPE、MDPE	重力和压力管线
局部修复法	75～4500	150	环氧树脂、水泥灰浆、化学浆液	重力和压力管线
人井修复法	任何尺寸			下水道人井

1. 内衬法

（1）传统的内衬法：传统的内衬法也称为插管法，是采用比原管道直径小或等径的塑料管插入管道内，在新旧管道之间的环形间隙灌浆，予以固结，形成一种管中管的管道结构，从而使塑料管道的防腐性能和金属材料的机械性能合二为一，改进管道的工作性能。传统的内衬法是使用得最早的一种非开挖地下管道修复方法，适用于各种地下管道的修复。使用的管材主要有CAB（醋酸—丁酸纤维素）、PVC（聚氯乙烯）、PE等管材，近期主要使用 PE 管材。由于其施工费用低，且仅需开挖工作坑部位的地面，因此目前已经广泛应用于城市管网、长输管网、气体管网和液体管网，并从小口径扩大到大口径管线。

根据施工时所用的新管的不同，可将传统的内衬法分为：连续管法（长管法）和非连续管法（短管法）。

传统内衬法的优点是：①施工简单，对工作人员的技术要求低；②施工速度快；③不需要专用的设备，投资少、施工成本低；④可适应大曲率半径的弯管。

传统内衬法的缺点是：①过流断面受损失较大，但管径较大时影响较小；②环形间隙要求灌浆；③需开挖一条导向槽（连续管法）；④分支管的连接点需开挖进行；⑤一般只适用于圆形断面的管道。

（2）改进的内衬法：改进的内衬法又称为紧配合的内衬法，是在施工前先将新管（主要是聚乙烯管）通过机械变形、使其断面产生变形（直径变小或改变形状），从而与旧管形成紧密的配合。这种非开挖管道修复方法主要目的是减少修复后管道过流断面的损失。改进的内衬法适用于管径为 75～1200mm、管线长度为 1000m 左右的各类管道的修复。按照新管变形的方法不同，可将改进的内衬法分为缩径法、变形法和软衬法。

改进的内衬法的优点是：①不需要灌浆，施工速度快；②过流断面的损失很小；③可适应于大曲率半径的弯管；④可长距离修复。

改进的内衬法的缺点是：①分支管的连接需要开挖进行；②旧管的结构性破坏会导致施工困难；③只适用于修复直圆形管道。

2. 缠绕法：这种方法是使用带联锁边的加筋 PVC 条带在原位形成一条新管。主要用于修复污水管道。施工时，螺旋缠绕机或人直接进入管道内部，将 PVC 或 PE 等塑料制成衬管条带螺旋地缠绕成管道形状，随后在缠绕管与旧管之间的环行间隙灌浆，予以固结。这种方法适用于结构性或非结构性的修复，主要取决于灌浆的类型。施工方法有两种：一种是在人井中通过螺旋缠绕方法缠绕连续的 PVC 条带以形成新管；另一种是使用插在旧管内的盘面板来完成，主要用于大口径管（大于 750mm）的修复。两种方法均不需要开挖工作坑，施工成本相对较低。侧向分支管需采用开挖连接。缠绕法适用于管径为 150～2500mm、管线长度为 300m 左右的各种污水管道的修复。

缠绕法的优点是：①可使用现有的人井；②能适应大曲率的弯曲部分；③管径可由缠绕机调节，能适应管径的变化；④适应长距离施工，施工速度快。

缠绕法的缺点是：①只适用于圆形或椭圆形断面的管道；②过流断面会有所损失；③对施工人员的技术要求较高。

3. 喷涂法：喷涂法主要用于管道的防腐处理，也可用于在旧管道内形成结构性内衬。施工时，高速回转的喷头在绞车牵引下，一边后退一边将水泥浆液或环氧树脂均匀地喷涂在旧管道的内壁上。喷涂法适用于管径为 75～4500mm、管线长度为 150m 左右的各种管道修复。

喷涂法的优点是：①不存在支管的连接问题；②施工速度快；③过流断面的损失小；④可适应管径、断面形状、弯曲的变化。

喷涂法的缺点是：①树脂固化需要一定时间；②对施工人员的技术要求较高；③管道严重变形会使施工难以进行；④主要适用于结构完好的管道修复。

4. 浇筑法：浇筑法主要用于修复大口径（大于 900mm）的污水管道。施工时，先在污水管道的内壁固定加筋材料，安装钢模板。然后向模板后注入混凝土和胶结材料以形成一层内衬。混凝土固化后，拆除模板并移到下段进行施工。浇筑法适用于管径为 900mm 的砖石、陶土和混凝土管大修复。

浇筑法的优点是：①可适应断面形状的变化；②分支管的连接相对较容易。

浇筑法的缺点是：①对施工人员的技术要求较大；②过流断

面的损失较大。

5. 管片法：管片法是使用预制的扇形管片在大口径管道内直接组合形成内衬。通常，这种内衬由 2 ~ 4 片管片组成。管片的材料可以是玻璃纤维加强的混凝土管片（GRC）、玻璃钢管片（GRP）、塑料加强的混凝土管片（PRC）、混凝土管片或加筋的砂浆管片。管片组合后，通常需要在环形空间进行灌浆。管片法主要适用于管径大于 900mm、长度不受限制的各种材料的污水管道。

管片法的优点是：①可适应大曲率半径的管道；②可适应于非圆形断面的管道；③对施工人员的技术要求不高；④分支管容易处理；⑤施工时管道可以不断流。

管片法的缺点是：①过流断面损失较大；②劳动强度较大；③施工速度较慢。

6. 化学稳定法：化学稳定法主要用于修复管道的裂痕和空穴，以形成管道内表面稳定管道周围的土层。施工前，将待修复的一端管道隔离，并清除管道内部污垢，封闭分支管道。然后，先向管道内注入一种化学溶液，便其渗入裂隙并进入周围的土层，大约 1h 后将剩余的溶液泵出，再注入第二种化学溶液。两种溶液的化学反映使土层颗粒结在一起形成一种类似混凝土的材料，达到密封裂隙和空穴的目的。化学稳定法适用于管径为 100 ~ 600mm、最大长度为 150m 左右的各种污水管道的修复。

化学稳定法的优点是：①施工时对周围的干扰小。

化学稳定法的缺点是：①比较难以控制施工的质量；②仅限于小口径管道的修复。

7. 局部修复法：当管道的结构完好，仅有局部性缺陷（裂隙或接头损坏）时，可考虑使用局部修复的方法。使用的方法较多，如遥控注浆（树脂）法、局部密封法等。局部修复法要求解决以下四个主要问题：①使松散、分离的未加筋旧管道具有类似于石拱的承载力；②提供附加的结构性能，以有助于受损坏的管道能承受结构荷载；③提供防渗的功能；④能代替遗失的管段。

　　局部修复法主要用于管道内部结构性破坏以及裂纹等修复。目前，进行局部修复的方法很多，主要有：密封法、补钉法、铰接管法、局部软衬法、灌浆法、机器人法等。

　　8. 挤压涂衬法：管道内挤压涂衬工艺就是利用涂衬法对待修复管线进行分段修复。整个内挤压过程是有冲洗、除油、干燥、喷砂（或机械清理）、化学清理、涂料选择及挤压施衬等几部分组成，即由表面准备、涂料选择和挤压施衬三大部分组成。其中表面准备部分（除喷砂清理外）是利用专门规格的清管机并分别在混合去垢剂、表面除油剂、干燥氮气、15％浓度盐酸的作用下完成。关于涂料选择，一般选用流动性能好、粘结性强且在施衬后不会出现流淌现象的涂料。在完成管道挤压涂层后，要求涂料能完全填满管线腐蚀坑点，并全部固化而且不会流淌。最后把挤压涂衬后的各节管段连接成线，就形成了一条新修复的管线。

　　挤压涂衬法的优点：①性能可靠；②进行稳定；③涂层光滑均匀。

　　挤压涂衬法的缺点：①工序复杂；②表面准备、涂料选择和挤压过程要求都很严格等；③受管道转弯处曲率半径（不应小于管径的五分之一）影响。

第六节　沉井法施工

一、沉井概述

（一）沉井施工原理

　　沉井施工法是将位于软土地层中的地下构筑物先在地面制作成井状结构，然后不断挖除井内土体，借其自身重量克服各种阻力而沉至预定深度的一种施工方法。如图7-24所示。

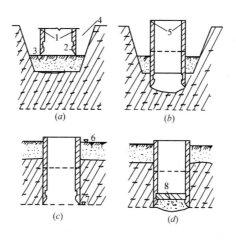

图 7-24 沉井施工
（a）在地面上已经浇好的沉井；（b）下沉时的沉井；
（c）沉井下沉到设计标高；（d）封底后的沉井
1—井筒；2—刃脚；3—砂垫层；4—基坑；5—接高井筒；
6—地面标高；7—沉井下沉设计标高；8—钢筋混凝土底板

（二）沉井构造

1. 刃脚：沉井井壁最下端制作成刀刃状结构称为刃脚。其作用是减少土的阻力。

2. 井壁：应考虑满足承受水、土压力的强度和下沉时的刚度需要，沉井还应具有足够自重，能使其顺利下沉。井壁厚度一般为 0.4~1.2m。

3. 隔墙：有效地增加沉井的刚度。

4. 框架：减小井壁、底板的计算跨度，增大沉井在制作、下沉和使用阶段的整体刚度。

5. 底板及凹槽：沉井下沉到位后，将井底土面整平并浇捣钢筋混凝土底板，使沉井支承在土层上，常称封底。封底可分为干封底和湿封底（水下浇筑混凝土）两种方式。底板同井壁联结处，在井壁内侧设置凹槽和构造钢筋，主要是为加强钢筋混凝土底板与井壁间的结合，更好地传递底板荷载。凹槽深度一般为

$15 \sim 25 \mathrm{cm}$。

（三）沉井下沉计算

井筒下沉时，必须克服井壁与土层的摩擦力和土层刃脚的反力，即：$G - F \geqslant T + R$

二、井筒制作

（一）基坑坑底处理

刃脚布置方法：矩形槽式（铺砂垫枕木）、无砂垫土胎式（以油毡垫底）、梯形槽式（铺砂垫枕木）、就地支模法、有砂垫无枕木式。

（二）井筒制作

井筒制备工作一般在基坑内进行。井筒的浇筑要分节进行，亦可采用预制构件。

（三）沉井制作质量要求

1. 井筒刃脚处的混凝土强度达到 100% 的设计要求可以下沉。

2. 井筒其他部位的混凝土强度达到 70% 的设计要求后可以下沉。

3. 对于分段下沉的井筒在制作时要求分段制作，第一段井筒混凝土强度达到 100% 设计要求时可以下沉；以后每段达到 70% 设计要求时可以下沉。

三、沉井下沉

（一）沉井下沉方法

包括：排水法下沉、不排水下沉、射水法下沉、冻结法等。

（二）下沉中倾斜与校正

沉井在下沉过程中应及时观测并给于纠正，使偏差控制在允许的范围内。

1. 沉井下沉的偏差观测：沉井的位置观测、沉井的高程观测、沉井的倾斜观测。

2. 沉井纠偏：挖土纠偏、施加外力纠偏、井外射水纠偏、沉井位置扭转时的纠偏。

（三）下沉中异常情况

下沉中常见井筒产生裂缝、下沉困难、下沉过快、遇到障碍物、遇到硬质土层等情况。

四、沉井封底

沉井封底的方法：排水封底、不排水封底。

第八章 安全文明施工、法律法规和
职业道德

第一节 安全文明施工

一、安全生产与安全控制的概念、特点

市政工程在实现我国工业、农业、国防和科学技术现代化进程中，在促进城乡经济发展，全面建设小康社会中起着越来越重要的作用。因此，市政施工中的安全生产与安全控制不仅关系到企业和员工的利益，也关系到国家经济发展、社会稳定。

安全问题对社会生活和经济发展都有重大影响。市政施工安全是我们党和国家一贯的方针和基本国策，是保护劳动者安全与健康的基本保证，也是促进社会生产力发展，建设和谐社会的基本条件。因此，市政施工中的安全生产必须格外重视。

（一）市政施工安全的概念

一般概念上的安全是指不发生不可接受（不可容许）的损害风险的一种状态。市政施工安全则是指在市政施工活动中，没有危险，不出事故，不造成人身伤亡和财产损失。其中重点是人身安全。

（二）市政施工安全控制的概念

市政施工安全控制是通过对施工生产过程中涉及到的计划、组织、监控、调节和改进等一系列致力于满足施工生产安全所进行的管理活动。控制的核心是对危险源的识别、控制、化解、应急预案的制定等。

市政施工安全控制的目的是为了安全生产，必须贯彻"安全第一、预防为主"的方针，必须把人身安全放在首位，体现"以人为本"的理念。

（三）市政施工安全控制的特点

1. 市政施工的特点

市政施工的特点决定了市政安全控制的特点。市政施工的特点主要有：

（1）市政施工产品固定、体积大，生产周期较长。施工产品的生产者围绕建（构）筑物进行施工生产的，在有限的空间要集中大量的人员、市政材料、设备等，而这样的情况要持续几个月或数年时间。

（2）施工人员流动性大。施工产品是一次性的。一个项目完成了，人员就要转移到其他项目工地去。作业点经常移动，生活设施都是临时性的，较简陋，安全设备也要经常移动、更换。

（3）露天作业、高空作业多。在空旷的地方筑路造桥，没有遮阳棚、挡风墙。绝大多数工人在露天、高空作业，夏天晒、冬天冻，风吹日晒，工作条件差。

（4）施工人员手工作业多，体力消耗大。尽管目前施工机械用得越来越多，但很多工作仍需工人手工操作，工作量大，劳动繁重。

（5）施工工作变化大，规律性低。施工过程是动态的过程。每道工序内容不同，工作变化大。施工过程中情况千变万化，规律性低。

（6）市政项目施工线长、面广，施工任务复杂多变。线长、面广增加了管理难度。路基、路面、桥梁、下水道、涵洞等不同的项目增加了安全技术难度。

2. 市政施工安全控制的特点

由于上述市政施工的特点，形成了市政施工安全控制具有以下特点：

（1）安全控制难点多。市政工程项目施工线长、面广，工序多、工艺复杂，作业位置多变，露天作业多，受自然环境的影响大，高处作业多，地下作业多，大型机械多，用电作业多，易燃易爆危险品多等等原因，因此安全控制的难点就多。

（2）控制系统的交叉性。市政工程项目是开放系列，受社会环境和自然环境的影响大。同时项目内部不同的控制系统所控目标的不一致性也增加了安全控制的难度。

（3）控制系统的严谨性。安全事故的发生往往是突发的、没有先兆。必须时刻警惕，不可有丝毫松懈，不可抱有侥幸心理，一旦失控便会造成事故。

（4）安全控制的劳保责任重。施工作业的危险性大，一旦发生事故往往造成人员伤亡。人死不能复生，人的生命是最珍贵的。

（5）安全控制的重点在施工现场。施工现场劳动环境差、人员集中、物资设备多、伤亡事故大都发生在施工现场。所以必须把安全控制的重点放在施工现场。

二、危险源的识别

（一）危险源的概念

危险源是可能导致伤害或疾病、财产损失、工作环境破坏或这些情况组合的根源或状态。

危险源是一种客观存在，它具有导致伤害或疾病等的主体对象，或者是可能诱发主体对象导致伤害或疾病等的状态。从本质上讲就是存在能量、有害物质和能量、有害物质失去控制而导致的意外释放或有害物质的泄露、散发这两方面因素。

危险源是安全控制的主要对象。强调安全的事先控制，就要加强对危险源的识别和控制。

（二）两类危险源

《生产过程中的危险危害因素》（GB/T 13816—1992）将危险源分为六类：物理性危险和有害因素、化学性危险和危害因素、生物性危险和危害因素、心理生理性危险和危害因素、行为性危险和危害因素、其他危险和危害因素。

根据危险源在事故发生发展中的作用常把危险源分为两大类，即第一类危险源和第二类危险源。

1. 第一类危险源。可能发生意外释放的能量的载体或危险物质称作为第一类危险源。通常把产生能量的能量源或拥有能量的能量载体作为第一类危险源。

2. 第二类危险源。造成约束、限制能量措施失效或破坏的各种不安全因素称作为第二类危险源。在正常情况下，生产过程中的能量或危险物质受到约束或控制，不发生意外释放就不会发出事故。但这些约束或控制一旦失效或受到破坏，则将发生事故。第二类危险源一般包括人的不安全行为、物的不安全状态和不良环境条件三个方面。

（三）危险源与事故的关系

事故的发生是两类危险源共同作用的结果：第一类危险源是事故发生的前提，第二类危险源的出现是第一类危险源导致事故的必要条件。在事故的发生和发展过程中，两类危险源共同存在、同时发生。

第一类危险源是事故的主体，决定事故的严重程度。第二类危险源出现的概率，决定事故发生的可能性大小。

（四）危险源的识别

危险源的识别就是找出与每项工作活动有关的所有危险源，并分析什么人会受到伤害以及如何受到伤害等。

为了对危险源进行识别，可以把危险源按工作活动的专业进行分类：如机械类、电气类、辐射类、物质类、火灾和爆炸等。也可以根据工程项目的具体情况采用危险源提示表的方法，进行危险源识别。

（五）风险评估

对某一个或几个危险源可能产生的事故可通过风险评价来衡量风险水平。风险等级可以用公式表达：

$$R = p \cdot f$$

式中 R——风险量;

　　　 p——危险情况发生的可能性;

　　　 f——发生危险造成后果的严重程度。

根据公式计算的风险量可对风险的大小进行分级,见表8-1。

简单的风险等级评估表 　　　　　　　　表8-1

风险等级 (R)　后果 (f) 可能性 (p)	轻度损失 (轻微伤害)	中度损失 (伤害)	重大损失 (严重伤害)
很　大	Ⅲ	Ⅳ	Ⅴ
中　等	Ⅱ	Ⅲ	Ⅳ
极　小	Ⅰ	Ⅱ	Ⅲ

注:Ⅰ—可忽略风险;Ⅱ—可容许风险;Ⅲ—中度风险;Ⅳ—重大风险;Ⅴ—不容许风险。

根据风险评估的结果,可采取尽可能完全消除不可接受风险的危险源的措施(如用安全品取代危险品),或采取降低风险的措施(如使用低压电器等)。

三、安全控制的措施和内容

（一）市政施工安全控制的措施

市政施工安全控制的措施主要有安全法规、安全技术和工业卫生三大措施。它们是保障安全生产的有效措施,三者缺一不可。

1. 安全法规,也称劳动保护法规。它是用立法的手段制定的保护职工安全生产的法律政策、规程、条例、制度等的总称。它侧重于对劳动者的管理,约束劳动者的不安全行为。它对改善劳动条件,保护职工身体健康和生命安全,起着法律保护作用。

2. 安全技术。它是指在生产过程中,为防止和消除伤亡事故或减轻繁重劳动所采取的措施。它侧重于对劳动手段(机械、工具、设备)和劳动对象(材料)的管理。它为安全生产提供技术和物质的保证。

3. 工业卫生，也称为生产卫生。它是指在生产过程中为防止高温、严寒、粉尘、振动、噪声、毒气、废液等对劳动者身体健康的危害所采取的防护和医疗措施。它侧重于对环境的管理，形成良好的劳动条件。

（二）市政施工安全控制的内容

市政施工安全控制的内容主要有以下5个方面。

1. 安全生产责任制。它是施工企业最基本的安全管理制度，是施工企业安全生产管理的核心和中心环节。它是根据"管生产必须管安全"的原则，以制度的形式明确各级领导和各类人员在生产活动中应负的安全责任。

为保证安全生产责任制的落实，应建立一个安全保证体系，实行经理（厂长）全权负责，党委、工会密切配合，生产技术部门、设备动力部门、安全技术部门负责人参加组成的安全生产保证体系。

2. 安全教育。根据建设建教〔1997〕83号文件印发的《市政企业职工安全培训教育暂行规定》的要求：企业各类人员必须按要求学时数参加安全培训教育。安全培训是向参加工程建设的各类人员灌输安全生产的规范意识和科学技术知识、方法技能，使他们充分发挥主观能动作用，认识和掌握预防不安全、不卫生和伤亡事故的规律，防止伤亡事故的发生。

安全教育应由经常性教育与特种安全教育相结合。经常性安全教育指施工企业的制度化安全教育。特种安全教育主要是对从事特种作业的人员培训与考核。要特别加强对临时工、农民工的安全教育。

3. 伤亡事故调查与处理。国务院1991年第75号令和建设部1989年第3号令分别对伤亡事故的报告、调查、处理作了明确规定。

（1）伤亡事故的分类。按事故后果分类有轻伤事故、重伤事故、死亡事故、重大伤亡事故和特大伤亡事故。

（2）安全事故处理的"四不放过"原则。即事故原因不清楚不放过；事故责任者和员工没有受到教育不放过；事故责任者没有处理不放过；没有制定防范措施不放过。

（3）安全事故处理应依以下程序进行：

报告安全事故→处理安全事故→安全事故调查→对事故责任者进行处理→编写调查报告并上报。

（4）安全检查。通过安全检查，可以发现安全防护的薄弱环节，执行安全纪律和规章制度的状况，不安全的物质和劳动环境和潜在的职业危害，以便采取措施，及时纠正，防止伤亡事故和职业病的发生。

安全检查的类型有：日常性检查、季节性检查、节假日前后检查、不定期检查和专业性检查。

安全检查的主要内容是查思想、查管理、查隐患、查整改、查事故处理。

（5）安全技术管理。安全技术管理是为防止工伤事故，减轻劳动强度和创造良好的劳动条件而采取的技术措施和组织措施。

安全技术是生产技术的重要组成部分，它融合于生产技术之中。在施工技术组织设计中应包含安全技术。

安全技术包括电气安全技术；金属焊接与气割安全技术；防火防爆安全技术；压力容器与锅炉安全技术；起重机械安全技术；机动车驾驶安全技术；金属切削安全技术；市政安装施工安全技术；热加工安全技术等等。

四、文明施工的概念、意义、措施

（一）文明施工的概念

文明施工是保持施工现场良好的作业环境、卫生环境和工作秩序，是现代化施工的一个重要标志，是施工企业一项基础性的管理工作。对加强施工安全，提高投资效益和保证工程质量也有重要作用。

（二）文明施工的意义

1. 文明施工是构建和谐文明社会的需要。

市政施工直接面向社会，涉及面广，施工期间，对市民生活会带来一定影响，如处理不好，就可能诱发社会不稳定因素。因此，树立"以人为本"的理念，文明施工，尽可能减少因施工造成对市民生活的影响，构建和谐文明的社会环境。

2. 文明施工能促进企业综合管理水平的提高。

保持良好的施工作业环境和秩序，对促进安全生产，保证工程质量，加快施工进度，降低工程成本，提高经济和社会效益都有较大作用。文明施工贯穿于施工全过程之中，能体现企业在工程项目施工现场的综合管理水平。

3. 文明施工是企业自身形象的展示。

在施工全过程中，企业坚持文明施工，认真执行各项便民、利民措施，体现出企业"把困难留给自己，把方便让给社会、市民"的为民意识。向社会、市民展示企业的综合管理水平，提高企业的知名度和市场竞争力。

4. 文明施工有利于员工的身心健康，有利于培养和提高施工队伍的整体素质。文明施工可以提高职工队伍的文化、技术和思想素质，培养尊重科学、遵守纪律、团结协作的现代化大生产意识，促进企业精神文明建设。从而还可以促进施工队伍整体素质的提高。

（三）文明施工的主要措施

1. 文明施工的管理组织。施工现场应建立以项目经理为第一责任人的文明施工管理组织。分包单位应服从总包单位的文明施工管理组织的统一管理，并接受监督检查。

2. 文明施工的管理制度。在建立施工现场各项管理制度中应有文明施工的规定，包括个人岗位责任制、经济责任制、安全检查制度、持证上岗制度、奖惩制度和各项专业管理制度等。

3. 加强文明施工的宣传和教育。在施工中采取短期培训、上技术课、广播、壁报等多种形式进行文明施工的宣传和教育。特别要加强对临时工和农民工的岗前教育。

4. 文明施工的检查。加强现场文明施工的检查、考核配以必要的奖惩措施。检查范围和内容参照文明施工现场措施检查评分标准。检查中发现的问题应及时整改。

5. 保存文明施工的文件和资料。应包括有关文明施工的法律法规、标准、规定等文件；施工组织设计对文明施工的管理规定；文明施工的自检资料；文明施工教育培训、考核资料；文明施工活动各项记录资料等。

6. 施工现场环境保护。按法律法规要求，控制和改善施工作业现场的各种粉尘、废水、废气、噪声、振动、固体废弃物等对环境的污染和危害。

第二节 法律法规

一、工程建设法律法规的地位、作用

随着我国经济的迅猛发展，工程建设在国民经济中的地位举足轻重，由于工程建设项目具有投资大、周期长等特点并且与国民经济运行和人民生命财产安全休戚相关。因此，加强工程建设立法、普及工程建设法律知识，以法律来规范工程建设活动是一项十分重要的工作。

为了加强建设工程项目管理，提高工程项目施工管理人员素质，规范施工管理行为，保证工程质量和施工安全，所以要求从事工程建设的施工管理人员必须系统地学习和掌握工程建设中与施工管理密切相关的主要法律法规的内容，同时在实际工作中增强法律意识，运用相关的法律法规知识规范工作行为，严格依法办事，合法经营，切实保障和维护企业施工管理人员的生命财产安全和企业的合法权益。

二、与施工管理相关的主要法律法规的主要内容

目前，我国工程建设法律法规体系主要由《中华人民共和

国建筑法》（以下简称《建筑法》）、《中华人民共和国安全生产法》（以下简称《安全生产法》）、《中华人民共和国合同法》（以下简称《合同法》）、《建设工程质量管理条例》（以下简称《质量条例》）、《建设工程安全生产管理条例》（以下简称《安全条例》）、《建设工程施工现场管理规定》（以下简称《施工现场管理规定》）以及相关的法律、行政法规、部门规章和工程建设强制性标准等构成。

（一）法律

这里所说的法律是指狭义的法律，是指全国人大及其常务委员会制定的规范性文件，在全国范围内施行，其地位和效力仅次于宪法。在法律层面上，《建筑法》、《安全生产法》和《合同法》等是构建工程建设施工管理法规体系的基础。

1. 《建筑法》的主要内容

《建筑法》是我国第一部规范建筑活动的部门法律，其立法意义在于为了加强对建筑活动的监督管理，维护建筑市场秩序，保证建筑工程的质量和安全，促进建筑业健康发展。它的颁布施行强化了建筑工程质量和安全的法律保障，对影响建筑工程质量和安全的各方面因素作了较为全面的规范。

《建筑法》于1997年11月1日第八届全国人民代表大会常务委员会第28次会议通过，1997年11月1日中华人民共和国主席令第91号发布，自1998年3月1日起施行。本法共8章85条，主要规定了建筑许可、建筑工程发包承包、建设工程监理、建筑安全生产管理、建筑工程质量管理及相应法律责任等方面的内容。在中华人民共和国境内从事建筑活动，实施对建筑活动的监督管理应当遵守《建筑法》。这里的建筑活动，是指各类房屋建筑及其附属设施的建造和与其配套的线路、管道、设备的安装活动。

（1）《建筑法》中关于建筑工程施工许可制度的规定。《建筑法》第7条规定："建筑工程开工前，建设单位应当按照国家有关规定向工程所在地县级以上人民政府建设行政主管部门申请领取施工许可证；但是，国务院建设行政主管部门确定的限额以下的小型工程除外。"建设单位应当自领取施工许可证之日起三个月内开工。因故不能按期开工的，应当向发证机关申请延期；延期以两次为限，每次不超过三个月。《建筑法》第14条规定："从事建筑活动的专业技术人员，应当依法取得相应的执业资格证书，并在执业资格证书许可的范围内从事建筑活动。"违反《建筑法》规定，未取得施工许可证擅自施工的，应责令其改正，或停止施工，并且可以处以罚款。

（2）《建筑法》中关于建筑工程发包与承包的规定。《建筑法》第15条规定："建筑工程的发包单位与承包单位应当依法订立书面合同，明确双方的权利和义务。"承包建筑工程的单位应当持有依法取得的资质证书，并在其资质等级许可的业务范围内承揽工程。禁止建筑施工企业超越企业等级许可的业务范围或者以任何形式用其他建筑施工企业的名义承揽工程。禁止建筑施工企业以任何形式允许其他单位或者个人使用本企业的资质证书、营业执照，以本企业的名义承揽工程。大型建筑工程或者结构复杂的建筑工程，可以由两个以上的承包单位联合共同承包。共同承包的各方对承包合同的履行承担连带责任。施工总承包的，建筑工程主体结构的施工必须由总承包单位自行完成。总承包单位和分包单位就分包工程对建设单位承担连带责任。违反《建筑法》规定，承担的法律责任主要有，责令改正或停业整顿，降低资质等级；情节严重的，吊销资质证书；没收违法所得；有欺诈、索贿、受贿、行贿，构成犯罪的，依法追究刑事责任，不构成犯罪的，可处罚款，给予直接责任人处分。

（3）《建筑法》关于建筑安全生产管理的规定。一是确立了安全生产责任制度。安全生产责任制是建筑生产中最基本的安全管理制度，是所有安全规章制度的核心。安全生产责任制度是指将各种不同的安全责任落实到负有安全管理责任的人员和具体岗位人员身上的一种制度。这一制度是"安全第一，预防为主"方针的具体体现。二是确立了群防群治制度。群防群治制度是职工群众进行预防和治理安全的一种制度，它要求建筑企业施工人员在施工中遵守有关生产的法律法规的规定和建筑行业安全规章规程，作业人员有权对影响人身健康的作业程序和作业条件提出改进意见，有权获得安全生产所需的防护用品，同时对危及生命安全和身体健康的行为有权提出批评、检举和控告。建筑施工企业必须为从事危险作业的职工办理意外伤害保险，支付保费。三是确立了安全生产教育培训制度，未经安全生产教育培训人员，不得上岗作业。四是确立了安全生产检查制度。上级管理部门或建筑施工企业，对安全生产状况进行定期或不定期检查的制度。五是确立了伤亡事故处理报告制度及安全责任追究制度。

（4）《建筑法》关于建筑工程质量管理的规定。国家对从事建筑活动的单位推行质量体系认证制度。建筑施工企业对建设单位提出的降低工程质量的要求，应当予以拒绝。建筑工程实行总承包的，工程质量由工程总承包单位负责，总承包单位将建筑工程分包给其他单位的，应当对分包工程的质量与分包单位承担连带责任。建筑施工企业对工程的施工质量负责，不得偷工减料，不得擅自修改工程设计，不得使用不合格的建筑材料等。建筑工程竣工经验收合格后，方可交付使用。

2. 《安全生产法》的主要内容

《安全生产法》于 2002 年 6 月 29 日由第九届全国人民代表大会常务委员会第 28 次会议通过，2002 年 6 月 29 日中华人民共和国主席令第 70 号公布，自 2002 年 11 月 1 日起施行。本法共 7 章 97 条，其立法目的是加强安全生产监督管理，防止和减少生产安全事故，保障人民群众生命和财产安全，促进经济发展，主要规定了生产经营单位（即工程建设单位）的安全生产保障的要求，生产经营单位的从业人员的权利和义务，安全生产的监督管理以及生产安全事故的应急救援与调查处理。

（1）生产经营单位的安全生产保障。生产经营单位应当具备《安全生产法》和有关法律、行政法规和国家标准或者行业标准规定的安全生产条件才能从事生产经营活动；明确了生产经营单位的主要负责人的安全生产职责；生产经营单位应当具备的安全生产条件所必需的资金投入，并对从业人员进行安全生产教育和培训；安全生产"三同时"，即生产经营单位新建、改建、扩建工程项目的安全设施，必须与主体工程同时设计、同时施工、同时投入生产和使用，且安全设施投资应当纳入建设项目概算；生产经营单位应当在有较大危险因素的生产经营场所和有关设施、设备上设置明显的安全警示标志，必须对安全设备进行经常性维护、保养，并定期检测，保证正常运转；必须为从业人员提供符合国家标准或者行业标准的劳动防护用品，并监督、教育从业人员按照使用规则佩戴、使用；必须依法参加工伤社会保险，为从业人员缴纳保险费。

（2）从业人员的权利和义务。权利：知情权、建议权、批评权和检举控告权、拒绝权、紧急避险权、求偿权等；义务：自律遵规义务、自学安全知识、危险报告义务等。生产经营单位与从业人员订立的劳动合同，应当载明有关保障从业人员劳动安全、防止职业危害的事项，以及依法为从业人员办理工伤社会保险的事项；从业人员有权对本单位安全生产工作中存在的问题提出批评、检举、控告，有权拒绝违章指挥和强令冒险作业；因生产安全事故受到损害的从业人员，除依法享有工伤社会保险外，依照有关民事法律尚有获得赔偿的权利的，有权向本单位提出赔偿要求。从业人员也应当严格遵守本单位的安全生产规章制度和操作规程，应当接受安全生产教育和培训。

（3）安全生产的监督管理。我国现行对建设工程安全生产的行政监督管理是分级进行的。国务院建设行政主管部门负责建设安全生产的统一监督管理，并依法接受国家安全生产综合管理部门的指导和监督；县级以上地方人民政府建设行政主管部门负责本行政区域内的建设工程安全生产管理。

（4）生产安全事故的应急救援与调查处理。县级以上地方各级人民政府应当组织有关部门制定本行政区域内特大生产安全事故应急救援预案，建立应急救援体系；生产经营单位发生生产安全事故后，事故现场有关人员应当立即报告本单位负责人。施工单位发生生产安全事故，应当按照国家有关伤亡事故报告和调查处理的规定，及时、如实地向负责安全生产监督管理的部门、建设行政主管部门或者其他有关部门报告。

3. 《合同法》的主要内容

《合同法》于 1999 年 3 月 15 日中华人民共和国第九届全国人民代表大会第二次会议通过，于 1999 年 3 月 15 日中华人民共和国主席令第 15 号公布，自 1999 年 10 月 1 日起施行。本法共23 章 428 条，其中总则 8 章 129 条，分则 15 章 298 条，附则 1条，其立法目的在于保护合同当事人的合法权益，维护社会经济秩序，促进社会主义现代化建设。总则主要规定了合同的一般规定、订立、效力、履行、变更和转让、权利义务终止、违约责任及争议解决的其他规定，分则列明了包括建设工程合同在内的15 个有名合同（典型合同）。

（1）一般规定。合同是平等主体的自然人、法人、其他组织之间设立、变更、终止民事权利义务关系的协议。婚姻、收养、监护等有关身份关系的协议，适用其他法律的规定，劳动合同、行政合同也不属于《合同法》调整范围。

（2）合同的订立。当事人订立合同，应当具有相应的民事权利能力和民事行为能力及缔约能力。合同内容一般包括以下条款：当事人的名称或者姓名和住所、标的、数量、质量、价款或者报酬、履约期限、地点和方式、违约责任和解决争议的方法。当事人订立合同，采取要约、承诺方式。承诺生效，合同成立。

（3）合同的效力。依法成立的合同，自成立时生效。无效合同和被撤销的合同自订立时即无效。

（4）合同的履行。当事人应当遵循全面、适当履行原则和诚实信用原则。

（5）合同的变更和转让。当事人协商一致，可以变更合同。变更内容约定不明的推定为未变更。债权人转让权利的，应当通知债务人；债务人转移义务的，应当经债权人同意。

（6）合同的权利义务终止。合同因债务履行、合同解除、抵销、提存、免除和混同等情形而终止。

（7）违约责任。违约责任采取严格责任原则，即无过错责任原则，只有不可抗力方可免责，但视影响程度而定。违约责任的承担形式：继续履行、采取补救措施或者赔偿损失，其他承担方式还有违约金、定金等。

（8）争议解决的其他规定。合同的争议解决方式：和解、调解、仲裁和诉讼四种。

（二）行政法规

行政法规是由国务院制定的法律规范性文件，颁布后在全国范围内施行。我国行政法规的名称，一般称为"条例"、"规定"、"办法"，如《质量条例》、《安全条例》等。这里主要对《质量条例》的主要内容作一介绍。

《质量条例》是根据《建筑法》制定的一部关于建筑工程质量的专项法规。《质量条例》于2000年1月10日国务院第25次常务会通过，2000年1月30日中华人民共和国国务院令第279号发布，自2000年1月30日起施行。本条例共9章137条，其制定目的是加强对建设工程质量的管理，保证建设工程质量，保护人民生命和财产安全。其内容主要规定了建设单位、施工单位和工程监理单位各自的质量责任和义务，确立了建设工程质量保修制度和建设工程质量监督管理制度。以下对施工单位的质量责任和义务作一介绍。

1. 施工单位应当依法取得相应等级的资质证书，并在其资质等级许可的范围内承揽工程，不得转包或者违法分包工程，并对建设工程的施工质量负责。

2. 施工单位必须按照工程设计图纸和施工技术标准施工，不得擅自修改工程设计，不得偷工减料，必须对建筑材料、建筑构配件、设备和商品混凝土进行检验，检验应当有书面记录和专人签字，并建立健全施工质量的检验制度。

3. 施工人员对涉及结构安全的试块、试件以及有关材料，应当在建设单位或者工程监理单位监督下现场取样，并送具有相应资质等级的质量检测单位进行检测。

4. 施工单位对施工中出现质量问题的建设工程或者竣工验收不合格的建设工程，应当负责返修。

5. 施工单位应当建立健全教育培训制度，加强对职工的教育培训；未经教育培训或者考核不合格的人员，不得上岗作业。

（三）部门规章

部门规章是由国务院组成部门及直属机构在它们的职权范围内制定的行政性法律规范文件。这里仅对《施工现场管理规定》的主要内容作一介绍。

《施工现场管理规定》于1991年12月5日由建设部第15号令发布，自1992年1月1日起施行。本规定共6章39条，其制定目的是加强建设工程施工现场管理，保障建设工程施工顺利进行。其内容主要涵盖了建设工程施工现场管理的一般性规定，施工单位文明施工的要求以及施工单位对建设工程施工现场的环境管理。

1. 一般规定。建设工程开工实行施工许可证制度；建设工程开工前，建设单位或者发包单位应当指定施工现场总代表人，施工单位应当指定项目经理，项目经理全面负责施工过程中的现场管理；施工单位必须编制建设工程施工组织设计，建设工程施工必须按照批准的施工组织设计进行；建设工程竣工后，建设单位应当组织设计、施工单位共同编制工程竣工图，进行工程质量评议，整理各种技术资料，及时完成工程初验，并向有关主管部门提交竣工验收报告。

2. 文明施工管理。施工单位应当贯彻文明施工的要求，推行现代管理方法，科学组织施工，做好施工现场的各项管理工作；施工单位应当按照施工总平面布置图设置各项临时设施；施工现场必须设置明显的标牌，标明工程项目名称、建设单位、设计单位、施工单位、项目经理和施工现场总代表人的姓名、开、竣工日期、施工许可证批准文号等；施工单位负责施工现场标牌的保护工作；施工现场主要管理人员在施工现场应当佩戴证明其身份的证卡；施工现场的用电线路、用电设施的安装和使用必须符合安装规范和安全操作规程，并按照施工组织设计进行架设，严禁任意拉线接电；施工现场应当设置各类必要的职工生活设施，并符合卫生、通风、照明等要求；施工单位应当严格依照《中华人民共和国消防条例》的规定，采取消防安全措施。

3. 环境管理。施工单位应当遵守国家有关环境保护的法律规定，采取措施控制施工现场的各种粉尘、废气、废水、固体废弃物以及噪声、振动对环境的污染和危害；建设工程由于受技术、经济条件限制，对环境的污染不能控制在规定范围内的，建设单位应当会同施工单位事先报请当地人民政府建设行政主管部门和环境保护行政主管部门批准。

（四）工程建设标准

工程建设标准，是指建设工程设计、施工方法和安全保护的统一的技术要求及有关工程建设的术语、符号、代号、制图方法的一般原则。它是做好工程质量和安全生产工作的重要技术依据，对规范建设工程各方责任主体的行为、保障工程质量和安全生产具有重要意义。根据标准化法的规定，标准包括国家标准、行业标准、地方标准和企业标准。国家标准和行业标准的性质还可分为强制性标准和推荐性标准。这里就工程建设强制性标准作一介绍。

工程建设强制性标准是指直接涉及工程质量、安全、卫生及环境保护等方面的建设工程标准强制性条文，其法律效力与法律、法规同等，违反工程建设强制性标准就是违法，就要依法承担法律责任。保障人体健康、人身财产安全的标准和法律、行政性法规规定强制性执行的国家和行业标准是强制性标准；省、自治区、直辖市标准化行政主管部门制定的工业产品的安全、卫生要求的地方标准在本行政区域内是强制性标准。

对工程建设行业来说，下列标准属于强制性标准：

1. 工程建设勘察、规划、设计、施工（包括安装）及验收等通用的综合标准和重要的通用的质量标准；

2. 工程建设通用的有关安全、卫生和环境保护的标准；

3. 工程建设重要的术语、符号、代号、量与单位、建筑模数和制图方法标准；

4. 工程建设重要的通用的试验、检验和评定等标准；

5. 工程建设重要的通用的信息技术标准；

6. 国家需要控制的其他工程建设通用的标准。

施工单位违反工程建设强制性标准的，责令改正，处工程合同价款2%以上4%以下的罚款；造成建设工程质量不符合规定的质量标准的，负责返工、修理，并赔偿因此造成的损失；情节严重的，责令停业整顿，降低资质等级或者吊销资质证书。

第三节　职业道德

一、道德与职业道德

（一）道德的概念

所谓道德是指调整人们之间以及个人与社会之间关系的行为规范的总和，它包含三层意思：第一，道德是调整人们之间关系的行为规范，它规定人们应该做什么和不应该做什么的准则；第二，道德是通过人们的内心信念、传统习惯和社会舆论来维持的，而不是单纯靠法律条文和行政命令来维持的；第三，道德是以善恶作为评价标准的，善的行为是道德的，恶的行为是不道德的。

道德是人类社会特有的现象。只要有人类社会，就有道德。道德作为社会意识形态的一种表现形式，是由经济基础决定的，并且要为经济基础服务。因此，不同社会形态的道德有着不同的特性。

社会主义道德是建立在社会主义经济基础上的，是为发展社会主义经济服务的。正如《中共中央关于社会主义精神文明建设指导方针的决议》中指出："社会主义道德建设的基本要求，是爱祖国、爱人民、爱劳动、爱科学、爱社会主义"。这"五爱"充分表达了社会主义政治经济发展的客观要求与广大人民利益和愿望，为社会主义社会中全体成员确立基本的道德价值取向和道德评价标准奠定了基础。

（二）道德体系的构成

人类的社会生活一般由职业活动，公共活动和家庭生活三大部分构成，与之相适应，道德体系主要有职业道德、社会公德和家庭美德构成。

社会公德，即社会公共道德，它是道德体系的有机组成部分，是道德系统中的一个重要方面。在人类社会中，社会公德同每一个人都有最直接的关系，是全社会成员都要遵守的行为规则。

家庭美德，是调整人们在恋爱、婚姻、家庭方面的行为规范。家庭是社会的细胞，一个家庭是否和睦，会直接影响社会的风气。正确对待和处理家庭问题，这不仅关系到每个家庭的美满幸福，也有利于社会的安定团结。

职业道德是指职业范围内的一种特殊的道德要求，是一般道德原则在各种职业生活中的具体体现。抓好职业道德建设，是把社会主义道德建设落实到每一个行业，每一个社会成员的有效途径。

（三）职业与职业道德

人类要生存，社会要发展，需要有人从事各种生产活动，形成了各种不同的职业。所谓职业，就是人们由于特定的社会分工而形成的具有专门业务和特定职责的社会活动。

职业道德是指从业人员在职业活动中应遵循的行为规范的准则。它既是对从业人员在职业活动中的行为要求，又是本行业对社会应承担的道德责任和义务。

职业道德有三个基本特征。在范围上，具有职业性和特殊性，与职业活动紧密相连；在内容上，具有稳定性和连续性，形成了较稳定的职业习惯和职业心理；在形式上，具有多样性和适用性，可通过多种形式显现出来。

二、社会主义职业道德

（一）社会主义职业道德是一种新型的职业道德

社会主义职业道德是指在社会主义市场经济条件下从事一定职业的人们在履行本职工作中所应遵循的道德规范和行为准则，是社会主义道德在各种职业中的具体体现，是社会主义职业活动的产物。

（二）社会主义职业道德的核心和基本原则

1. 为人民服务是社会主义职业道德的核心

为人民服务是社会主义职业道德的集中体现。社会主义各行各业所生产的财富，都是为了满足广大人民群众日益增长的需求。因此，把为人民服务作为社会主义职业道德核心，是同社会主义生产的目的相一致的。在我们的社会里，不论是哪种职业，都是社会主义现代化建设的组成部分，所做的一切都是为人民服务的。因此，各行各业可以形成共同的道德要求，并把它作为社会主义社会每个从业人员职业行为的出发点。

2. 社会主义职业道德的基本原则

社会主义职业道德的基本原则是国家利益、集体利益、个人利益相结合的集体主义。它是正确处理国家、集体、个人关系的最根本的准则，也是衡量个人行为和品质的基本标准。

（三）社会主义职业道德的基本规范

1. 热爱本职

社会主义是以社会化大生产为基础的，客观存在着职业分工。不同的职业，具有不同的社会职能，是社会生活所不可缺少的，各种职业之间都有互相协作，相互依存的关系，没有高低贵贱之分。因此，每个职业都应该把本职工作和实现自己的价值，为社会多作贡献结合起来，立足本职，无私奉献。

2. 忠于职守

作为社会主义社会的劳动者，要忠于职守，认真负责，对工作精益求精，一丝不苟。每一种职业都有自己的工作规范，每一项工作都有自己的岗位要求。不管从事何种职业，在哪个岗位上工作都应严格按规定、程序办事，认真履行岗位职责，决不能粗心大意，玩忽职守。

3. 为人民服务

为人民服务是社会主义职业道德的核心内容，是为人民服务的精神，在职业活动中最直接的体现，把服务群众的本职工作岗位作为实现人生价值和企业社会价值的舞台。为人民服务，就要在自己的工作岗位上尽职尽责，以最优的质量，最高效的工作，最佳的服务作出自己应有的贡献。

4. 对社会负责

我们从事任何一项职业工作，都是社会的分工、社会的需要，所以一定要以高度的责任感，对社会负责，为社会作出贡献。对社会负责还要求秉公办事，坚持原则，抵制不正之风，反对滥用权力，以权谋私。因此，各个行业的每一个职工应树立对社会负责的精神，做好本职工作，完成各项任务。

三、市政行业职业道德

（一）市政行业的地位和作用

1. 市政行业是经济发展的先行

市政行业在国民经济体系中，是一个具有一定特殊性的行业。交通是经济的命脉，没有市政设施的建设，就不会有四通八达的交通，也就说不上国民经济的发展。市政行业是现代化建设的"开路先锋"，是国民经济发展的先行官。

2. 市政行业是城乡建设发展的基础

完善的基础设施，是城乡建设发展的基础性条件。没有道路的畅通，没有环境的整洁，没有信息的沟通，就无法描绘现代化城乡的宏伟蓝图。市政建设是"功在当代，利在千秋"的长远事业。为社会发展提供了基础物质条件。

3. 市政行业是方便人民生活的保障

市政行业与人民生活是息息相关的，它为人民群众提供良好的生活环境，为改善和提高人民群众的生活质量和生活水平创造了有利条件。市政建设是人民政府为群众办实事、谋利益的一个重要方面，是社会主义制度优越性的一个重要体现。

总之，市政行业在现代化建设中有着十分重要的地位和作用，市政行业的广大职工应增强光荣感和责任感。

（二）市政行业职业道德建设的意义

1. 加强市政行业职业道德建设，是提高职工职业道德水平的需要

市政职工队伍庞大，来源复杂，职工道德水平参差不齐，因此，加强市政行业职业道德建设，不断提高广大职工职业道德水平，是我们市政行业刻不容缓的迫切任务。

2. 加强市政行业职业道德建设，是促进企业内部管理，提高经济效益的需要

提高职工职业觉悟，调动他们的积极性和创造性，激励广大职工主人翁精神，才能充分发挥广大职工在市政建设中的主力军作用。如果广大职工真正提高了职业道德思想认识，进而把职业道德变成自觉的行动，那么就会产生巨大的凝聚力和推动力，从而满腔热忱地投入到企业生产经营活动中去，努力提升管理水平，提高经济效益。

3. 加强市政行业职业道德建设，是建设社会主义精神文明的需要

在社会主义时期，不仅要建设高度的物质文明，而且要建设以社会主义思想为核心的高度精神文明。要搞好精神文明建设，一个重要的任务，就必须加强职业道德建设。我国市政行业职工队伍庞大、分布广、流动性大。因此，自觉进行市政行业职业道德修养，树立市政行业职业道德和信念，培养高尚的市政行业职业道德品质，就会带动整个社会道德风尚的改善，有力地推动社会主义精神文明建设的深入发展。

（三）市政行业职业道德建设发展的特点

从党的十四届六中全会通过的《关于加强社会主义精神文

明建设若干问题的决议》，到当今党中央提出的"构建和谐文明社会"的要求都是针对市场经济条件下的社会道德问题，提出了要树立以为人民服务为核心的社会主义职业道德的观念。在党中央的指引下，市政行业职业道德建设也在不断深入。纵观十余年的职业道德建设活动，可以看到两个基本特点：

1. 从思想观念型的道德要求，逐步转化为制度的道德要求。在过去很长一段时间内，文明施工的职业道德要求停留在思想观念上，如今文明施工已有了很多制度型的文件或标准。这些规定，以地方性规章的权威来规范"文明施工"。文明施工已经逐步从道德观念向制度化转化。

2. 职业道德规范的发展，体现了计划经济向市场经济转化带来的新的要求。在市场经济的环境下，企业由于有了独立的利益，同行之间产生了竞争。由于有了竞争，就产生了竞争中的道德问题。"公平竞争"就是市场经济对企业提出的新的道德要求。我国的《反不正当竞争法》和建设部、监察部发布的《关于在工程建设中深入开展反对腐败和反对不正当竞争的通知》，就是适应市场经济的需要，同时也是适应道德规范要求。

（四）市政行业职业道德基本规范

1. 爱岗敬业，乐于奉献

在社会职业分工中，市政行业从业人员工作流动性大，露天野外作业，工作环境艰苦。同时，由于旧的传统意识影响，有些人鄙视市政行业，鄙视市政行业从业人员。因此，需要行业从业人员能从全社会整体角度来认识市政行业的社会价值，认识自己工作岗位的社会价值，从而热爱自己的工作岗位。只有爱岗敬业，有相当的职业感情，才能有乐于奉献的精神境界。

2. 公平竞争，重信守约

在社会主义市场经济条件下，建设单位和施工企业的相互选择是通过招投标的程序、机制来实现的。公平竞争的道德规范，是用来调整在投标竞争中的相互关系的。重信守约的道德规范，是用来调整中标后的施工企业与建设单位相互关系的。坚持公平竞争、重信守约的道德要求，在宏观上有利于建设健全社会主义市场体系，有利于消除工程建设领域中的腐败现象；在微观上有利于施工企业在竞争中提高自身的素质和能力，有利于建设单位的工程建设投资获得最佳的经济效益。

3. 严格把关，质量第一

市政建设工程的特点之一是使用期长，一般在几十年甚至上百年时间。因此，市政工程的质量优劣有着特别重要的意义，它直接关系到人民生命财产的安全和社会安定；关系到国家经济建设的速度和效益。严格把关，质量第一是市政行业的传统道德要求，也是市政行业职业道德的基本准则。

4. 文明施工，安全生产

文明施工，安全生产的道德规范，是用来调整施工企业及其工作人员与周围公众的相互关系，调整施工现场内部关系的行为准则之一。由于市政行业的特殊性，"施工扰民"常有发生。为此，市政行业的职工应把这些消极后果降低到最低限度。文明施工要通过对施工现场的管理，创造良好的施工环境和施工秩序，完成市政工程任务，提高企业经济和社会效益。文明施工，安全生产是现代化施工本身的客观要求，是企业树立良好社会形象的重要措施。

5. 钻研技术，一专多能

钻研技术，一专多能的道德规范，是用来调整从业人员与市政行业发展的相互关系的行为准则。当前市政建设的发展，有着科技含量越来越高的趋势，包括新材料的采用和新工艺的应用等。提高科技水平是振兴市政行业的必由之路。科学技术要通过从业人员努力学习、应用，才能转化为市政科技，转化为生产力。一专多能是科学知识和生产技术交叉结合，相互渗透的客观要求。

参 考 文 献

1. 交通部主编 . 《道路工程制图标准》（GB 50162—92）. 北京：中国计划出版社出版，1993

2. 建设部主编 . 《房屋建筑制图统一标准》（GB/T 50001—2001）. 北京：中国计划出版社出版，2002

3. 建设部主编 . 《总图制图标准》（GB/T 50103—2001）. 北京：中国计划出版社出版，2002

4. 上海市城市建设设计研究院编 . 《上海市排水管道通用图》 （第一册），1992

5. 陈玉华，王德芳主编 . 《土建制图》. 上海：同济大学出版社出版，1991

6. 顾善德，徐志宏主编 . 《土建工程制图》. 上海：同济大学出版社出版，1988

7. 楼丽凤主编 . 《市政工程建筑材料》. 北京：中国建筑工业出版社，2003

8. 潘全祥主编 . 《材料员必读》. 北京：中国建筑工业出版社，2001

9. 潘延平主编 . 《质量员必读》. 北京：中国建筑工业出版社，2001

10. 建设部 . 《玻璃纤维增强塑料夹砂管》（CJ/T 3079—1998）

11. 金其坤，彭福坤主编 . 《建筑测量学》. 西安：西安交通大学出版社，1996

12. 李彩英主编 . 《建筑工程测量》. 广州：华南理工大学出版社，1997

13. 《城市测量规范》（CJJ 9—99）

14. 《工程测量规范》（GB 50026—93）

15. 《工程测量基本术语标准》（GB/T 50228—96）

16. 陈飞主编 . 《城市道路工程》. 北京：中国建筑工业出版社，1998

17. 交通部 . 《公路工程技术标准》（JTG B01—2003）

18. 叶国铮等编著 . 《道路与桥梁工程概论》. 北京：人民交通出版社，1999

19. 建设部人事教育司组织编写 . 《筑路工》. 北京：中国建筑工业出版

社，2004

20. 建设部人事教育司组织编写．《道路养护工》．北京：中国建筑工业出版社，2005

21. 交通部．《城市桥梁设计荷载标准》（CJJ 77—98）

22. 交通部．《公路桥涵施工技术规范》（JTJ 041—2000）．北京：人民交通出版社，2000

23. 交通部．《城市道路与桥梁施工验收规范》．北京：中国建筑工业出版社，1997

24. 交通部．《城市道路养护技术规范》（CJJ 36—90）

25. 建设部．《城市桥梁养护技术规范》（CJJ 99—2003）

26. 邵旭东主编．《桥梁工程》．武汉：武汉理工大学出版社，2002

27. 姚玲森主编．《桥梁工程》．北京：人民交通出版社，1990

28. 李亚东主编．《桥梁工程概论》．成都：西南交通大学出版社，2001

29. 张明君主编．《城市桥梁工程》．北京：中国建筑工业出版社，1998

30. 胡大琳主编．《桥涵工程试验检测技术》．北京：人民交通出版社，2000

31. 裘伯永，盛兴旺等编．《桥梁工程》．北京：中国铁道出版社，2001

32. 李良训主编．《市政管道工程》．北京：中国工业建筑出版社，1998

33. 软土地下工程施工技术编写组．《软土地下工程施工技术》．上海：华东理工大学出版社，2000

34. 叶建良，蒋国盛，窦斌等编著．《非开挖铺设地下管线施工技术与实践》．武汉．中国地质大学出版社，2000

35. 建设部．《给水排水管道工程施工及验收规范》（GB 50268—97）．北京：中国工业建筑出版社，1997

36. 上海市建设委员会．《市政排水管道工程施工及验收规范》．上海，1996

37. 全国二级建造师执业资格考试用书编写委员会编写．《全国二级建造师执业资格考试用书——建设工程施工管理》．北京：中国建筑工业出版社，2004

38. 全国二级建造师执业资格考试用书编写委员会编写．《全国二级建造师执业资格考试用书——建设工程法规及相关知识》．北京：中国建筑工业出版社，2004

39. 建设部工程质量安全监督与行业发展司组织编写．《建筑施工企业主要负责人、项目负责人、专职安全生产管理人员安全生产培训考核教材——建设工程安全生产法律法规》. 北京：中国建筑工业出版社，2004

40. 建设部工程质量安全监督与行业发展司组织编写.《建筑施工企业主要负责人、项目负责人、专职安全生产管理人员安全生产培训考核教材——建设工程安全生产管理》. 北京：中国建筑工业出版社，2004

41. 陈立道主编.《建设项目安全技术指南》. 上海：上海科技出版社，1998

42. 上海市建设工程招投标管理办公室，上海市职业能力考试院，上海市建设工程咨询行业协会主编.《工程项目建设基本知识》. 上海：同济大学出版社，2005